AF877298

DEUTSCHE AKADEMIE DER WISSENSCHAFTEN ZU BERLIN

Veröffentlichungen des Geodätischen Instituts in Potsdam

Nr. 19

KORRELATEN-TABELLEN FÜR TRIGONOMETRISCHE NETZE AUS 11 DREIECKEN

Von

WERNER JENNE

AKADEMIE-VERLAG · BERLIN

1962

Erschienen im Akademie-Verlag GmbH, Berlin W 8, Leipziger Straße 3—4
Copyright 1962 by Akademie-Verlag GmbH
Lizenznummer: 202 · 100/555/62
Gesamtherstellung: VEB Druckerei „Thomas Müntzer" Bad Langensalza
Bestellnummer: 2016/19 · ES 19 C · Preis: DM 23,50

In der Veröffentlichung des Preußischen Geodätischen Institutes, Neue Folge, Nr. 107, Jenne, Kettenbruchformeln und Korrelatentabellen für trigonometrische Netze mit einigen Beiträgen zur Auflösung beliebiger Systeme einfacher linearer Gleichungen mit Hilfe von Kettenbrüchen, Potsdam 1937, wurden seinerzeit bereits Korrelaten für die Richtungsausgleichung trigonometrischer Netze zusammengestellt, welche aus nicht mehr als 9 Dreiecken bestehen. Der Verfasser hat im Verlauf seiner Tätigkeit am Geodätischen Institut Potsdam die Berechnung auf Netzkonfigurationen ausgedehnt, die aus 10 bzw. 11 Dreiecken zusammengesetzt sind. Mit der Veröffentlichung des Geodätischen Instituts Potsdam Nr. 14, Jenne, Korrelaten-Tabellen für trigonometrische Netze aus 10 Dreiecken, wurde der erste Teil dieser umfangreichen Arbeit herausgegeben. In dem vorliegenden Heft wird der zweite Teil der Fachwelt übergeben.

Tabelle 1 D = 46368 = $2^5.3^2.7.23$

W / -K	1	2	3	4	5	6	7	8	9	10	11	S
1	190983	72949	27864	10643	4065	1553	593	226	86	32	11	309005
2		218847	83592	31929	12196	4658	1779	679	259	97	32	427017
3			222912	85145	32522	12422	4745	1812	690	259	86	472049
4				223505	85371	32609	12455	4755	1812	679	226	489129
5					223592	85404	32619	12455	4745	1779	593	495341
6						223602	85404	32609	12422	4658	1553	496894
7							223592	85371	32522	12196	4065	495341
8								223505	85145	31929	10643	489129
9									222912	83592	27864	472049
10										218847	72949	427017
11											190983	309005

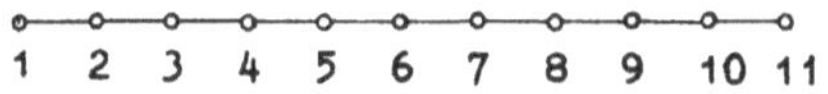

Tabelle 2 D = 45381 = 3.7.2161

W / -K	1	2	3	4	5	6	7	8	9	10	11	S
1	195137	28470	85410	32624	12461	4760	1818	694	264	99	33	361770
2		195137	85410	32624	12461	4760	1818	694	264	99	33	361770
3			256231	97871	37383	14279	5454	2082	793	297	99	585309
4				228367	87228	33318	12726	4859	1851	694	231	532393
5					224301	85675	32723	12494	4760	1785	595	511866
6						223706	85443	32624	12428	4661	1554	503208
7							223607	85377	32525	12197	4066	497754
8								223508	85146	31930	10643	490051
9									222913	83592	27864	472400
10										218847	72949	427150
11											190983	309050

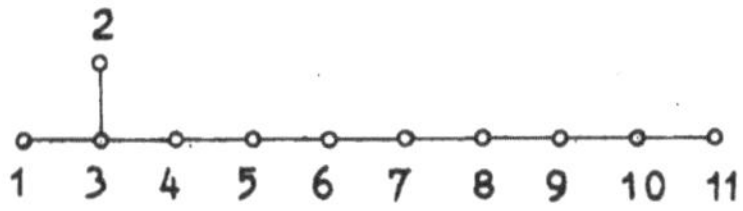

Tabelle 3 D = 45237 = 3.17.887

W / -K	1	2	3	4	5	6	7	8	9	10	11	S
1	191591	74773	32728	10909	12501	4775	1824	696	265	99	33	330194
2		224319	98183	32728	37502	14325	5471	2089	796	298	99	490583
3			261821	87274	100007	38199	14590	5571	2122	796	265	641556
4				195758	33336	12733	4863	1857	707	265	88	380518
5					229182	87539	33435	12766	4863	1824	608	553563
6						224418	85715	32728	12468	4675	1558	519133
7							223711	85417	32540	12202	4067	503835
8								223523	85152	31932	10644	492375
9									222915	83593	27864	473285
10										218847	72949	427480
11											190984	309159

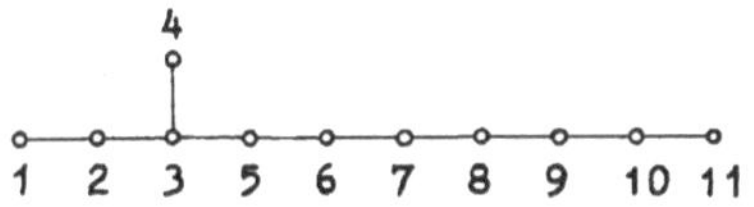

Tabelle 4 D = 45216 = $2^5.3^2.157$

W / -K	1	2	3	4	5	6	7	8	9	10	11	S
1	191072	73215	28574	12507	4169	4777	1825	697	265	100	33	317234
2		219646	85722	37520	12507	14331	5474	2090	796	299	100	451700
3			228592	100053	33351	38217	14597	5573	2123	796	265	537863
4				262639	87546	100318	38316	14630	5573	2090	697	661889
5					195849	33439	12772	4877	1858	697	232	387297
6						229299	87580	33439	12739	4777	1592	560508
7							224423	85689	32643	12241	4080	519640
8								223627	85191	31947	10649	498409
9									222930	83599	27866	475583
10										218850	72950	428346
11											190983	309447

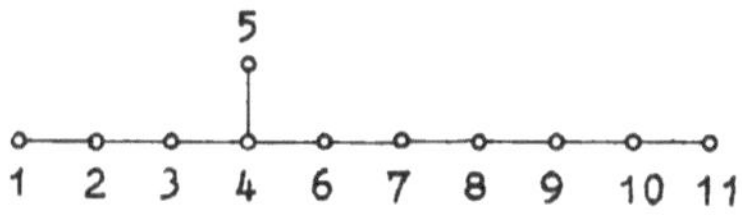

Tabelle 5 $D = 45213 = 3.7.2153$

W / -K	1	2	3	4	5	6	7	8	9	10	11	S
1	190996	72988	27968	10915	4777	1592	1825	697	265	100	33	312156
2		218964	83903	32745	14332	4777	5474	2090	796	299	100	436468
3			223741	87320	38219	12740	14598	5574	2123	796	265	497246
4				229215	100325	33442	38319	14631	5574	2090	697	555273
5					262756	87585	100358	38319	14598	5474	1825	668568
6						195862	33453	12773	4866	1825	608	389523
7							229304	87552	33353	12507	4169	560912
8								224338	85462	32048	10683	514167
9									223033	83637	27879	481586
10										218864	72955	430595
11											190985	310199

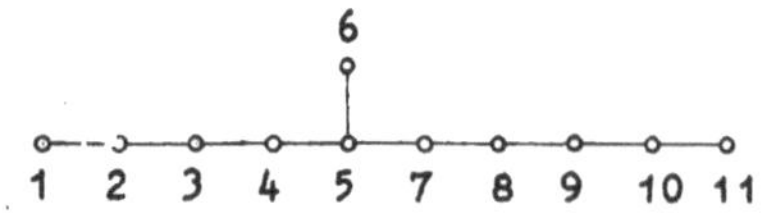

Tabelle 6 $D = 45072 = 2^4.3^2.313$

W / -K	1	2	3	4	5	6	7	8	9	10	11	S
1	191682	75047	4182	12547	33458	12780	4881	1864	710	266	89	337506
2		225140	12547	37640	100373	38339	14643	5591	2130	799	266	512515
3			191682	75047	33458	12780	4881	1864	710	266	89	337506
4				225140	100373	38339	14643	5591	2130	799	266	512515
5					267661	102236	39049	14909	5680	2130	710	700037
6						230032	87859	33546	12780	4792	1597	575080
7							224530	85730	32659	12247	4082	525204
8								223642	85197	31949	10650	500533
9									222932	83600	27867	476395
10										218850	72950	428648
11											190983	309549

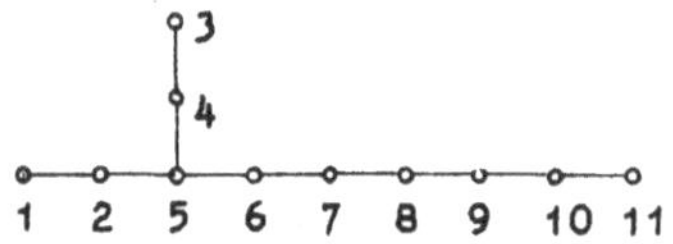

Tabelle 7 $D = 45048 = 2^3.3.1877$

W / -K	1	2	3	4	5	6	7	8	9	10	11	S
1	191085	73255	28681	12786	4795	1598	4884	1865	710	266	89	320014
2		219766	86042	38359	14385	4795	14651	5594	2131	799	266	460043
3			229444	102291	38359	12786	39069	14917	5683	2131	710	560113
4				268514	100693	33564	102557	39158	14917	5594	1865	720298
5					225260	75087	38459	14684	5594	2098	699	520113
6						191696	12820	4895	1865	699	233	340038
7							230143	87873	33475	12553	4184	580668
8								224461	85509	32066	10689	521711
9									223051	83644	27881	484460
10										218867	72956	431673
11											190985	310557

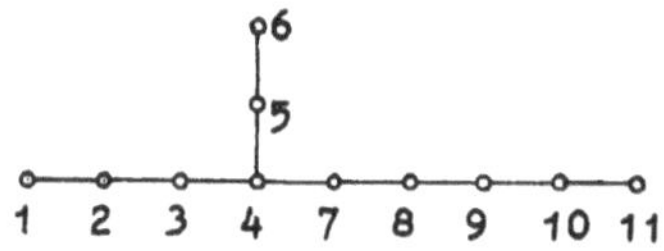

Tabelle 8 $D = 45045 = 3^2.5.7.11.13$

W / -K	1	2	3	4	5	6	7	8	9	10	11	S
1	190998	72994	27983	10956	4884	1832	611	1865	710	266	89	313188
2		218981	83949	32867	14652	5495	1832	5594	2131	799	266	439560
3			223865	87646	39072	14652	4884	14918	5683	2131	710	505493
4				230070	102564	38462	12821	39161	14918	5594	1865	576924
5					268620	100733	33578	102564	39072	14652	4884	725275
6						225275	75092	38462	14652	5495	1832	521982
7							191697	12821	4884	1832	611	340663
8								230070	87646	32867	10956	576924
9									223865	83949	27983	505493
10										218981	72994	439560
11											190998	313188

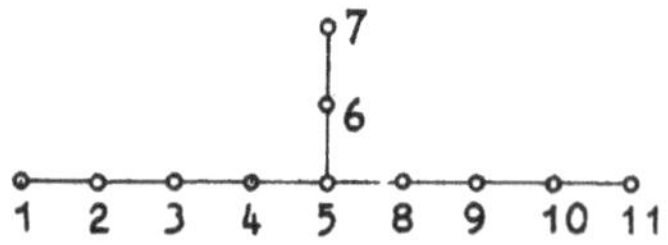

Tabelle 9 $D = 45024 = 2^5.3.7.67$

-K \ W	1	2	3	4	5	6	7	8	9	10	11	S
1	191087	611	73261	1832	28696	4886	12826	4897	1866	700	233	320895
2		191087	1832	73261	4886	28696	12826	4897	1866	700	233	320895
3			219783	5497	86087	14659	38479	14692	5597	2099	700	462686
4				219783	14659	86087	38479	14692	5597	2099	700	462686
5					229566	39090	102612	39179	14925	5597	1866	567163
6						229566	102612	39179	14925	5597	1866	567163
7							269356	102845	39179	14692	4897	738803
8								230177	87687	32882	10961	582088
9									223881	83955	27985	507463
10										218983	72994	440298
11											190998	313433

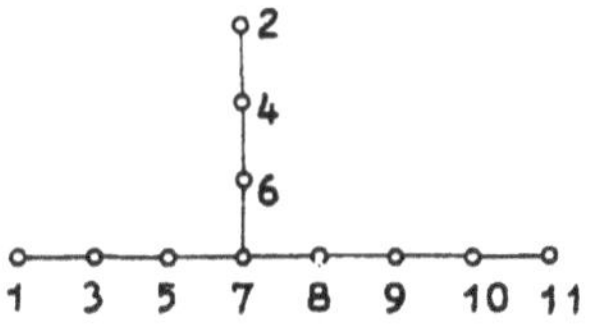

Tabelle 10 $D = 44415 = 3^3.5.7.47$

-K \ W	1	2	3	4	5	6	7	8	9	10	11	S
1	195137	28470	85410	32624	12462	4762	1824	709	304	101	101	361904
2		195137	85410	32624	12462	4762	1824	709	304	101	101	361904
3			256231	97872	37386	14286	5471	2128	912	304	304	585714
4				228369	87234	33333	12766	4965	2128	709	709	533333
5					224316	85714	32827	12766	5471	1824	1824	514286
6						223810	85714	33333	14286	4762	4762	509524
7							224316	87234	37386	12462	12462	514286
8								228369	97872	32624	32624	533333
9									256231	85410	85410	585714
10										195137	28470	361904
11											195137	361904

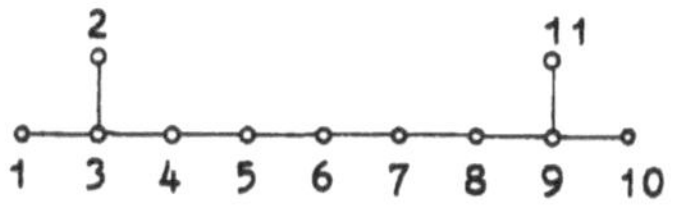

Tabelle 11 $D = 44274 = 2.3.47.157$

-K \ W	1	2	3	4	5	6	7	8	9	10	11	S
1	195137	28470	85411	32626	12468	4777	1863	813	271	305	102	362243
2		195137	85411	32626	12468	4777	1863	813	271	305	102	362243
3			256234	97879	37403	14331	5590	2439	813	915	305	586731
4				228385	87275	33439	13044	5692	1897	2134	711	535708
5					224421	85987	33541	14636	4879	5489	1830	520397
6						224522	87580	38217	12739	14331	4777	525477
7							229198	100014	33338	37505	12502	556038
8								261824	87275	98184	32728	642635
9									195758	32728	10909	380878
10										224319	74773	490988
11											191591	330330

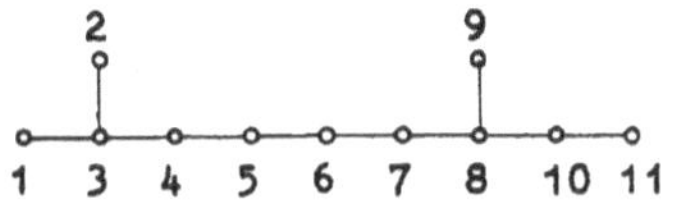

Tabelle 12 $D = 44253 = 3^3.11.149$

-K \ W	1	2	3	4	5	6	7	8	9	10	11	S
1	195139	28473	85418	32642	12508	4881	2135	712	814	305	102	363129
2		195139	85418	32642	12508	4881	2135	712	814	305	102	363129
3			256254	97926	37523	14643	6406	2135	2441	915	305	589384
4				228493	87553	34167	14948	4983	5695	2135	712	541896
5					225137	87858	38438	12813	14643	5491	1830	536202
6						229408	100366	33455	38235	14338	4779	567011
7							262660	87553	100061	37523	12508	664733
8								195851	33354	12508	4169	388245
9									228595	85723	28574	538949
10										219646	73215	452104
11											191072	317368

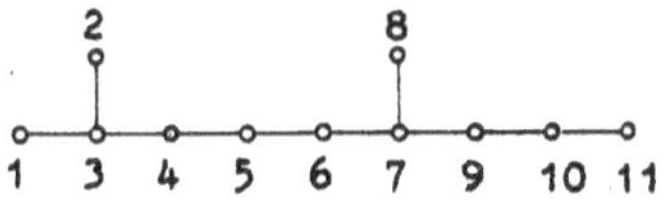

Tabelle 13

D = 44247 = $3.7^2.301$

-K \ W	1	2	3	4	5	6	7	8	9	10	11	S
1	195154	28488	85463	32748	12781	5594	1865	2136	814	305	102	365450
2		195154	85463	32748	12781	5594	1865	2136	814	305	102	365450
3			256391	98244	38342	16781	5594	6407	2441	915	305	596346
4				229236	89464	39155	13052	14950	5695	2136	712	558140
5					230049	100685	33562	38443	14645	5492	1831	578075
6						262899	87633	100380	38240	14340	4780	676081
7							195878	33460	12747	4780	1593	392029
8								229236	87328	32748	10916	588140
9									223744	83904	27968	498340
10										218964	72988	436877
11											190995	312292

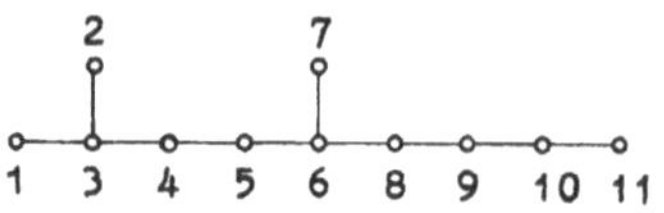

Tabelle 14

D = 44226 = $2.3^5.7.13$

-K \ W	1	2	3	4	5	6	7	8	9	10	11	S
1	195258	28592	85775	33476	14652	4884	5596	2137	814	305	102	371591
2		195258	85775	33476	14652	4884	5596	2137	814	305	102	371591
3			257326	100427	43956	14652	16789	6410	2442	916	305	614773
4				234330	102564	34188	39174	14957	5698	2137	712	601139
5					263736	87912	100733	38462	14652	5495	1832	688646
6						195971	33578	12821	4884	1832	611	396217
7							229446	87607	33374	12515	4172	568580
8								224359	85470	32051	10684	517095
9									223036	83639	27880	482703
10										218864	72955	431014
11											190985	310340

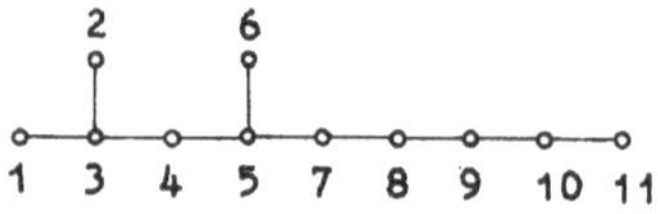

Tabelle 15

D = 44133 = 3.47.313

-K \ W	1	2	3	4	5	6	7	8	9	10	11	S
1	191591	74774	32731	10910	12508	4792	1869	272	816	306	102	330671
2		224322	98192	32731	37523	14377	5608	816	2447	918	306	492014
3			261845	87282	100061	38339	14955	2175	6526	2447	816	645369
4				195761	33354	12780	4985	725	2175	816	272	381791
5					229307	87859	34271	4985	14955	5608	1869	562300
6						225240	87859	12780	38339	14377	4792	541534
7							229307	33354	100061	37523	12508	562300
8								195761	87282	32731	10910	381791
9									261845	98192	32731	645369
10										224322	74774	492014
11											191591	330671

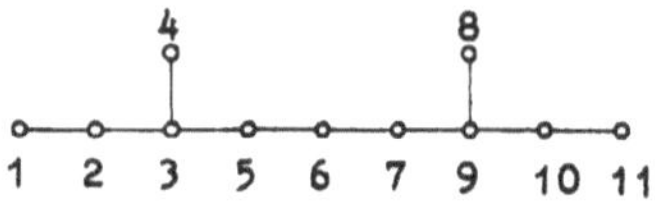

Tabelle 16

D = 44112 = $2^4.3.919$

-K \ W	1	2	3	4	5	6	7	8	9	10	11	S
1	191683	4183	75048	12548	33460	12786	4897	1904	816	272	272	337869
2		191683	12548	75048	33460	12786	4897	1904	816	272	272	337869
3			225143	37643	100381	38357	14690	5713	2448	816	816	513603
4				225143	100381	38357	14690	5713	2448	816	816	513603
5					267682	102285	39173	15234	6529	2176	2176	702937
6						230141	88139	34276	14690	4897	4897	581611
7							225245	87595	37541	12514	12514	541895
8								228509	97933	32644	32644	544069
9									256257	85419	85419	590316
10										195140	28473	363439
11											195140	363439

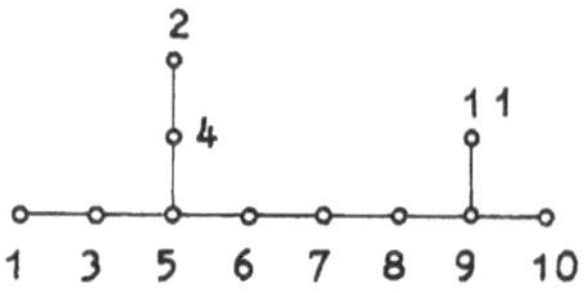

Tabelle 17 $D = 44109 = 3^2.13^2.29$

-K \ W	1	2	3	4	5	6	7	8	9	10	11	S
1	191594	74781	32748	10916	12548	4897	2142	714	816	306	102	331564
2		224342	98245	32748	37645	14691	6427	2142	2448	918	306	494693
3			261987	87329	100388	39176	17139	5713	6529	2448	816	652518
4				195776	33463	13059	5713	1904	2176	816	272	384172
5					230055	89778	39278	13093	14963	5611	1870	578692
6						230157	100694	33565	38360	14385	4795	583557
7							262804	87601	100116	37543	12514	671971
8								195867	33372	12514	4171	390656
9									228615	85731	28577	541703
10										219649	73216	453137
11											191072	317711

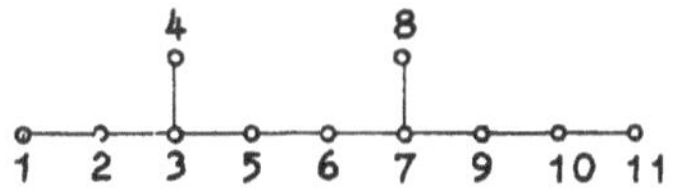

Tabelle 18 $D = 44085 = 3.5.2939$

-K \ W	1	2	3	4	5	6	7	8	9	10	11	S
1	191085	73256	28683	12793	4798	1599	4900	1905	817	272	272	320380
2		219769	86050	38380	14393	4798	14699	5716	2450	817	817	461145
3			229466	102348	38380	12793	39197	15243	6533	2178	2178	563049
4				268663	100749	33583	102892	40014	17149	5716	5716	728003
5					225281	75094	38585	15005	6431	2144	2144	523004
6						191698	12862	5002	2144	715	715	341003
7							230895	89792	38482	12827	12827	597958
8								229364	98299	32766	32766	565872
9									256414	85471	85471	599661
10										195157	28490	366553
11											195157	366553

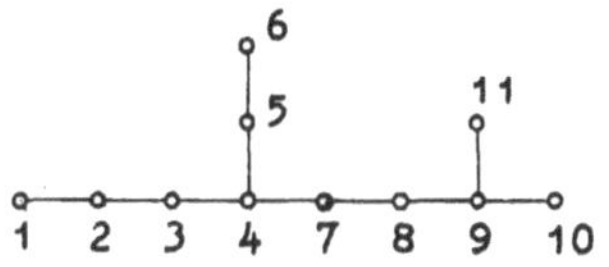

Tabelle 19 $D = 44085 = 3.5.2939$

-K \ W	1	2	3	4	5	6	7	8	9	10	11	S
1	195974	29307	87921	38482	12827	14699	5614	2144	817	306	102	388193
2		195974	87921	38482	12827	14699	5614	2144	817	306	102	388193
3			263763	115447	38482	44097	16842	6431	2450	919	306	664579
4				269377	89792	102892	39299	15005	5716	2144	715	717351
5					196597	34297	13100	5002	1905	715	238	405782
6						230282	87955	33583	12793	4798	1599	581694
7							224566	85743	32664	12249	4083	527729
8								223647	85199	31950	10650	501498
9									222933	83600	27867	476761
10										218850	72950	428787
11											190983	309595

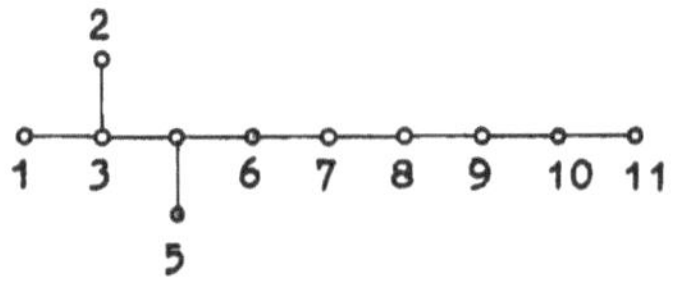

Tabelle 20 $D = 44082 = 2.3^2.31.79$

-K \ W	1	2	3	4	5	6	7	8	9	10	11	S
1	191609	74826	32871	10957	12828	5615	1872	2144	817	306	102	333947
2		224479	98612	32871	38485	16844	5615	6431	2450	919	306	501838
3			262964	87655	102627	44916	14972	17150	6533	2450	817	671567
4				195885	34209	14972	4991	5717	2178	817	272	390524
5					235187	102933	34311	39302	14972	5615	1872	622341
6						263883	87961	100755	38383	14394	4798	695454
7							195987	33585	12794	4798	1599	398485
8								229379	87383	32768	10923	565537
9									223765	83912	27971	501158
10										218967	72989	437935
11											190996	312645

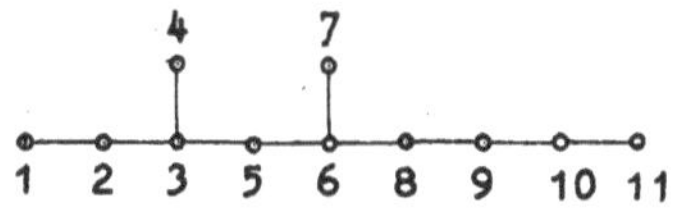

Tabelle 21

$D = 44064 = 2^5 . 3^4 . 17$

-K \ W	1	2	3	4	5	6	7	8	9	10	11	S
1	191074	73223	28595	12561	4187	4902	715	2145	817	306	102	318627
2		219669	85784	37684	12561	14706	2145	6434	2451	919	306	455882
3			228758	100490	33497	39216	5719	17157	6536	2451	817	549020
4				263787	87929	102941	15012	45037	17157	6434	2145	691177
5					195976	34314	5004	15012	5719	2145	715	397059
6						235294	34314	102941	39216	14706	4902	627452
7							195976	87929	33497	12561	4187	397059
8								263787	100490	37684	12561	691177
9									228758	85784	28595	549020
10										219669	73223	455882
11											191074	318627

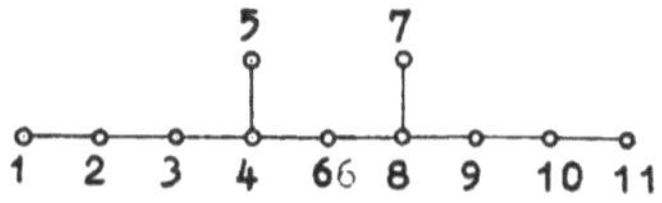

Tabelle 22

$D = 44058 = 2.3.7.1049$

-K \ W	1	2	3	4	5	6	7	8	9	10	11	S
1	195277	28610	85830	33603	14980	5618	1873	5720	2179	817	272	374779
2		195277	85830	33603	14980	5618	1873	5720	2179	817	272	374779
3			257490	100810	44941	16853	5618	17159	6537	2451	817	624336
4				235224	104862	39323	13108	40038	15253	5720	1907	623451
5					269645	101117	33706	102955	39221	14708	4903	746018
6						225419	75140	38608	14708	5515	1838	529757
7							191713	12869	4903	1838	613	343254
8								230219	87703	32888	10963	584842
9									223887	83958	27986	508514
10										218984	72995	440691
11											190998	313564

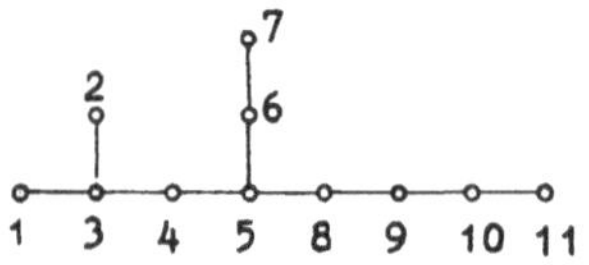

Tabelle 23

$D = 44037 = 3^3 . 7.233$

-K \ W	1	2	3	4	5	6	7	8	9	10	11	S
1	191089	73268	28714	12876	4905	1839	613	5007	2146	715	715	321887
2		219804	86143	38627	14715	5518	1839	15021	6438	2146	2146	465665
3			229716	103004	39240	14715	4905	40057	17167	5722	5722	575105
4				270386	103004	38627	12876	105150	45064	15021	15021	759658
5					229716	86143	28714	40057	17167	5722	5722	575105
6						219804	73268	15021	6438	2146	2146	465665
7							191089	5007	2146	715	715	321887
8								235336	100858	33619	33619	628752
9									257511	85837	85837	626609
10										195279	28612	375534
11											5279	375534

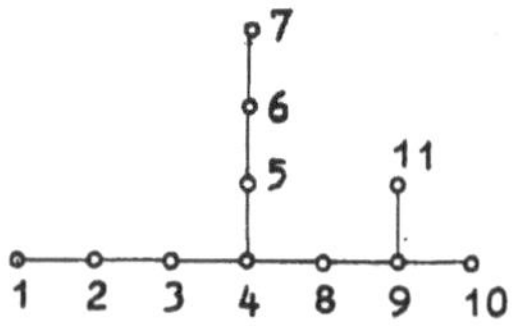

Tabelle 24

$D = 43968 = 2^6 . 3.229$

-K \ W	1	2	3	4	5	6	7	8	9	10	11	S
1	191685	75055	33479	12555	4185	12828	5004	2183	728	819	273	338794
2		225164	100437	37664	12555	38483	15011	6550	2183	2456	819	516377
3			267831	100437	33479	102620	40029	17467	5822	6550	2183	710334
4				225164	75055	38483	15011	6550	2183	2456	819	516377
5					191685	12828	5004	2183	728	819	273	338794
6						230895	90066	39301	13100	14738	4913	598255
7							230167	100437	33479	37664	12555	584427
8								262009	87336	98253	32751	655020
9									195779	32751	10917	385006
10										224345	74782	495633
11											191594	331879

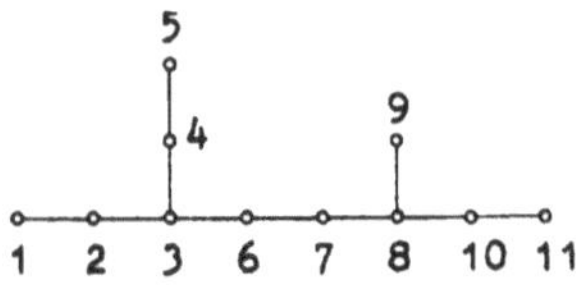

Tabelle 25 $D = 43920 = 2^4.3^2.5.61$

-K \ W	1	2	3	4	5	6	7	8	9	10	11	S
1	191701	75102	33607	12602	4201	13115	5738	1913	2186	820	273	341258
2		225307	100820	37807	12602	39344	17213	5738	6557	2459	820	523769
3			268852	100820	33607	104918	45902	15301	17486	6557	2186	730056
4				225307	75102	39344	17213	5738	6557	2459	820	523769
5					191701	13115	5738	1913	2186	820	273	341258
6						236066	103279	34426	39344	14754	4918	642623
7							263934	87978	100546	37705	12568	697814
8								195993	33515	12568	4189	399272
9									228780	85792	28597	531546
10										219672	73224	456830
11											191075	318943

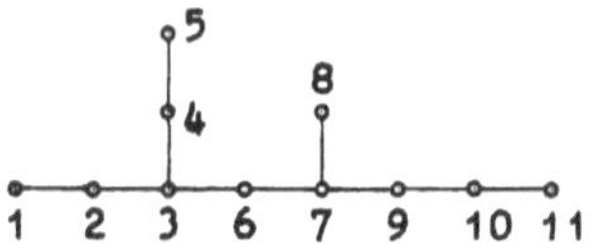

Tabelle 26 $D = 43917 = 3.14639$

-K \ W	1	2	3	4	5	6	7	8	9	10	11	S
1	191714	75142	33711	11237	14755	4918	5636	2152	820	307	102	340494
2		225425	101134	33711	44265	14755	16907	6455	2459	922	307	521482
3			269691	89897	118041	39347	45085	17214	6558	2459	820	723957
4				196632	39347	13116	15028	5738	2186	820	273	407985
5					270510	90170	103320	39449	15028	5635	1879	742399
6						196723	34440	13150	5009	1879	626	414133
7							230435	87984	33518	12569	4190	589112
8								224503	85525	32072	10691	524933
9									223057	83646	27882	485688
10										218867	72956	432132
11											190985	310711

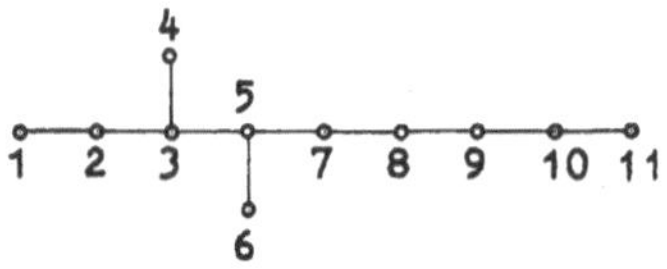

Tabelle 27 $D = 43917 = 3.14639$

-K \ W	1	2	3	4	5	6	7	8	9	10	11	S
1	191088	73263	28702	12842	4816	1605	5009	2186	729	820	273	321333
2		219790	86106	38527	14448	4816	15028	6558	2186	2459	820	464001
3			229615	102739	38527	12842	40076	17488	5829	6558	2186	570668
4				269691	101134	33711	105198	45905	15302	17214	5738	748001
5					225425	75142	39449	17214	5738	6455	2152	530500
6						191714	13150	5738	1913	2152	717	343500
7							236070	103013	34338	38630	12877	642838
8								263133	87711	98675	32892	680513
9									195904	32892	10964	393506
10										224503	74834	505192
11											191611	335064

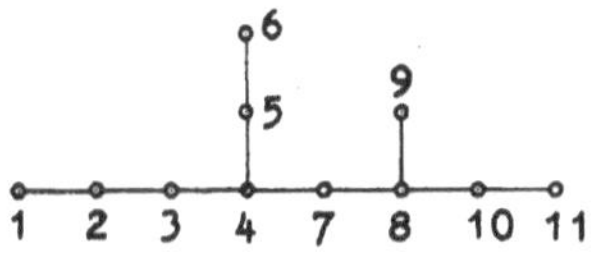

Tabelle 28 $D = 43896 = 2^3.3.31.59$

-K \ W	1	2	3	4	5	6	7	8	9	10	11	S
1	196100	29433	88300	39366	14762	4921	15036	5741	2187	820	273	396939
2		196100	88300	39366	14762	4921	15036	5741	2187	820	273	396939
3			264899	118097	44286	14762	45107	17223	6561	2460	820	690815
4				275560	103335	34445	105249	40186	15309	5741	1914	778568
5					226251	75417	39468	15070	5741	2153	718	541963
6						191806	13156	5023	1914	718	239	347322
7							231171	88265	33625	12609	4203	602925
8								224610	85566	32087	10696	530208
9									223073	83652	27884	487699
10										218870	72957	432887
11											190986	310963

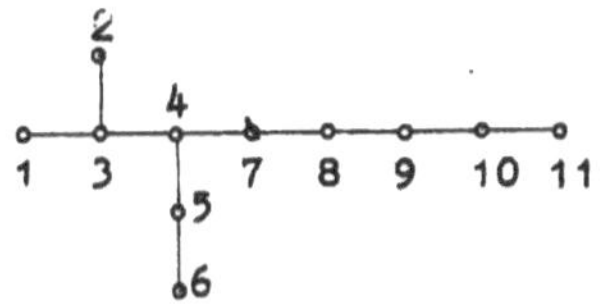

Tabelle 29

D = 43893 = $3^2 \cdot 4877$

-K \ W	1	2	3	4	5	6	7	8	9	10	11	S
1	191090	73269	28718	12884	4295	5639	1880	2153	820	308	103	321159
2		219807	86153	38651	12884	16916	5639	6459	2461	923	308	463470
3			229741	103069	34356	45110	15037	17224	6561	2461	820	569250
4				270556	90185	118413	39471	45212	17224	6459	2153	744277
5					196728	39471	13157	15071	5741	2153	718	414759
6						270658	90219	103342	39368	14763	4921	748820
7							196740	34447	13123	4921	1640	416274
8								230367	87759	32910	10970	585914
9									223908	83966	27989	508920
10										218987	72996	440847
11											190999	313617

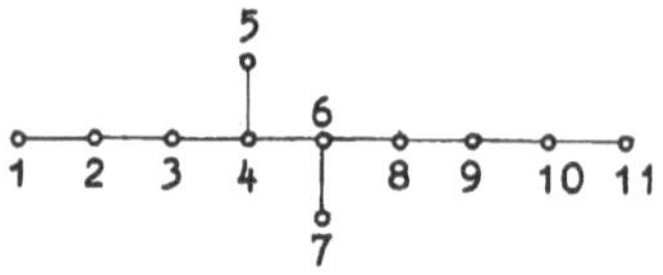

Tabelle 30

D = 43869 = 3.7.2089

-K \ W	1	2	3	4	5	6	7	8	9	10	11	S
1	196118	29451	88354	39493	15045	5642	1881	15079	5744	2154	718	399679
2		196118	88354	39493	15045	5642	1881	15079	5744	2154	718	399679
3			265062	118478	45134	16925	5642	45237	17233	6462	2154	699035
4				276448	105314	39493	13164	105553	40211	15079	5026	797752
5					230596	86473	28824	40211	15318	5744	1915	589619
6						219928	73309	15079	5744	2154	718	471107
7							191103	5026	1915	718	239	323702
8								231211	88080	33030	11010	604595
9									224031	84011	28004	516035
10										219004	73001	443511
11											191000	314503

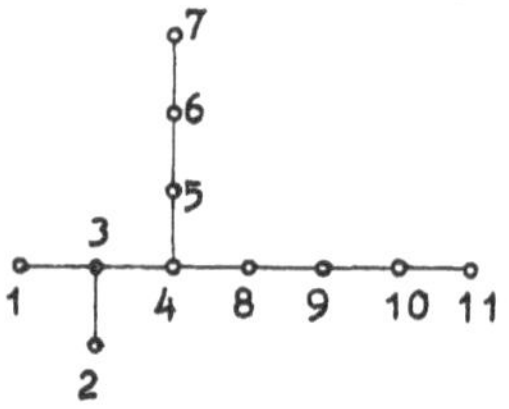

Tabelle 31

D = 43776 = $2^8 \cdot 3^2 \cdot 19$

-K \ W	1	2	3	4	5	6	7	8	9	10	11	S
1	191703	75110	33626	12610	4203	13158	731	2193	5848	2193	731	342106
2		225329	100877	37829	12610	39474	2193	6579	17544	6579	2193	526317
3			269006	100877	33626	105263	5848	17544	46784	17544	5848	736843
4				225329	75110	39474	2193	6579	17544	6579	2193	526317
5					191703	13158	731	2193	5848	2193	731	342106
6						236842	13158	39474	105263	39474	13158	657896
7							191703	75110	33626	12610	4203	342106
8								225329	100877	37829	12610	526317
9									269006	100877	33626	736843
10										225329	75110	526317
11											191703	342106

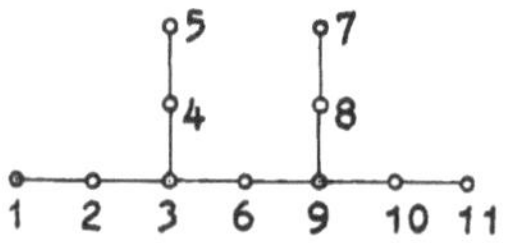

Tabelle 32

D = 43728 = $2^4 \cdot 3 \cdot 911$

-K \ W	1	2	3	4	5	6	7	8	9	10	11	S
1	191811	75432	34486	12932	4311	15093	5031	5763	2195	823	274	348151
2		226297	103458	38797	12932	45280	15093	17289	6586	2470	823	544457
3			275887	103458	34486	120746	40249	46103	17563	6586	2195	785217
4				226297	75432	45280	15093	17289	6586	2470	823	544457
5					191811	15093	5031	5763	2195	823	274	348151
6						271679	90560	103732	39517	14819	4940	766739
7							196853	34577	13172	4940	1647	422246
8								230516	87816	32931	10977	592756
9									223929	83974	27991	511524
10										218990	72997	441823
11											190999	313940

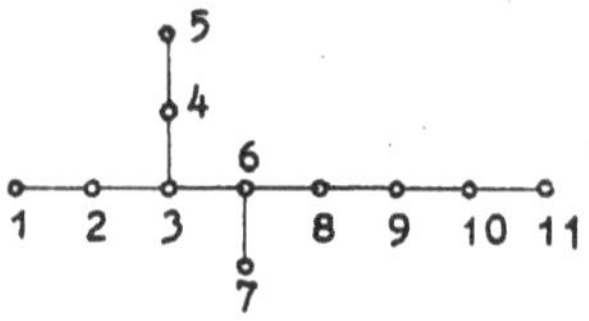

Tabelle 33 $D = 43725 = 3.5^2.11.53$

-K \ W	1	2	3	4	5	6	7	8	9	10	11	S
1	191001	73002	28005	11012	5031	1887	629	2196	732	823	274	314592
2		219005	84014	33036	15094	5660	1887	6587	2196	2470	823	443774
3			224037	88096	40252	15094	5031	17564	5855	6587	2196	516731
4				231252	105660	39623	13208	46106	15369	17290	5763	606415
5					276730	103774	34591	120755	40252	45283	15094	802516
6						226415	75472	45283	15094	16981	5660	550943
7							191824	15094	5031	5660	1887	350314
8								270875	90292	101579	33859	750190
9									196764	33859	11286	416730
10										225592	75197	531321
11											191732	343771

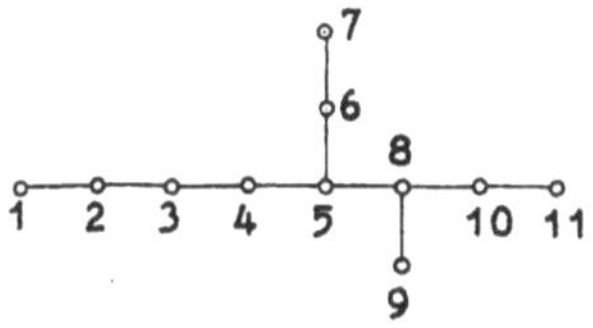

Tabelle 34 $D = 43704 = 2^3.3^2.607$

-K \ W	1	2	3	4	5	6	7	8	9	10	11	S
1	191104	73311	28830	13180	4942	1647	5766	1922	2197	824	275	323998
2		219934	86491	39539	14827	4942	17298	5766	6590	2471	824	471993
3			230642	105437	39539	13180	46128	15376	17573	6590	2197	591983
4				276771	103789	34596	121087	40362	46128	17298	5766	803953
5					226421	75474	45408	15136	17298	6487	2162	551483
6						191825	15136	5045	5766	2162	721	350494
7							271726	90575	103514	38818	12939	768395
8								196858	34505	12939	4313	422797
9									229910	86216	28739	578436
10										219831	73277	466913
11											191092	322305

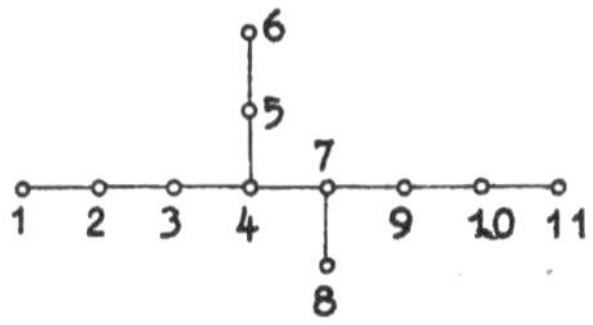

Tabelle 35 $D = 43701 = 3.7.2081$

-K \ W	1	2	3	4	5	6	7	8	9	10	11	S
1	191105	73316	28844	13215	5034	1888	629	5766	1922	2162	721	324062
2		219949	86531	39644	15103	5663	1888	17299	5766	6487	2162	473808
3			230750	105718	40274	15103	5034	46132	15377	17299	5766	596828
4				277511	105718	39644	13215	121096	40365	45411	15137	816674
5					230750	86531	28844	46132	15377	17299	5766	596828
6						219949	73316	17299	5766	6487	2162	473808
7							191105	5766	1922	2162	721	324062
8								271024	90341	101634	33878	756367
9									196780	33878	11293	418787
10										225613	75204	533636
11											191735	344545

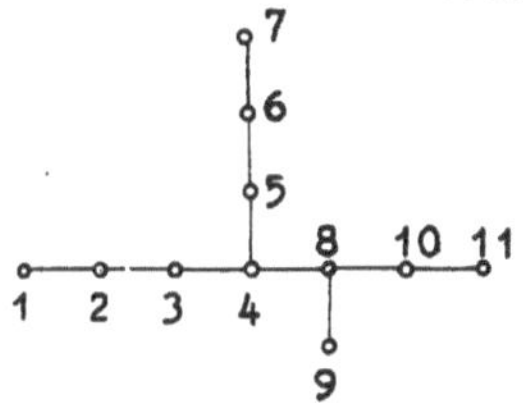

Tabelle 36 $D = 43536 = 2^4.3.907$

-K \ W	1	2	3	4	5	6	7	8	9	10	11	S
1	191830	75489	34638	12989	4330	15436	5788	1929	5880	2205	7735	351249
2		226468	103914	38968	12989	46307	17365	5788	17641	6615	2205	553749
3			277104	103914	34638	123484	46307	15436	47042	17641	5880	809998
4				226468	75489	46307	17365	5788	17641	6615	2205	553749
5					191830	15436	5788	1929	5880	2205	735	351249
6						277839	104190	34730	105843	39691	13230	822493
7							226571	75524	39691	14884	4961	558434
8								191841	13230	4961	1654	352810
9									230797	86549	28850	599044
10										219956	73319	474641
11											191106	324880

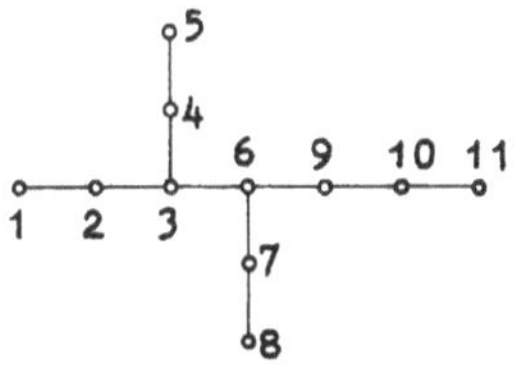

Tabelle 37

D = 43281 = $3^3 . 7 . 229$

W / -K	1	2	3	4	5	6	7	8	9	10	11	S
1	195155	28438	85465	32751	12789	5614	1871	2183	936	312	312	365876
2		195155	85465	32751	12789	5614	1871	2183	936	312	312	365876
3			256394	98253	38366	16843	5614	6550	2807	936	936	597629
4				229258	89520	39301	13100	15284	6550	2183	2183	561134
5					230193	101061	33687	39301	16843	5614	5614	585777
6						263880	87960	102620	43980	14660	14660	696193
7							195987	34207	14660	4887	4887	398731
8								234352	100437	33479	33479	604075
9									257330	85777	85777	616033
10										195259	28592	372011
11											195259	372011

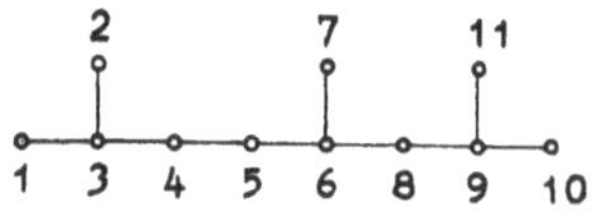

Tabelle 38

D = 43146 = $2 . 2^3 . 17 . 47$

W / -K	1	2	3	4	5	6	7	8	9	10	11	S
1	195974	29307	87922	38486	12829	14706	5632	2190	939	313	313	388611
2		195974	87922	38486	12829	14706	5632	2190	939	313	313	388611
3			263767	115457	38486	44118	16896	6571	2816	939	939	665833
4				269399	89800	102941	39424	15332	6571	2190	2190	720276
5					196600	34314	13141	5111	2190	730	730	406760
6						230392	88235	34314	14706	4902	4902	588236
7							225282	87610	37547	12516	12516	544431
8								228515	97935	32645	32645	545058
9									256258	85419	85419	590739
10										195140	28473	363580
11											195140	363580

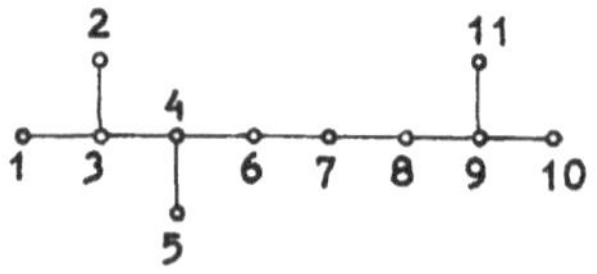

Tabelle 39

D = 43119 = $3^3 . 1597$

W / -K	1	2	3	4	5	6	7	8	9	10	11	S
1	195262	28595	85786	33500	14715	4905	5740	2505	835	939	313	373095
2		195262	85786	33500	14715	4905	5740	2505	835	939	313	373095
3			257358	100501	44145	14715	17220	7514	2505	2818	939	619287
4				234502	103000	34335	40180	17533	5844	6575	2192	611668
5					264872	88291	103319	45085	15028	16907	5636	715719
6						196097	34440	15028	5009	5636	1879	405240
7							235337	102693	34231	38510	12837	630247
8								262993	87664	98622	32874	675016
9									195888	32874	10958	391671
10										224483	74828	503131
11											191609	334378

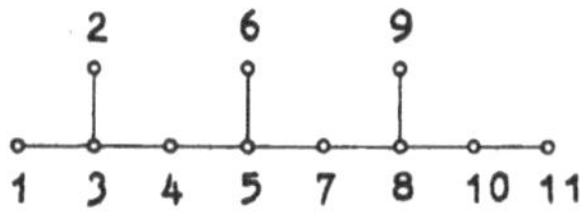

Tabelle 40

D = 43092 = $2^2 . 3^4 . 7 . 19$

W / -K	1	2	3	4	5	6	7	8	9	10	11	S
1	195280	28613	85840	33626	15038	5639	1880	5848	2506	835	835	375940
2		195280	85840	33626	15038	5639	1880	5848	2506	835	835	375940
3			257519	100877	45113	16917	5639	17544	7519	2506	2506	627820
4				235380	105263	39474	13158	40936	17544	5848	5848	631580
5					270677	101504	33835	105263	45113	15038	15038	766920
6						225564	75188	39474	16917	5639	5639	537594
7							191729	13158	5639	1880	1880	345866
8								235380	100877	33626	33626	631580
9									257519	85840	85840	627820
10										195280	28613	375940
11											195280	375940

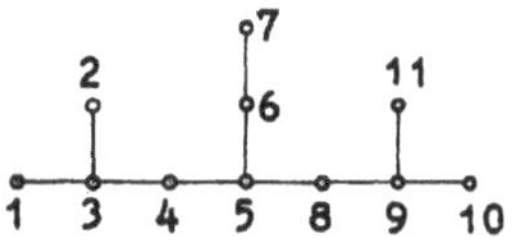

Tabelle 41 D = 43005 = 3.5.47.61

-K W	1	2	3	4	5	6	7	8	9	10	11	S
1	195977	29311	87932	38507	12836	14754	5755	2511	837	942	314	389676
2		195977	87932	38507	12836	14754	5755	2511	837	942	314	389676
3			263795	115521	38507	44262	17265	7534	2511	2825	942	669026
4				269550	89850	103279	40286	17579	5860	6592	2197	727728
5					196617	34426	13429	5860	1953	2197	732	409243
6						231148	90164	39344	13115	14754	4918	604918
7							230206	100453	33484	37670	12557	587024
8								262016	87339	98256	32752	656155
9									195780	32752	10917	385385
10										224346	74782	496058
11											191594	332019

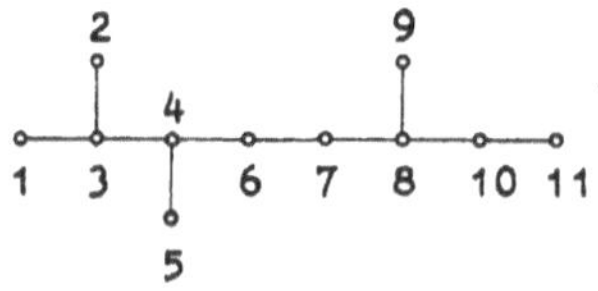

Tabelle 42 D = 42978 = 2.3.13.19.29

-K W	1	2	3	4	5	6	7	8	9	10	11	S
1	195158	28491	85474	32773	12844	5759	1920	2513	838	942	314	367026
2		195158	85474	32773	12844	5759	1920	2513	838	942	314	367026
3			256422	98318	38531	17276	5759	7539	2513	2827	942	601075
4				229408	89906	40311	13437	17590	5863	6596	2199	569174
5					231188	103658	34553	45232	15077	16962	5654	606449
6						270662	90221	118107	39369	44290	14763	750175
7							196740	39369	13123	14763	4921	416726
8								269719	89906	101145	33715	727348
9									196635	33715	11238	409115
10										225429	75143	522754
11											191714	340917

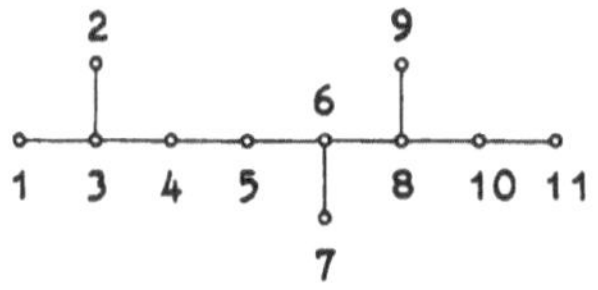

Tabelle 43 D = 42957 = 3^3.37.43

-K W	1	2	3	4	5	6	7	8	9	10	11	S
1	195998	29332	87995	38655	12885	15085	6600	2200	2514	943	314	392521
2		195998	87995	38655	12885	15085	6600	2200	2514	943	314	392521
3			263985	115965	38655	45255	19799	6600	7542	2828	943	677562
4				270585	90195	105594	46197	15399	17599	6600	2200	747644
5					196732	35198	15399	5133	5866	2200	733	415881
6						236329	103394	34465	39388	14771	4924	649488
7							263985	87995	100566	37712	37712	700818
8								195998	33522	12571	4190	400273
9									228787	85795	28598	552691
10										219673	73224	457260
11											191075	319086

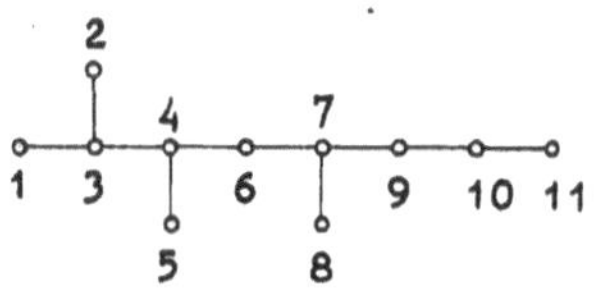

Tabelle 44 D = 42957 = 3^3.37.43

-K W	1	2	3	4	5	6	7	8	9	10	11	S
1	196103	29436	88309	39388	14771	4924	15085	5866	2514	838	838	398072
2		196103	88309	39388	14771	4924	15085	5866	2514	838	838	398072
3			264928	118165	44312	14771	45255	17599	7542	2514	2514	694218
4				275718	103394	34465	105594	41064	17599	5866	5866	786507
5					226273	75424	39598	15399	6600	2200	2200	544942
6						191808	13199	5133	2200	733	733	348314
7							231930	90195	38655	12885	12885	620366
8								229520	98366	32789	32789	574586
9									256442	85481	85481	603394
10										195160	28494	367798
11											195160	367798

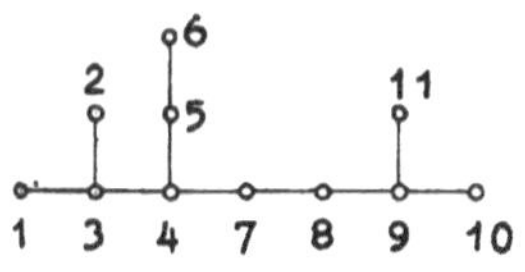

Tabelle 45 $D = 42930 = 2.3^4.5.53$

W / -K	1	2	3	4	5	6	7	8	9	10	11	S
1	195283	28616	85849	33648	15094	5031	6604	2201	2516	943	314	376099
2		195283	85849	33648	15094	5031	6604	2201	2516	943	314	376099
3			257547	100943	45283	15094	19811	6604	7547	2830	943	628300
4				235535	105660	35220	46226	15409	17610	6604	2201	632704
5					271698	90566	118868	39623	45283	16981	5660	769810
6						196855	39623	13208	15094	5660	1887	423269
7							270755	90252	103145	38679	12893	753460
8								196751	34382	12893	4298	417822
9									229769	86164	28721	572747
10										219811	73270	464778
11											191090	191090

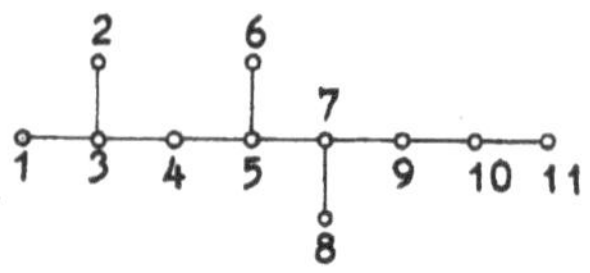

Tabelle 46 $D = 42903 = 3^3.7.227$

W / -K	1	2	3	4	5	6	7	8	9	10	11	S
1	196140	29473	88420	39648	15104	5664	1888	15419	6608	2203	2203	402770
2		196140	88420	39648	15104	5664	1888	15419	6608	2203	2203	402770
3			265261	118943	45312	16992	5664	46256	19824	6608	6608	708308
4				277533	105727	39648	13216	107930	46256	15419	15419	819387
5					230753	86532	28844	41116	17621	5874	5874	597861
6						219950	73317	15419	6608	2203	2203	474200
7							191105	5140	2203	734	734	324733
8								236417	101322	33774	33774	651986
9									257709	85903	85903	636565
10										195301	28634	378856
11											195301	378856

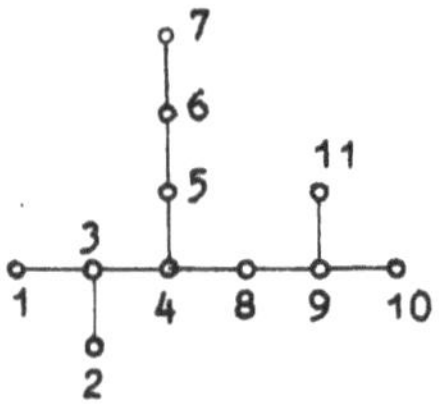

Tabelle 47 $D = 42816 = 2^6.3.223$

W / -K	1	2	3	4	5	6	7	8	9	10	11	S
1	191704	75112	33632	12612	4204	13173	5886	1962	2522	841	841	342489
2		225336	100897	37836	12612	39518	17657	5886	7567	2522	2522	527465
3			269058	100897	33632	105381	47085	15695	20179	6726	6726	739908
4				225336	75112	39518	17657	5886	7567	2522	2522	527465
5					191704	13173	5886	1962	2522	841	841	342489
6						237108	105942	35314	45404	15135	15135	664801
7							270740	90247	116031	38677	38677	754485
8								196749	38677	12892	12892	418162
9									264013	88004	88004	680491
10										196001	29335	393496
11											196001	393496

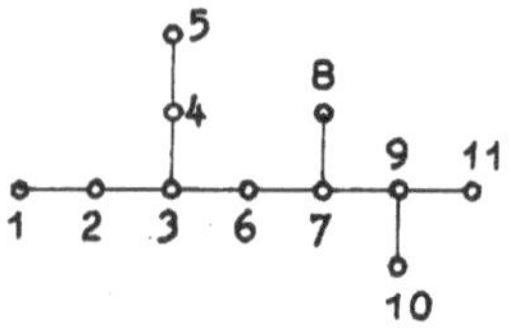

Tabelle 48 $D = 42813 = 3^2.67.71$

W / -K	1	2	3	4	5	6	7	8	9	10	11	S
1	191717	75152	33740	11247	14820	4940	5781	2523	841	946	315	342022
2		225457	101219	33740	44461	14820	17343	7568	2523	2838	946	526067
3			269918	89973	118562	39521	46248	20181	6727	7568	2523	736180
4				196658	39521	13174	15416	6727	2242	2523	841	412062
5					271705	90568	105984	46248	15416	17343	5781	770409
6						196856	35328	15416	5139	5781	1927	423470
7							236377	103146	34382	38680	12893	651578
8								263191	87730	98697	32899	684236
9									195910	32899	10966	394775
10										224511	74837	506623
11											191612	335540

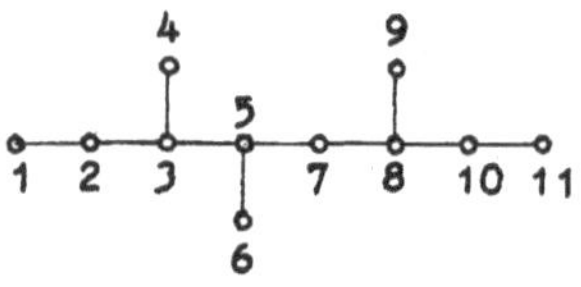

Tabelle 49 D = 42789 = 3.17.839

-K \ W	1	2	3	4	5	6	7	8	9	10	11	S
1	196125	29459	88376	39543	14829	4943	15425	6731	2244	2524	841	401040
2		196125	88376	39543	14829	4943	15425	6731	2244	2524	841	401040
3			265127	118629	44486	14829	46274	20192	6731	7572	2524	703116
4				276800	103800	34600	107972	47115	15705	17668	5889	807264
5					226425	75475	40489	17668	5889	6626	2209	552725
6						191825	13496	5889	1963	2209	736	350908
7							237152	103485	34495	38807	12936	665956
8								263339	87780	98752	32917	690599
9									195927	32917	10972	396867
10										224532	74844	508975
11											191615	336324

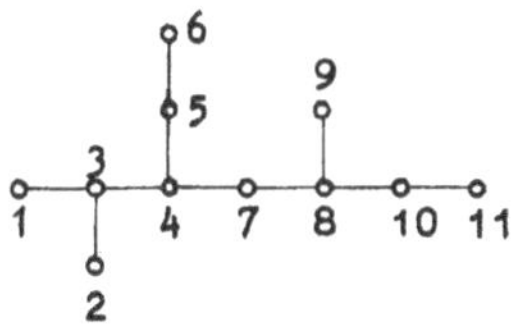

Tabelle 50 D = 42768 = $2^4.3^5.11$

-K \ W	1	2	3	4	5	6	7	8	9	10	11	S
1	191814	75442	34512	12942	4314	15152	5051	5892	2525	842	842	349328
2		226326	103535	38826	12942	45455	15152	17677	7576	2525	2525	547981
3			276094	103535	34512	121212	40404	47138	20202	6734	6734	794612
4				226326	75442	45455	15152	17677	7576	2525	2525	547981
5					191814	15152	5051	5892	2525	842	842	349328
6						272727	90909	106061	45455	15152	15152	787882
7							196970	35354	15152	5051	5051	429297
8								235690	101010	33670	33670	639731
9									257576	85859	85859	631315
10										195286	28620	377106
11											195286	377106

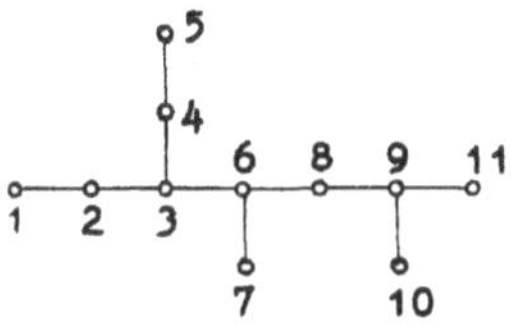

Tabelle 51 D = 42762 = 2.3.7127

-K \ W	1	2	3	4	5	6	7	8	9	10	11	S
1	196144	29477	88431	39673	13224	17364	5788	6630	2526	947	316	400520
2		196144	88431	39673	13224	17364	5788	6630	2526	947	316	400520
3			265294	119019	39673	52091	17364	19889	7577	2841	947	701557
4				277712	92571	121545	40515	46408	17679	6630	2210	803635
5					197523	40515	13505	15469	5893	2210	737	434544
6						272029	90676	103866	39568	14838	4946	774802
7							196892	34622	13189	4946	1649	424934
8								230567	87835	32938	10979	595833
9									223937	83976	27992	512698
10										218991	72997	442261
11											191000	314089

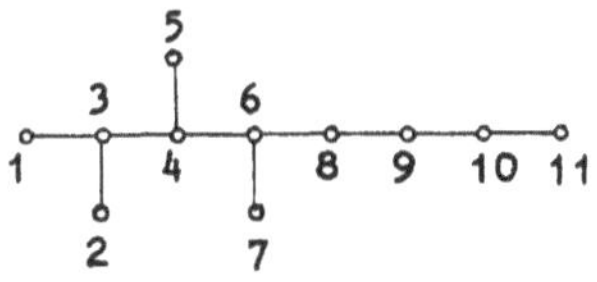

Tabelle 52 D = 42762 = 2.3.7127

-K \ W	1	2	3	4	5	6	7	8	9	10	11	S
1	195302	28635	85906	33780	15434	5788	1929	6735	2245	2526	842	379122
2		195302	85906	33780	15434	5788	1929	6735	2245	2526	842	379122
3			257717	101340	46303	17364	5788	20205	6735	7577	2526	637367
4				236460	108040	40515	13505	47145	15715	17679	5893	653852
5					277817	104181	34727	121229	40410	45461	15154	824190
6						226568	75523	45461	15154	17048	5683	559073
7							191841	15154	5051	5683	1894	353024
8								271082	90361	101656	33885	759648
9									196787	33885	11295	419883
10										225621	75207	348869
11											191736	344957

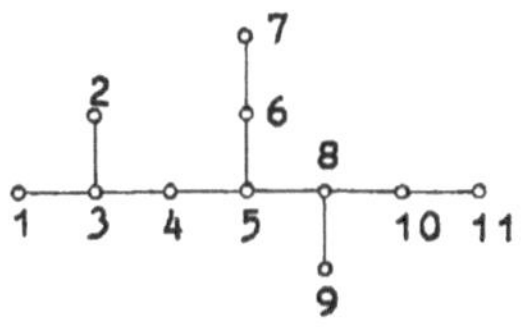

Tabelle 53 $D = 42714 = 2.3^3.7.113$

-K \ W	1	2	3	4	5	6	7	8	9	10	11	S
1	196271	29604	88812	40560	17383	5794	5794	15487	5900	2212	737	408554
2		196271	88812	40560	17383	5794	5794	15487	5900	2212	737	408554
3			266435	121681	52149	17383	17383	46460	17699	6637	2212	725663
4				283923	121681	40560	40560	108407	41298	15487	5162	859879
5					266435	88812	88812	46460	17699	6637	2212	725663
6						196271	29604	15487	5900	2212	737	408554
7							196271	15487	5900	2212	737	408554
8								232301	88496	33186	11062	628320
9									224189	84071	28024	525076
10										219027	73009	446902
11											191003	315632

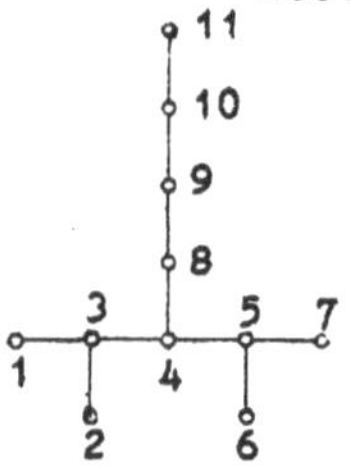

Tabelle 54 $D = 42597 = 3^2.4733$

-K \ W	1	2	3	4	5	6	7	8	9	10	11	S
1	191739	75217	33911	11304	15212	5071	6655	2218	2535	951	317	345130
2		225650	101733	33911	45637	15212	19966	6655	7606	2852	951	535390
3			271287	90429	121699	40566	53243	17748	20283	7606	2535	761040
4				196810	40566	13522	17748	5916	6761	2535	845	420347
5					278893	92964	122016	40672	46482	17431	5810	827382
6						197655	40672	13557	15494	5810	1937	442460
7							272132	90711	103669	38876	12959	778647
8								196904	34556	12959	4320	426216
9									229969	86238	28746	582339
10										219839	73280	468377
11											191093	322793

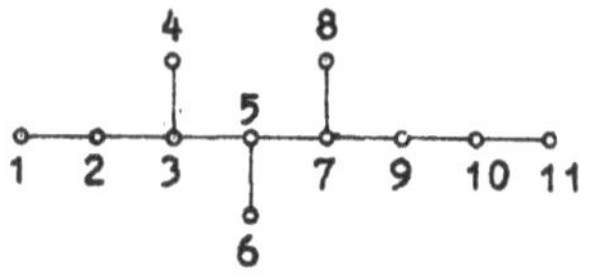

Tabelle 55 $D = 42573 = 3.23.617$

-K \ W	1	2	3	4	5	6	7	8	9	10	11	S
1	196169	29502	88507	39849	13283	17758	6659	2220	6765	2537	846	404095
2		196169	88507	39849	13283	17758	6659	2220	6765	2537	846	404095
3			265520	119548	39849	53273	19977	6659	20295	7610	2537	712282
4				278944	92981	124304	46614	15538	47354	17758	5919	828658
5					197660	41435	15538	5179	15785	5919	1973	442885
6						278204	104327	34776	105983	39743	13248	830809
7							226623	75541	39743	14904	4968	561553
8								191847	13248	4968	1656	353852
9									230851	86569	28856	602214
10										219963	73321	475829
11											191107	325277

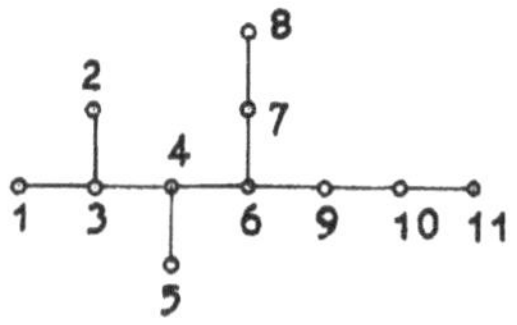

Tabelle 56 $D = 42552 = 2^3.3^3.197$

-K \ W	1	2	3	4	5	6	7	8	9	10	11	S
1	196277	29611	88832	40609	15228	5076	17766	5922	6768	2538	846	409473
2		196277	88832	40609	15228	5076	17766	5922	6768	2538	846	409473
3			266497	121827	45685	15228	53299	17766	20305	7614	2538	728423
4				284264	106599	35533	124365	41455	47377	17766	5922	866326
5					227475	75825	46637	15546	17766	6662	2221	574872
6						191942	15546	5182	5922	2221	740	358291
7							273160	91053	104061	39023	13008	795684
8								197018	34687	13008	4336	431895
9									230118	86294	28765	588831
10										219860	73287	470811
11											191096	323605

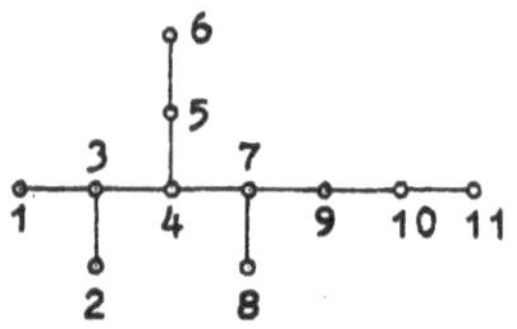

Tabelle 57 D = 42546 = 2.3.7.10.13

-K \ W	1	2	3	4	5	6	7	8	9	10	11	S
1	196293	29627	88880	40721	15513	5817	1939	17769	5923	6663	2221	411366
2		196293	88880	40721	15513	5817	1939	17769	5923	6663	2221	411366
3			266641	122162	46538	17452	5817	53307	17769	19990	6663	734099
4				285044	108588	40721	13574	124383	41461	46644	15548	879567
5					231843	86941	28980	47384	15795	17769	5923	620787
6						220103	73368	17769	5923	6663	2221	482795
7							191123	5923	1974	2221	740	327598
8								272458	90819	102172	34057	783810
9									196940	34057	11352	427936
10										225814	75271	543927
11											191757	347974

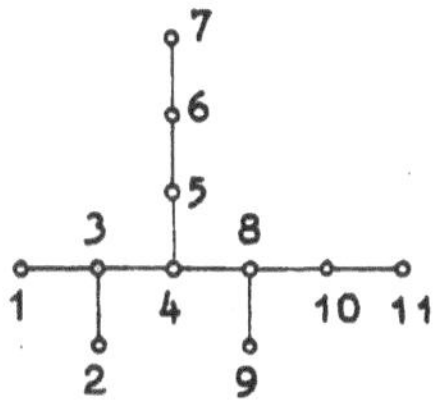

Tabelle 58 D = 42432 = 2^6.3.13.17

-K \ W	1	2	3	4	5	6	7	8	9	10	11	S
1	191836	75509	34691	13009	4336	15554	5185	6787	2262	2545	848	352562
2		226527	104072	39027	13009	46663	15554	20362	6787	7636	2545	557691
3			277526	104072	34691	124434	41473	54299	18100	20362	6787	820512
4				226527	75509	46663	15554	20362	6787	7636	2545	557691
5					191836	15554	5185	6787	2262	2545	848	352562
6						279977	93326	122172	40724	45814	15271	846152
7							197775	40724	13575	15271	5090	448717
8								271493	90498	101810	33937	769231
9									196833	33937	11312	423077
10										225679	75226	538461
11											191742	346151

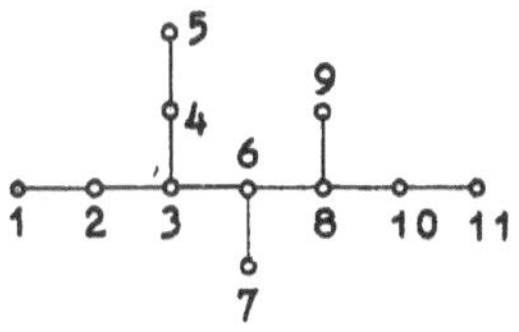

Tabelle 59 D = 42405 = 3.5.11.257

-K \ W	1	2	3	4	5	6	7	8	9	10	11	S
1	191758	75274	34064	11355	15564	5837	1946	2264	6792	2547	849	348250
2		225822	102193	34064	46693	17510	5837	6792	20375	7641	2547	544748
3			272515	90838	124514	46693	15564	18111	54333	20375	6792	785992
4				196946	41505	15564	5188	6037	18111	6792	2264	428664
5					285344	107004	35668	41505	124514	46693	15564	884568
6						227626	75875	15564	46693	17510	5837	581713
7							191958	5188	15564	5837	1946	360571
8								196946	90838	34064	11355	428664
9									272515	102193	34064	785992
10										225822	75274	544748
11											191758	348250

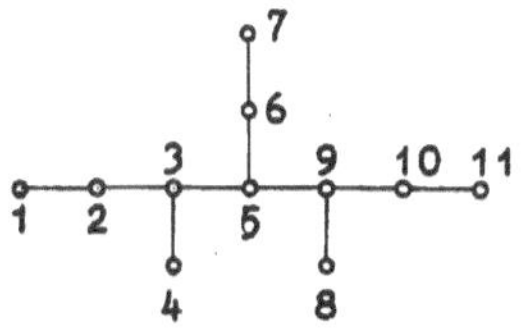

Tabelle 60 D = 42384 = 2^4.3.883

-K \ W	1	2	3	4	5	6	7	8	9	10	11	S
1	191853	75559	34824	13059	4353	15855	5946	1982	6795	2265	2265	354756
2		226678	104473	39178	13059	47565	17837	5946	20385	6795	6795	564270
3			278596	104473	34824	126840	47565	15855	54360	18120	18120	838050
4				226678	75559	47565	17837	5946	20385	6795	6795	564270
5					191853	15855	5946	1982	6795	2265	2265	354756
6						285391	107022	35674	122310	40770	40770	885617
7							227633	75878	45866	15289	15289	582108
8								191959	15289	5096	5096	360703
9									266704	88901	88901	736691
10										196300	29634	412230
11											196300	412230

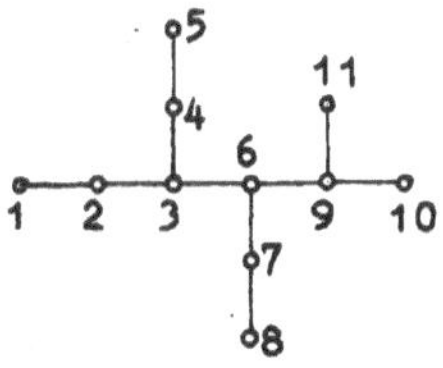

Tabelle 61

D = 41877 = 3^4.11.47

-K \ W	1	2	3	4	5	6	7	8	9	10	11	S
1	196003	29336	88008	38685	12895	15152	2257	6770	2901	967	967	393941
2		196003	88008	38685	12895	15152	2257	6770	2901	967	967	393941
3			264023	116054	38685	45455	6770	20309	8704	2901	2901	681818
4				270793	90264	106061	15796	47389	20309	6770	6770	757576
5					196755	35354	5265	15796	6770	2257	2257	419193
6						237374	35354	106061	45455	15152	15152	671722
7							196755	90264	38685	12895	12895	419193
8								270793	116054	38685	38685	757576
9									264023	88008	88008	681818
10										196003	29336	393941
11											196003	393941

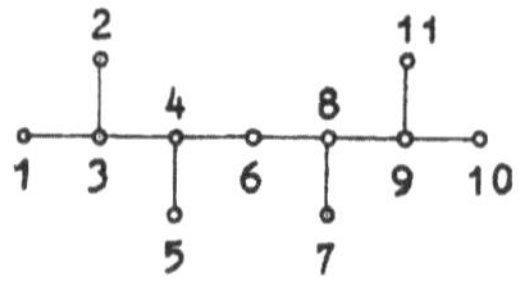

Tabelle 62

D = 41823 = 3^3.1549

-K \ W	1	2	3	4	5	6	7	8	9	10	11	S
1	196148	29481	88444	39703	13234	17431	5810	6779	2905	968	968	401871
2		196148	88444	39703	13234	17431	5810	6779	2905	968	968	401871
3			265332	119109	39703	52292	17431	20336	8715	2905	2905	705616
4				277921	92640	122014	40671	47450	20336	6779	6779	813105
5					197547	40671	13557	15817	6779	2260	2260	437702
6						273079	91026	106198	45513	15171	15171	795997
7							197009	35399	15171	5057	5057	431998
8								235743	101033	33678	33678	642890
9									257586	85862	85862	632667
10										195287	28621	377556
11											195287	377556

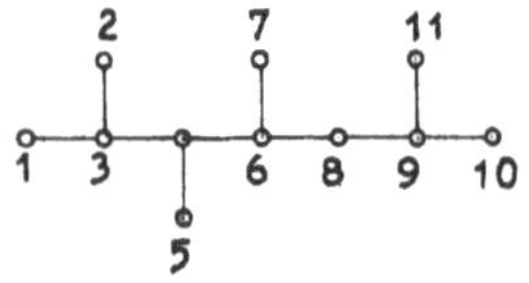

Tabelle 63

D = 41769 = 3^3.7.13.17

-K \ W	1	2	3	4	5	6	7	8	9	10	11	S
1	196294	29627	88882	40724	17453	5818	5818	15837	6787	2262	2262	411764
2		196294	88882	40724	17453	5818	5818	15837	6787	2262	2262	411764
3			266645	122172	52359	17453	17453	47511	20362	6787	6787	735293
4				285068	122172	40724	40724	110860	47511	15837	15837	882353
5					266645	88882	88882	47511	20362	6787	6787	735293
6						196294	29627	15837	6787	2262	2262	411764
7							196294	15837	6787	2262	2262	411764
8								237557	101810	33937	33937	676471
9									257919	85973	85973	647058
10										195324	28658	382351
11											195324	382351

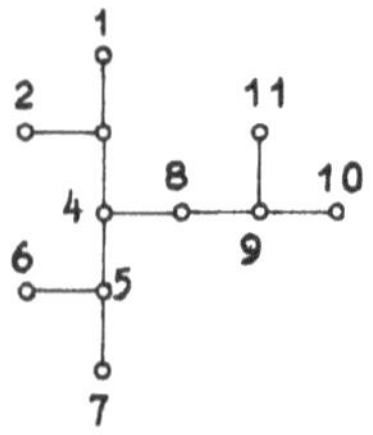

Tabelle 64

D = 41493 = 3.13831

-K \ W	1	2	3	4	5	6	7	8	9	10	11	S
1	196178	29511	88533	39910	13303	17895	5965	7809	2603	2928	976	405611
2		196178	88533	39910	13303	17895	5965	7809	2603	2928	976	405611
3			265599	119731	39910	53684	17895	23426	7809	8785	2928	716833
4				279372	93124	125262	41754	54660	18220	20497	6832	839272
5					197708	41754	13918	18220	6073	6832	2277	446422
6						280348	93449	122334	40778	45875	15292	854566
7							197816	40778	13593	15292	5097	451522
8								271564	90521	101836	33945	772902
9									196840	33945	11315	424300
10										225689	75230	539837
11											191743	346611

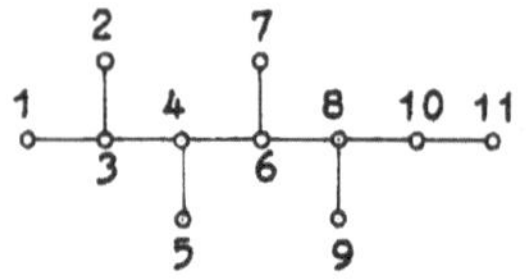

Tabelle 65 D = 41445 = $3^3.5.307$

W / -K	1	2	3	4	5	6	7	8	9	10	11	S
1	196308	29642	88925	40825	15309	5103	18241	6080	7818	2606	2606	413463
2		196308	88925	40825	15309	5103	18241	6080	7818	2606	2606	413463
3			266775	122476	45928	15309	54723	18241	23453	7818	7818	740391
4				285776	107166	35722	127687	42562	54723	18241	18241	894244
5					227687	75896	47883	15961	20521	6840	6840	585340
6						191965	15961	5320	6840	2280	2280	361779
7							280456	93485	120195	40065	40065	857002
8								197828	40065	13355	13355	452332
9									265798	88599	88599	724429
10										196200	29533	408143
11											196200	408143

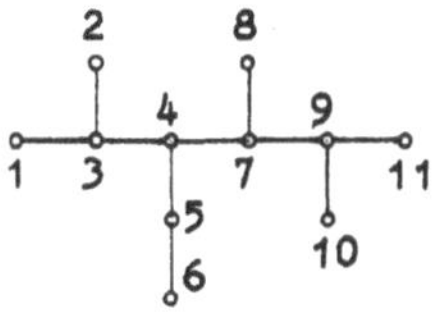

Tabelle 66 D = 41391 = $3^4.7.73$

W / -K	1	2	3	4	5	6	7	8	9	10	11	S
1	196456	29789	89367	41857	17939	5980	5980	18265	6088	6849	2283	420853
2		196456	89367	41857	17939	5980	5980	18265	6088	6849	2283	420853
3			268102	125571	53816	17939	17939	54795	18265	20548	6849	762558
4				292998	125571	41857	41857	127854	42618	47945	15982	945967
5					268102	89367	89367	54795	18265	20548	6849	762558
6						196456	29789	18265	6088	6849	2283	420853
7							196456	18265	6088	6849	2283	420853
8								273973	94324	102740	34247	812788
9									197108	34247	11416	437595
10										226027	75342	554793
11											191781	351598

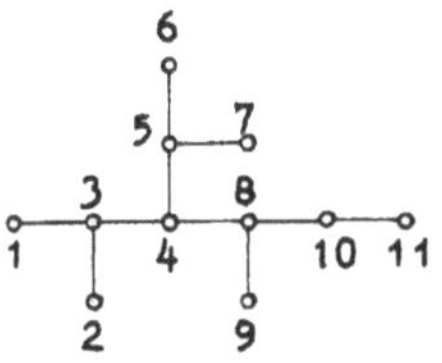

Tabelle 67 D = 39601 = 199^2

W / -K	1	2	3	4	5	6	7	8	9	10	11	S
1	223618	85427	32663	12563	5025	2513	2513	5025	12563	32663	85427	500000
2		223618	85427	32663	12563	5025	2513	2513	5025	12563	32663	500000
3			223618	85427	32663	12563	5025	2513	2513	5025	12563	500000
4				223618	85427	32663	12563	5025	2513	2513	5025	500000
5					223618	85427	32663	12563	5025	2513	2513	500000
6						223618	85427	32663	12563	5025	2513	500000
7							223618	85427	32663	12563	5025	500000
8								223618	85427	32663	12563	500000
9									223618	85427	32663	500000
10										223618	85427	500000
11											223618	500000

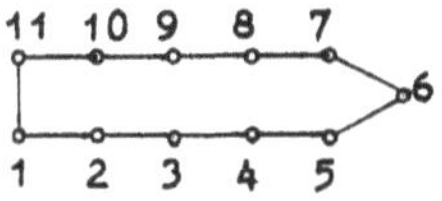

Tabelle 68 D = 38610 = $2.3^3.5.11.13$

W / -K	1	2	3	4	5	6	7	8	9	10	11	S
1	195869	87607	33475	12821	4986	2137	1425	2137	4986	12821	33476	391741
2		262820	100427	38462	14957	6410	4274	6410	14957	38462	100427	675013
3			229358	87646	33579	13092	5698	4002	6307	14918	38449	566952
4				224476	85781	32867	12821	5594	3963	6294	14918	525643
5					223763	85509	32764	12782	5581	3963	6307	509972
6						223660	85470	32751	12782	5594	4002	504274
7							223647	85470	32764	12821	5698	502852
8								223660	85509	32867	13092	504274
9									223763	85781	33579	509972
10										224476	87646	525643
11											229358	566952

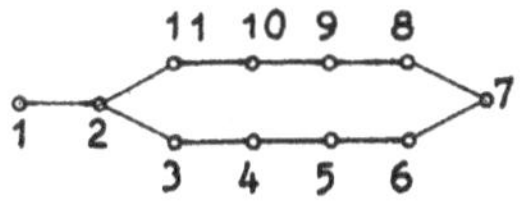

Tabelle 69 D = 38456 = $2^3.11.19.23$

-K \ W	1	2	3	4	5	6	7	8	9	10	11	S
1	191700	75099	33597	12846	4941	1976	988	988	1976	4941	12846	341898
2		225296	100791	38538	14822	5929	2964	2964	5929	14822	38538	525692
3			268775	102767	39526	15810	7905	7905	15810	39526	102767	735179
4				230276	88062	33909	13665	7086	7593	15693	39487	589922
5					224659	85916	33090	13353	6969	7554	15693	534585
6						223840	85604	32973	13314	6969	7593	513833
7							223723	85565	32973	13353	7086	506916
8								223723	85604	33090	13665	506916
9									223840	85916	33909	513833
10										224659	88062	534585
11											230276	589922

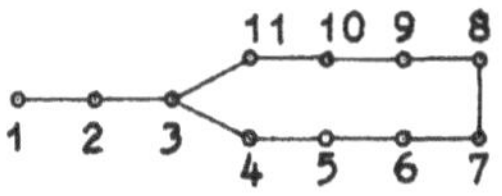

Tabelle 70 D = 38409 = 3.7.31.59

-K \ W	1	2	3	4	5	6	7	8	9	10	11	S
1	191088	73264	28704	12849	4921	1914	820	547	820	1914	4921	321762
2		219792	86113	38546	14762	5741	2460	1640	2460	5741	14762	465281
3			229634	102788	39366	15309	6561	4374	6561	15309	39366	574085
4				269820	103335	40186	17223	11482	17223	40186	103335	756973
5					230558	88339	34458	15036	10649	16910	40082	598416
6						224830	86152	33625	14723	10544	16910	538273
7							223997	85839	33521	14723	10649	516403
8								223893	85839	33625	15036	510936
9									223997	86152	34458	516403
10										224830	88339	538273
11											230558	598416

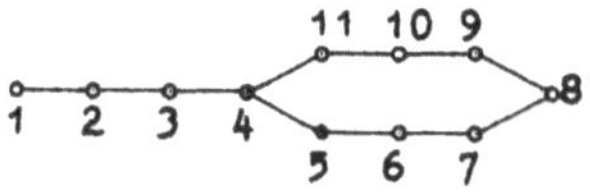

Tabelle 71 D = 38338 = 2.29.661

-K \ W	1	2	3	4	5	6	7	8	9	10	11	S
1	190998	72995	27988	10968	4917	1891	756	378	378	756	1891	313916
2		218986	83964	32905	14750	5673	2269	1135	1135	2269	5673	441754
3			223903	87746	39334	15129	6051	3026	3026	6051	15129	511347
4				230333	103253	39713	15885	7943	7943	15885	39713	592287
5					270424	104009	41604	20802	20802	41604	104009	765508
6						230985	88946	35852	18611	19980	41330	602119
7							225233	86755	35031	18337	19980	540847
8								224412	86481	35031	18611	520426
9									224412	86755	35852	520426
10										225233	88946	540847
11											230985	602119

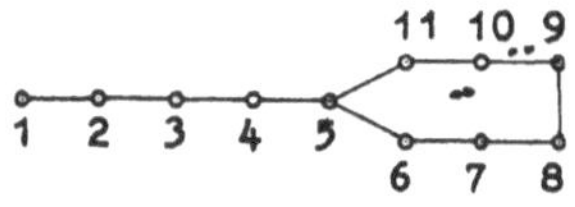

Tabelle 72 D = 38160 = $2^4.3^2.5.53$

-K \ W	1	2	3	4	5	6	7	8	9	10	11	S
1	232062	90527	39518	28027	44562	105660	40356	15409	5870	2201	734	604926
2		226297	88365	38797	28027	45283	17296	6604	2516	943	314	544969
3			225577	88365	39518	30189	11530	4403	1677	629	210	529981
4				226297	90527	45283	17296	6604	2516	943	314	544969
5					232062	105660	40356	15409	5870	2201	734	604926
6						271698	103774	39623	15094	5660	1887	769811
7							230608	88050	33543	12579	4193	599581
8								224528	85535	32075	10692	528932
9									223061	83648	27883	487213
10										218868	72956	432703
11											190985	310902

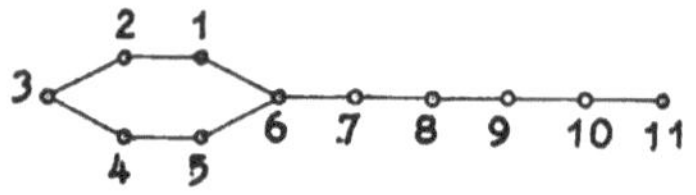

Tabelle 73 D = 37697 = 11.23.149

-K \ W	1	2	3	4	5	6	7	8	9	10	11	S
1	190983	79250	27867	10651	4085	1605	730	292	146	146	292	309747
2		218850	83601	31952	12256	4815	2189	875	438	438	875	429239
3			222936	85206	32682	12839	5836	2334	1167	1167	2334	477969
4				223665	85789	33703	15320	6128	3064	3064	6128	504670
5					224686	88270	40123	16049	8025	8025	16049	536039
6						231106	105048	42019	21010	21010	42019	603444
7							275022	110009	55004	55004	110009	774294
8								234913	94729	49274	53094	609716
9									229183	92819	49274	554859
10										229183	94729	554859
11											234913	609716

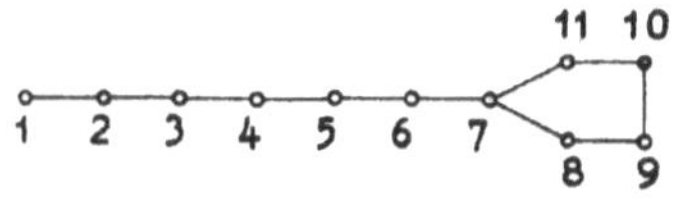

Tabelle 74 D = 37635 = 3.5.13.193

-K \ W	1	2	3	4	5	6	7	8	9	10	11	S
1	225389	88083	38860	12953	15544	7772	7772	15544	12953	38860	88083	551813
2		229560	100598	33533	38701	15504	7812	7931	5327	15982	34688	577719
3			262933	87644	100558	38741	15664	8250	3029	9087	15982	681346
4				195882	33519	12914	5221	2750	1010	3029	5327	393782
5					229454	87804	33958	14069	2750	8250	7931	572538
6						224671	86210	33958	5221	15664	7812	536271
7							224671	87804	12914	38741	15504	536271
8								229454	33519	100558	38701	572538
9									195882	87644	33533	393782
10										262933	100598	681346
11											229560	577719

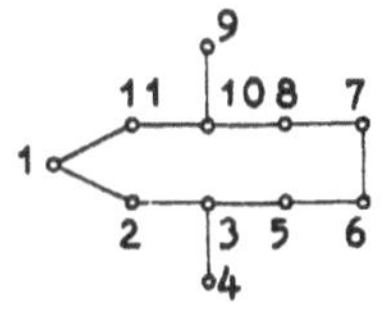

Tabelle 75 D = 37632 = $2^8.3.7^2$

-K \ W	1	2	3	4	5	6	7	8	9	10	11	S
1	223958	85937	33854	15625	5208	7812	7812	5208	15625	33854	85937	520830
2		224570	87771	38744	12915	15545	7892	2710	8131	13791	33243	531249
3			229459	100606	33535	38823	15864	2923	8769	7520	13791	572915
4				263074	87691	100925	39700	6059	18176	8769	8131	687500
5					195897	33642	13233	2020	6059	2923	2710	395833
6						230309	90000	13233	39700	15864	7892	593745
7							230309	33642	100925	38823	15545	593745
8								195897	87691	33535	12915	395833
9									263074	100606	38744	687500
10										229459	87771	572915
11											224570	531249

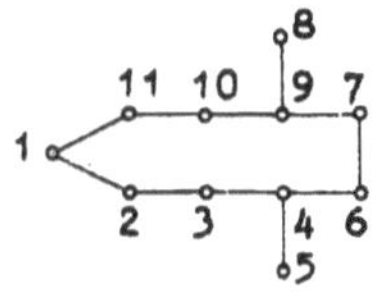

Tabelle 76 D = 37611 = $3^3.7.199$

-K \ W	1	2	3	4	5	6	7	8	9	10	11	S
1	235450	103175	34392	39683	15873	7937	7937	15873	39683	34392	103175	637570
2		264058	88019	100981	38885	15674	8136	8734	18067	15155	45465	706349
3			196006	33660	12962	5225	2712	2911	6022	5052	15155	402166
4				229600	87820	33860	13759	7418	8495	6022	18067	579365
5					224575	85906	33142	13520	7418	2911	8734	531746
6						223857	85666	33142	13759	2712	8136	515874
7							223857	85906	33860	5225	15674	515874
8								224575	87820	12962	38885	531746
9									229600	33660	100981	579365
10										196006	88019	402116
11											264058	706349

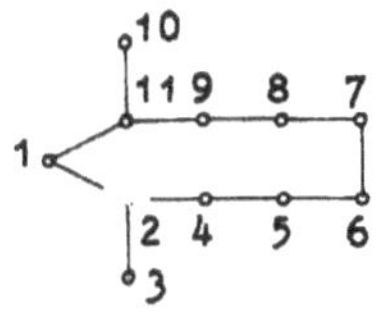

Tabelle 77

$D = 37467 = 3^2.23.181$

-K W	1	2	3	4	5	6	7	8	9	10	11	S
1	196760	90279	34524	13292	5351	2762	2936	6045	15200	39555	13185	419889
2		270838	103571	39875	16054	8287	8808	18136	45600	118664	39555	759667
3			230590	88198	34003	13812	7433	8487	18029	45600	15200	599447
4				224718	85956	33149	13492	7326	8487	18136	6045	538674
5					223864	85635	33042	13492	7433	8808	2936	516574
6						223757	85635	33149	13812	8287	2762	511047
7							223864	85956	34003	16054	5351	516574
8								224718	88198	39875	13292	538674
9									230590	103571	34524	599447
10										270838	90279	759667
11											196760	419889

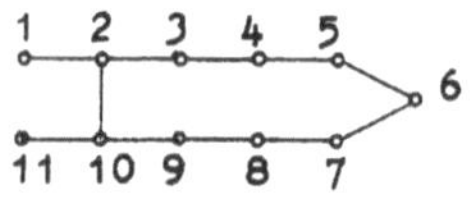

Tabelle 78

$D = 37464 = 2^3.3.7.223$

-K W	1	2	3	4	5	6	7	8	9	10	11	S
1	191704	75112	33632	12892	5045	2242	1682	561	2242	5045	12892	343049
2		225336	100897	38677	15135	6726	5045	1682	6726	15135	38677	529148
3			269058	103139	40359	17937	13453	4484	17937	40359	103139	744394
4				230608	88685	35447	17657	5886	11638	17257	40132	602018
5					225697	88405	39518	13173	16976	11411	17257	561661
6						229767	100897	33632	39291	16976	11638	582958
7							263171	87724	100897	39518	17657	687219
8								195908	33632	13173	5886	395741
9									229767	88405	35447	582958
10										225697	88685	561661
11											230608	602018

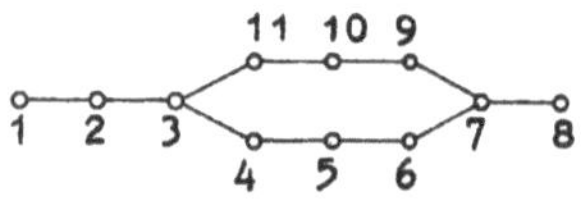

Tabelle 79

D = 37461 = 3.12487

-K W	1	2	3	4	5	6	7	8	9	10	11	S
1	191706	75118	33648	12893	5032	2202	1575	2523	841	5152	12933	343623
2		225354	100945	38680	15096	6607	4725	7568	2523	15456	38800	530872
3			269187	103147	40255	17618	12600	20181	6727	41216	103468	748992
4				230520	88412	34716	15736	12493	4164	17578	40242	598581
5					224981	86530	34609	17298	5766	11519	17258	546756
6						224874	88092	39401	13134	16978	11532	341684
7							229666	100905	33635	39414	17338	578295
8								263314	87771	101265	40482	693201
9									195924	33755	13494	397734
10										230627	90614	603574
11											231361	617522

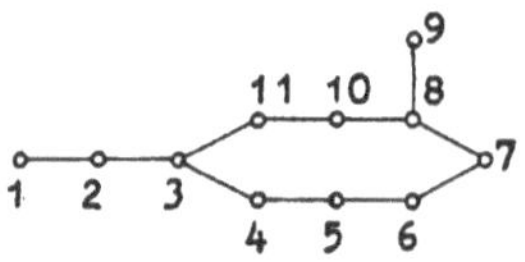

Tabelle 80

D = 37497 = 3.29.431

-K W	1	2	3	4	5	6	7	8	9	10	11	S
1	224418	86767	35883	20882	8121	3480	1160	1160	18641	35043	86487	522042
2		225258	89007	41763	16241	6961	2320	2320	20042	18361	35043	544083
3			231138	104408	40603	17401	5800	5800	41483	20042	18641	610206
4				271461	105568	45244	15081	15081	104408	41763	20882	786541
5					235499	100928	33643	33643	40603	16241	8121	639211
6						257541	85847	85847	17401	6961	3480	631091
7							195282	28616	5800	2320	1160	377029
8								195282	5800	2320	1160	377029
9									231138	89007	35883	610206
10										225258	86767	544083
11											224418	522042

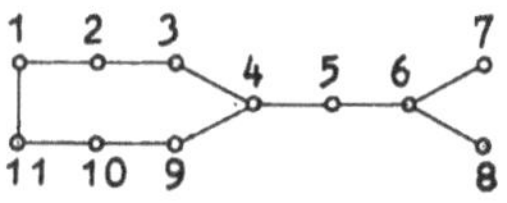

Tabelle 81 D = 37437 = 3.12479

-K \ W	1	2	3	4	5	6	7	8	9	10	11	S
1	191722	75166	33777	12942	5048	2204	1563	2484	5890	1963	13222	345981
2		225499	101330	38825	15145	6611	4688	7453	17670	5890	39667	537944
3			270214	103534	40388	17630	12501	19873	47119	15706	105778	767850
4				230654	88429	34632	15466	11766	19833	6611	41122	603814
5					224898	86265	33897	15426	12381	4127	17590	543594
6						224163	86225	34511	17309	5770	11646	526966
7							224778	88108	39546	13182	17349	537303
8								229813	101330	33777	40401	584942
9									264444	88148	103854	717524
10										196049	34618	405841
11											236544	661791

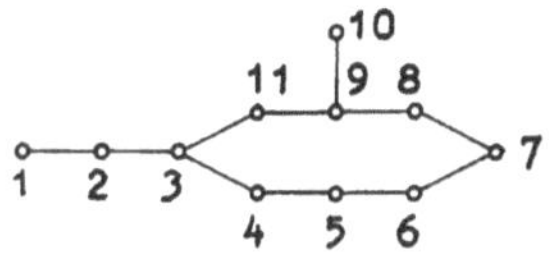

Tabelle 82 D = 37422 = $2.3^5.7.11$

-K \ W	1	2	3	4	5	6	7	8	9	10	11	S
1	196128	88384	39562	15152	5892	2525	1684	2525	5892	15152	29461	402357
2		265152	118687	45455	17677	7576	5051	7576	17677	45455	88384	707074
3			276936	106061	41246	17677	11785	17677	41246	106061	39562	816500
4				231602	88745	34632	15152	10823	17316	41126	15152	621216
5					224988	86219	33670	14791	10702	17316	5892	547138
6						224026	85859	33550	14791	10823	2525	520203
7							223906	85859	33670	15152	1684	513472
8								224026	86219	34632	2525	520203
9									224988	88745	5892	547138
10										231602	15152	621216
11											196128	402357

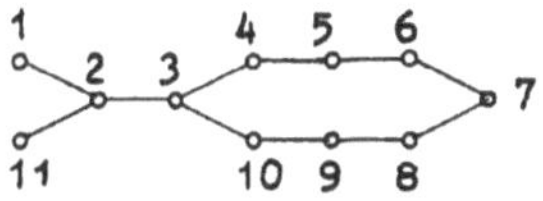

Tabelle 83 D = 37362 = 2.3.13.479

-K \ W	1	2	3	4	5	6	7	8	9	10	11	S
1	191090	73270	28719	12887	4965	2007	1057	1164	388	2048	4978	322573
2		219809	86157	38662	14895	6022	3172	3493	1164	6143	14935	467722
3			229752	103099	39720	16059	8458	9314	3105	16380	39827	580590
4				270636	104264	42155	22202	24450	8150	42998	104545	774048
5					231238	89449	37110	21881	7294	21238	41834	613888
6						226192	89128	41192	13731	20716	20957	567608
7							230274	101694	33898	40911	21037	588941
8								263891	87964	102015	42155	699213
9									195988	34005	14052	399739
10										231131	91376	608961
11											231974	627670

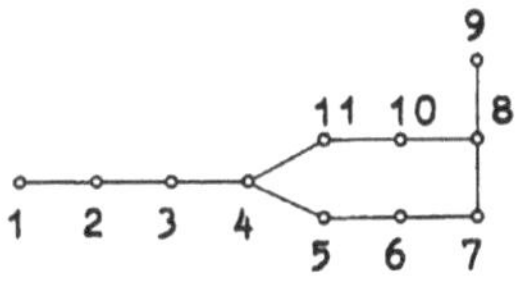

Tabelle 84 D = 37344 = $2^5.3.389$

-K \ W	1	2	3	4	5	6	7	8	9	10	11	S
1	195159	28492	85476	32776	12853	5784	2249	964	643	964	2249	367609
2		195159	85476	32776	12853	5784	2249	964	643	964	2249	367609
3			256427	98329	38560	17352	6748	2892	1928	2892	6748	602828
4				229434	89974	40488	15746	6748	4499	6748	15746	573264
5					231362	104113	40488	17352	11568	17352	40488	616963
6						271851	105720	45308	30206	45308	105720	777634
7							232085	90537	39524	28037	44585	607968
8								226301	88368	38801	28037	546272
9									225578	88368	39524	530849
10										226301	90537	546272
11											232085	607968

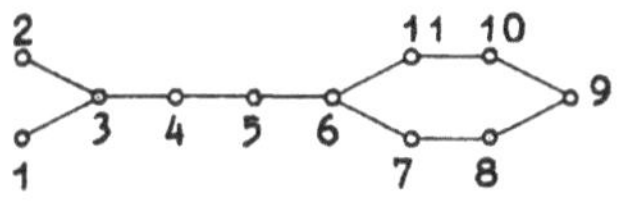

Tabelle 85 $D = 37338 = 2.3.7^2.127$

-K \ W	1	2	3	4	5	6	7	8	9	10	11	S
1	191092	73277	28737	12936	4982	2009	1045	1125	2330	777	5089	323399
2		219830	86212	38808	14945	6026	3134	3375	6990	2330	15266	470193
3			229900	103487	39852	16069	8356	8999	18641	6214	40709	587176
4				271654	104612	42182	21935	23622	48931	16310	106862	791339
5					231279	89225	36397	19966	23502	7834	42704	615298
6						225494	87257	36277	21573	7191	21252	554555
7							225374	88864	41218	13739	21051	548370
8								230315	102081	34027	41901	590552
9									265025	88342	104652	723285
10										196114	34884	407762
11											237171	671541

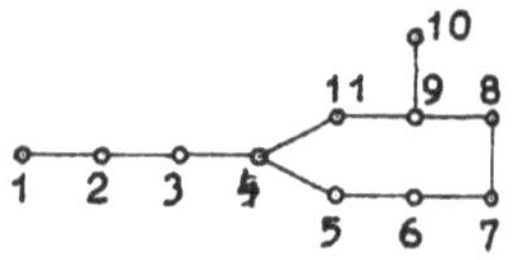

Tabelle 86 $D = 37272 = 2^3.3.1553$

-K \ W	1	2	3	4	5	6	7	8	9	10	11	S
1	191833	75499	34664	13281	5178	2254	1583	2495	5903	15212	5071	352973
2		226497	103992	39842	15534	6761	4749	7486	17708	45637	15212	558917
3			277313	106246	41425	18030	12664	19961	47220	121700	40567	823782
4				231689	88820	34771	15494	11711	19639	47207	15736	624436
5					225035	86285	33819	15172	11698	19921	6640	549527
6						224082	85963	33806	15454	12556	4185	524147
7							224069	86244	34664	17748	5916	522913
8								224928	88538	40687	13562	544590
9									230951	104314	34771	610860
10										272255	90752	787989
11											196917	429329

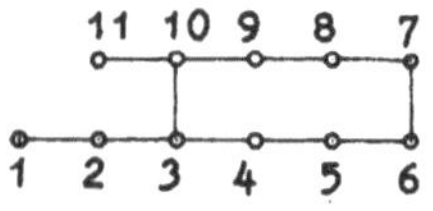

Tabelle 87 $D = 37240 = 2^3.5.7^2.19$

-K \ W	1	2	3	4	5	6	7	8	9	10	11	S
1	226316	89474	42105	15789	5263	21053	21053	5263	15789	42105	89474	573684
2		231149	103974	38990	12997	41783	21375	2793	8378	22342	37272	610527
3			269817	101182	33727	104296	43072	3115	9345	24919	22342	757894
4				225443	75148	39111	16152	1168	3504	9345	8378	534210
5					191716	13037	5384	389	1168	3115	2793	344737
6						231995	91689	5384	16152	43072	21375	628947
7							231995	13037	39111	104296	41783	628947
8								191716	75148	33727	12997	344737
9									225443	101182	38990	534210
10										269817	103974	757894
11											231149	610527

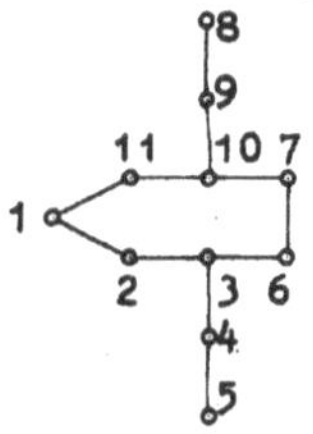

Tabelle 88 $D = 37213 = 11.17.199$

-K \ W	1	2	3	4	5	6	7	8	9	10	11	S
1	237968	106952	40107	13369	42781	21390	21390	42781	13369	40107	106952	687166
2		270981	101618	33873	104372	42136	22035	23970	6234	18703	49875	780749
3			225607	75202	39140	15801	8263	8989	2338	7014	18703	542782
4				191734	13047	5267	2754	2996	779	2338	6234	347593
5					231196	89216	36452	20141	2996	8989	23970	612300
6						225513	87322	36452	2754	8263	22035	556149
7							225513	89216	5267	15801	42136	556149
8								231196	13047	39140	104372	612300
9									191734	75202	33873	347593
10										225607	101618	542782
11											270981	780749

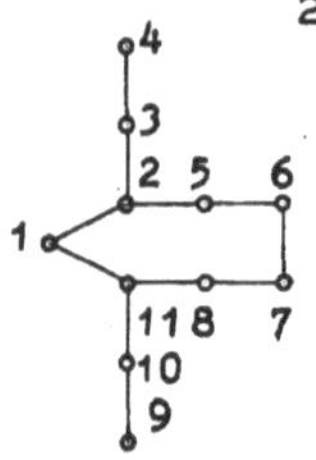

Tabelle 89 D = 37207 = 29.1283

-K \ W	1	2	3	4	5	6	7	8	9	10	11	S
1	191738	75214	33905	11302	15199	5846	2338	1169	1169	2338	5846	346064
2		225643	101715	33905	45596	17537	7015	3507	3507	7015	17537	538191
3			271239	90413	121590	46765	18706	9353	9353	18706	46765	768510
4				196804	40530	15588	6235	3118	3118	6235	15588	422836
5					278644	107171	42868	21434	21434	42868	107171	844505
6						232201	89432	36095	18854	20467	42546	632502
7							225428	86852	35128	18531	20467	553000
8								224460	86529	35128	18854	526499
9									224460	86852	36095	526499
10										225428	89432	535000
11											232201	632502

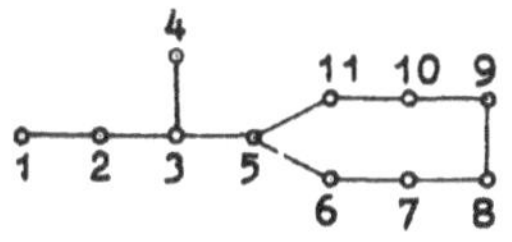

Tabelle 90 D = 37200 = $2^4.3.5^2.31$

-K \ W	1	2	3	4	5	6	7	8	9	10	11	S
1	191613	74839	32903	10968	12903	5806	2258	968	645	968	2258	336129
2		224516	98710	32903	38710	17419	6774	2903	1935	2903	6774	508386
3			263226	87742	103226	46452	18065	7742	5161	7742	18065	689034
4				195914	34409	15484	6022	2581	1720	2581	6022	396346
5					236559	106452	41398	17742	11828	17742	41398	662367
6						272903	106129	45484	30323	45484	106129	798065
7							232245	90605	39570	28105	44745	615916
8								226331	88387	38831	28105	549679
9									225591	88387	39570	533117
10										226331	90605	549679
11											232245	615916

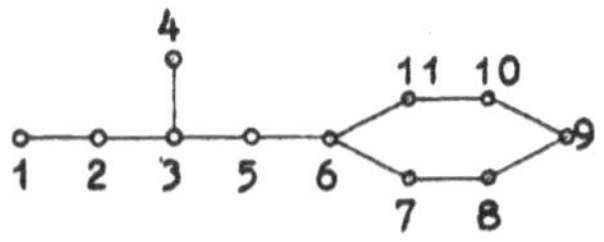

Tabelle 91 D = 37170 = $2.3^2.5.7.59$

-K \ W	1	2	3	4	5	6	7	8	9	10	11	S
1	197000	91001	35042	14124	7331	7869	16277	40960	15604	5851	1950	433009
2		273002	105125	42373	21994	23608	48830	122881	46812	17554	5851	799031
3			231464	89266	36333	19734	22868	48870	18617	6981	2327	616627
4				225424	87006	35593	19774	23729	9040	3390	1130	550849
5					224684	87046	36454	22316	8501	3188	1063	535916
6						225545	89588	43220	16465	6174	2058	556900
7							232311	107345	40893	15335	5112	634787
8								278814	106215	39831	13277	847458
9									230939	86602	28867	608555
10										219976	73325	478207
11											191108	326068

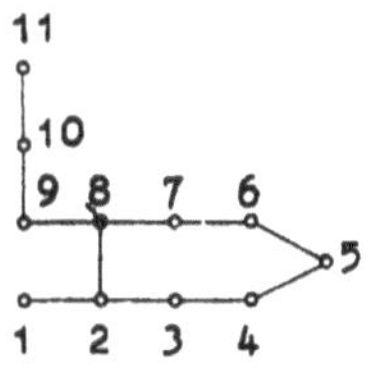

Tabelle 92 D = 37152 = $2^5.3^3.43$

-K \ W	1	2	3	4	5	6	7	8	9	10	11	S
1	196167	88501	34668	15504	11843	15504	34668	4522	1723	646	215	403961
2		265504	104005	46512	35530	46512	104005	13566	5168	1938	646	711887
3			232424	93266	47373	30766	44924	18088	6891	2584	861	615850
4				233285	106589	45785	30766	40698	15504	5814	1938	635661
5					272394	106589	47373	104005	39621	14858	4953	791128
6						233285	93266	40698	15504	5814	1938	635661
7							232424	18088	6891	2584	861	615850
8								230620	87855	32946	10982	602068
9									223945	83979	27993	515074
10										218992	72997	443152
11											190999	314383

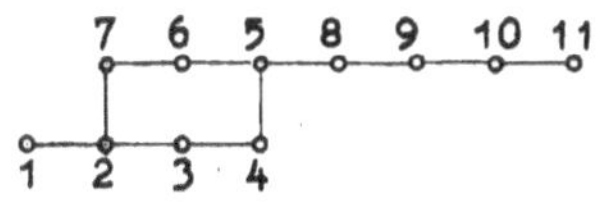

Tabelle 93

D = 37131 = 3.12377

-K \ W	1	2	3	4	5	6	7	8	9	10	11	S
1	190999	72998	27995	10988	4969	1939	848	606	970	323	1979	314614
2		218995	83986	32964	14907	5817	2545	1818	2909	970	5938	443847
3			223964	87905	39751	15513	6787	4848	7756	2585	15836	516926
4				230751	104347	40721	17815	12725	20360	6787	41569	606932
5					273289	106649	46659	33328	53325	17775	108871	803870
6						232676	91379	41461	33005	11002	46551	626713
8							227478	91056	45690	15230	30783	576270
8								231707	104064	34688	45797	602098
9									266502	88834	106609	730024
10										196278	35536	410008
11											238493	677962

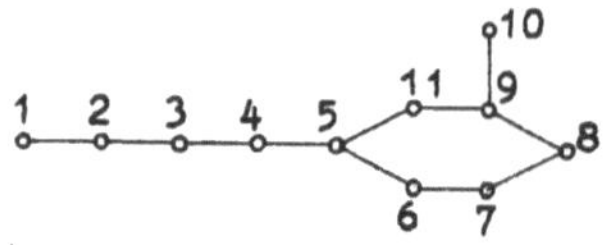

Tabelle 94

D = 37024 = $2^5.13.89$

-K \ W	1	2	3	4	5	6	7	8	9	10	11	S
1	191862	75586	34896	13437	5415	2809	3012	6226	15666	5875	1958	356742
2		226758	104689	40312	16246	8427	9035	18677	46997	17624	5875	570226
3			279170	107498	43323	22472	24092	49806	125324	46997	15666	853933
4				232376	89631	36517	19920	23241	49806	18677	6226	637641
5					225570	87079	35666	19920	24092	9035	3012	558989
6						224719	87079	36517	22472	8427	2809	539327
7							225570	89631	43323	16246	5415	558989
8								232376	107498	40312	13437	637641
9									279170	104689	34896	853933
10										226758	75586	570226
11											191862	356742

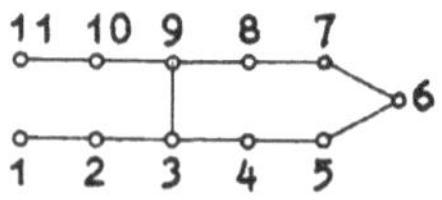

Tabelle 95

D = 37008 = $2^4.3^2.257$

-K \ W	1	2	3	4	5	6	7	8	9	10	11	S
1	191742	75227	33939	13294	5945	4540	1729	649	216	5945	13294	346520
2		225681	101816	39883	17834	13619	5188	1946	649	17834	39883	539560
3			271509	106355	47557	36316	13835	5188	1729	47557	106355	772156
4				233341	93669	47665	18158	6809	2270	31169	45841	638454
5					233450	106680	40640	15240	5080	45950	31169	643214
6						272374	103761	38911	12971	106680	47665	791182
7							230004	86251	28751	40640	18158	587115
8								219844	73281	15240	6809	470168
9									191094	5080	2270	323391
10										233450	93669	643214
11											233341	638454

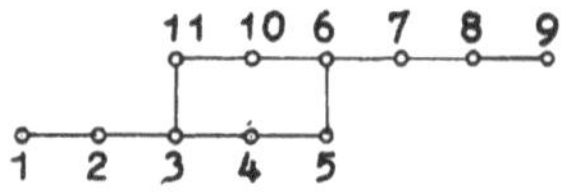

Tabelle 96

D = 37008 = $2^4.3^2.257$

-K \ W	1	2	3	4	5	6	7	8	9	10	11	S
1	191094	73281	28751	12970	4323	5337	2270	973	649	973	2270	323391
2		219844	86252	38911	12970	17510	6809	2918	1946	2918	6809	470168
3			230004	103761	34587	46693	18158	7782	5188	7782	18158	587116
4				272374	90791	122568	47665	20428	13619	20428	47665	791180
5					196930	40856	15888	6809	4540	6809	15888	430391
6						280156	108949	46693	31128	46693	108949	856032
7							233341	91075	39883	28575	45841	638454
8								226532	88521	39032	28575	559338
9									225681	88521	39883	539559
10										226532	91075	559338
11											233341	638454

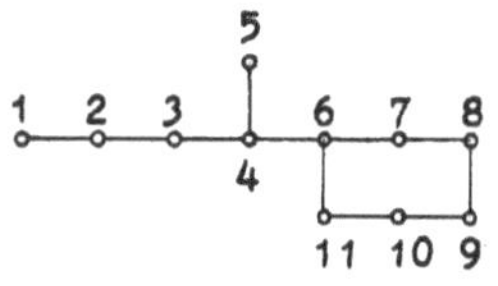

Tabelle 97

D = 36984 = $2^3.3.23.67$

-K \ W	1	2	3	4	5	6	7	8	9	10	11	S
1	191096	73288	28769	13019	5083	2231	1609	2596	973	324	5205	324193
2		219865	86308	39057	15250	6692	4826	7787	2920	973	15615	472581
3			230154	104153	40666	17846	12870	20766	7787	2596	41640	593555
4				273402	106749	46845	33785	54510	20441	6814	109304	808079
5					232749	91499	41748	33744	12654	4218	46831	631191
6						227653	91458	46723	17521	5840	31189	585497
7							232628	106424	39909	13303	46736	625296
8								272550	102206	34069	109020	790395
9									225827	75276	40883	546397
10										191759	13628	348800
11											239441	699492

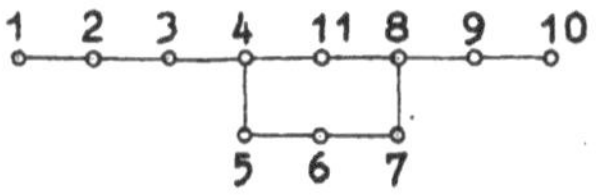

Tabelle 98

D = 36963 = $3^3.37^2$

-K \ W	1	2	3	4	5	6	7	8	9	10	11	S
1	197170	91510	35698	15583	11052	17572	41663	15908	6060	2273	758	435247
2		274531	107094	46749	33155	52715	124990	47723	18180	6818	2273	805738
3			232760	91186	40798	31207	52823	20169	7683	2881	960	623259
4				226808	89238	40906	33479	12783	4870	1826	609	564037
5					226916	91510	47615	18180	6926	2597	866	568853
6						233626	109366	41758	15908	5965	1988	642521
7							280483	107094	40798	15299	5100	858710
8								231799	88305	33114	11038	627871
9									224116	84044	28015	524905
10										219016	73005	446838
11											191002	315614

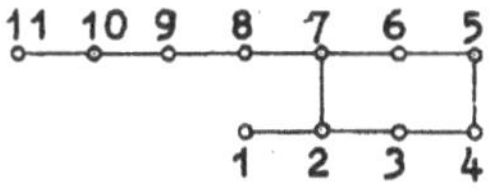

Tabelle 99

D = 36894 = 2.3.11.13.43

-K \ W	1	2	3	4	5	6	7	8	9	10	11	S
1	195140	28473	85420	32648	12522	4919	2236	894	447	447	894	364040
2		195140	85420	32648	12522	4919	2236	894	447	447	894	364040
3			256261	97943	37567	14758	6708	2683	1342	1342	2683	592127
4				228533	87657	34436	15653	6261	3131	3131	6261	548302
5					225403	88551	40250	16100	8050	8050	16100	552772
6						231216	105098	42039	21020	21020	42039	610015
7							275045	110018	55009	55009	110018	777280
8								234916	94731	49276	53098	610910
9									229184	92820	49276	555457
10										229184	94731	555457
11											234916	610910

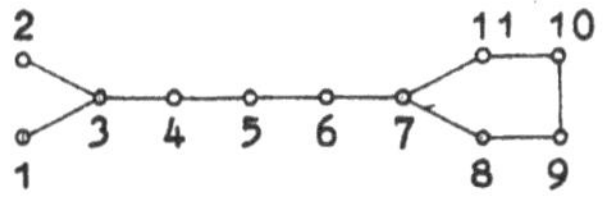

Tabelle 100

D = 36864 = $2^{12}.3^2$

-K \ W	1	2	3	4	5	6	7	8	9	10	11	S
1	191840	75521	34722	13021	4340	15625	6076	2604	1736	2604	6076	354165
2		226563	104167	39063	13021	46875	18229	7813	5208	7813	18229	562502
3			27778	104167	34722	125000	48611	20833	13889	20833	48611	833333
4				226563	75521	46875	18229	7813	5208	7813	18229	562502
5					191840	15625	6076	2604	1736	2604	6076	354165
6						281250	109375	46875	31250	46875	109375	875000
7							233507	91146	39931	28646	46007	645833
8								226563	88542	39063	28646	562502
9									225694	88542	39931	541667
10										226563	91146	562502
11											233507	645833

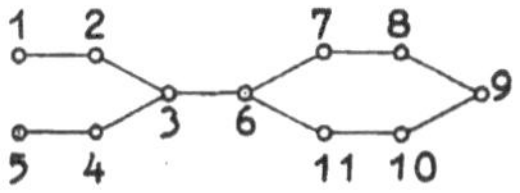

Tabelle 101 D = 36792 = $2^3 . 3^2 . 7 . 73$

W / -K	1	2	3	4	5	6	7	8	9	10	11	S
1	191890	75669	35116	13699	5980	4240	6741	15982	6088	2283	761	358449
2		227006	105349	41096	17939	12720	20222	47945	18265	6849	2283	575343
3			280931	109589	47836	33920	53925	127854	48706	18265	6088	867579
4				233733	91610	41096	31678	53938	20548	7705	2568	647260
5					226992	89367	41109	33961	12938	4852	1617	574201
6						227006	91650	47945	18265	6849	2283	575341
7							233842	109874	41857	15696	5232	651826
8								281678	107306	40240	13413	880136
9									231355	86758	28919	621005
10										220034	73345	482876
11											191115	327624

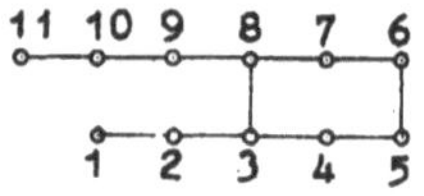

Tabelle 102 D = 36773 = 11.3343

W / -K	1	2	3	4	5	6	7	8	9	10	11	S
1	191594	74783	32755	10918	12564	4936	2243	897	449	449	897	332485
2		224349	98265	32755	37691	14807	6730	2692	1346	1346	2692	497456
3			262040	87347	100509	39485	17948	7179	3590	3590	7179	659887
4				195782	33503	13162	5983	2393	1197	1197	2393	386630
5					230332	90488	41131	16452	8226	8226	16452	595574
6						231977	105444	42178	21089	21089	42178	626833
7							275202	110081	55040	55040	110081	784923
8								234941	94743	49289	53123	613968
9									229190	92826	49289	556985
10										229190	94743	556985
11											234941	613968

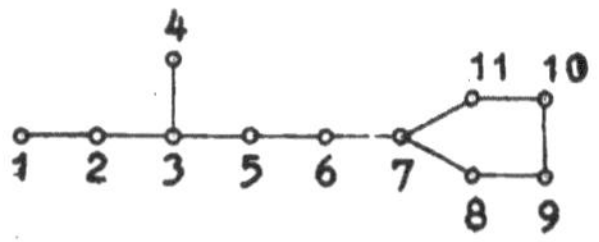

Tabelle 103 D = 36729 = $3^2 . 7 . 11 . 53$

W / -K	1	2	3	4	5	6	7	8	9	10	11	S
1	191075	73226	28601	12579	4193	4942	2246	898	449	449	898	319556
2		219677	85804	37736	12579	14825	6739	2695	1348	1348	2695	458672
3			228811	100629	33545	39533	17969	7188	3594	3594	7188	556454
4				264151	88050	103774	47170	18868	9434	9434	18868	710693
5					196017	34591	15723	6289	3145	3145	6289	403564
6						237197	107817	43127	21563	21563	43127	672059
7							276280	110512	55256	55256	110512	805480
8								235114	94830	49375	53296	622192
9									229233	92869	49375	561096
10										229233	94830	561096
11											235114	622192

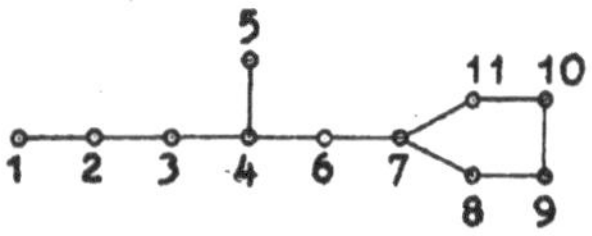

Tabelle 104 D = 36630 = $2 . 3^2 . 5 . 11 . 37$

W / -K	1	2	3	4	5	6	7	8	9	10	11	S
1	195946	87838	33784	13514	6757	2252	4505	2252	6757	13514	33784	400903
2		263514	101351	40541	20270	6757	13514	6757	20270	40541	101351	702704
3			230590	90418	40663	13554	18018	4464	13391	17690	39681	603604
4				230713	101720	33907	40541	6634	19902	12531	17690	608111
5					264496	88165	103604	15438	46314	19902	13391	720720
6						196055	34535	5146	15438	6634	4464	406907
7							235736	34535	103604	40541	18018	647151
8								196055	88165	33907	13554	406907
9									264496	101720	40663	720720
10										230713	90418	608111
11											230590	603604

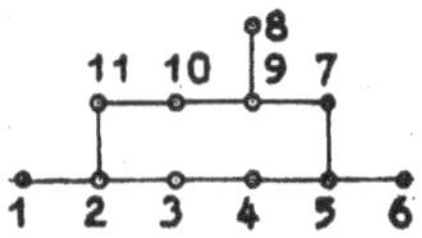

Tabelle 105 D = 36612 = $2^2.3^4.113$

-K \ W	1	2	3	4	5	6	7	8	9	10	11	S
1	196042	88127	33800	13274	6023	4794	1598	6760	15487	5162	34538	405605
2		264381	101401	39823	18068	14381	4794	20280	46460	15487	103614	716816
3			229966	88496	35521	18068	6023	12660	19912	6637	40438	592922
4				225664	88496	39823	13274	17699	13274	4425	17699	561947
5					229966	101401	33800	40438	19912	6637	12660	592922
6						264381	88127	103614	46460	15487	20280	716816
7							196042	34538	15487	5162	6760	405605
8								235865	103982	34661	41421	651918
9									265487	88496	103982	738939
10										196165	34661	412980
11											235865	651918

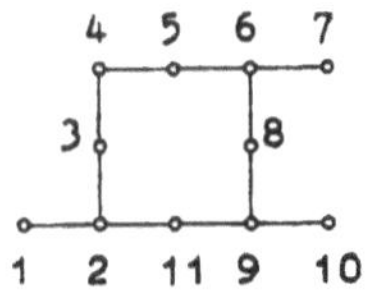

Tabelle 106 D = 36608 = $2^8.11.13$

-K \ W	1	2	3	4	5	6	7	8	9	10	11	S
1	191707	75120	33654	12620	4207	13221	6010	2404	1202	1202	2404	343751
2		225361	100962	37861	12620	39663	18029	7212	3606	3606	7212	531252
3			269231	100962	33654	105769	48077	19231	9615	9615	19231	750001
4				225361	75120	39663	18029	7212	3606	3606	7212	531252
5					191707	13221	6010	2404	1202	1202	2404	343751
6						237981	108173	43269	21635	21635	43269	687499
7							276442	110577	55288	55288	110577	812500
8								235140	94843	49388	53322	625002
9									229240	92876	49388	562501
10										229240	94843	562501
11											235140	625002

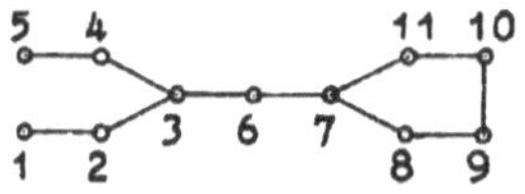

Tabelle 107 D = 36597 = 3.11.1109

-K \ W	1	2	3	4	5	6	7	8	9	10	11	S
1	190986	72957	27885	10698	4208	1926	779	410	451	150	792	311242
2		218870	83654	32093	12624	5779	2336	1230	1353	451	2377	433724
3			223078	85581	33664	15411	6230	3279	3607	1202	6339	489930
4				224650	88368	40454	16354	8607	9468	3156	16641	536070
5					231440	105951	42831	22543	24797	8266	43583	618275
6						277400	112140	59021	64923	21641	114108	818754
7							236823	98328	58161	19387	56768	650137
8								235961	109558	36519	56193	631649
9									270514	90171	111812	744815
10										196724	37271	414938
11											241973	687857

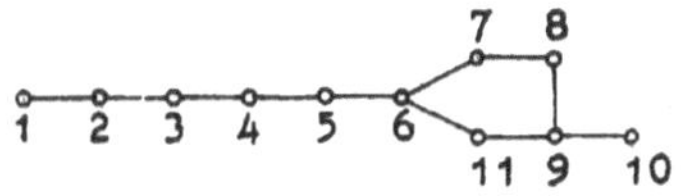

Tabelle 108 D = 36542 = $2.11^2.151$

-K \ W	1	2	3	4	5	6	7	8	9	10	11	S
1	190999	72998	27995	10987	4967	1656	2258	903	452	452	903	314570
2		218995	83986	32962	14901	4967	6773	2709	1355	1355	2709	443710
3			223961	87899	39735	13245	18061	7225	3612	3612	7225	516556
4				230734	104305	34768	47411	18964	9482	9482	18964	605958
5					273179	91060	124172	49669	24834	24834	49669	801325
6						197020	41391	16556	8278	8278	16556	433774
7							283715	113486	56743	56743	113486	864239
8								236303	95424	49970	54485	645694
9									229530	93167	49970	572847
10										229530	95424	572847
11											236303	645694

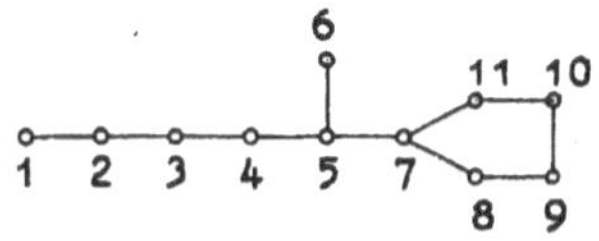

Tabelle 109 D = 36498 = 2.3.7.11.79

-K \ W	1	2	3	4	5	6	7	8	9	10	11	S
1	190983	72949	27865	10644	4069	1562	616	288	123	82	123	309304
2		218848	83594	31933	12206	4685	1849	863	370	247	370	427914
3			222916	85155	32550	12494	4932	2301	986	658	986	474437
4				223533	85443	32796	12946	6041	2589	1726	2589	495395
5					223779	85895	33906	15823	6781	4521	6781	511754
6						224889	88772	41427	17754	11836	17754	539864
7							232410	108458	46482	30988	46482	607841
8								283947	121692	81128	121692	783660
9									242630	106198	75963	621568
10										237465	106198	581047
11											242630	621568

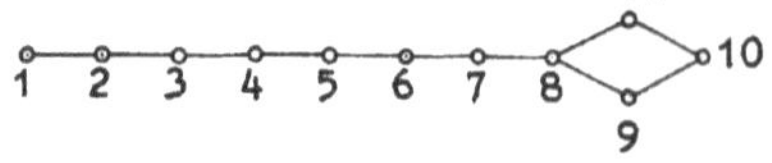

Tabelle 110 D = 36492 = $2^2.3.3041$

-K \ W	1	2	3	4	5	6	7	8	9	10	11	S
1	195933	87800	33679	13236	6029	4850	1617	2302	6906	13565	33788	399705
2		263400	101036	39707	18086	14551	4850	6906	20717	40694	101365	699112
3			229845	88499	35652	18456	6152	4522	13565	17716	39584	588706
4				225789	88870	40817	13606	6659	19977	12455	17387	567002
5					230955	103995	34665	15455	46366	19648	12578	612299
6						271169	90390	39707	119122	46490	20347	769894
7							196797	13236	39707	15497	6782	423299
8								196810	90431	34775	13893	424696
9									271292	104324	41680	774087
10										231708	90801	627673
11											230722	608927

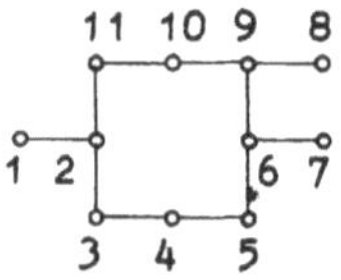

Tabelle 111 D = 36468 = $2^2.3^2.1013$

-K \ W	1	2	3	4	5	6	7	8	9	10	11	S
1	196062	88187	33810	13244	5923	4525	7651	2550	15877	5292	34688	407809
2		264561	101431	39733	17769	13574	22952	7651	47631	15877	104064	723430
3			229886	88228	34798	16165	13697	4566	20360	6787	40597	590325
4				224951	86624	34921	18139	6046	13450	4483	17728	547547
5					225074	88598	40721	13574	19990	6663	12586	552320
6						230874	104023	34674	46520	15507	20031	609412
7							271347	90449	119571	39857	47507	775914
8								196816	39857	13286	15836	425305
9									272335	90778	106655	793024
10										196926	35552	431008
11											236906	672150

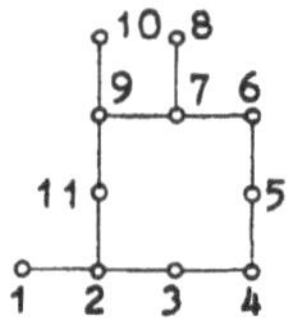

Tabelle 112 D = 36437 = 83.439

-K \ W	1	2	3	4	5	6	7	8	9	10	11	S
1	191001	73003	28007	11019	5050	2045	1084	1208	453	151	2086	315107
2		219008	84022	33057	15149	6134	3252	3623	1359	453	6257	445317
3			224058	88152	40398	16357	8673	9661	3623	1208	16686	520845
4				231399	106046	42937	22765	25359	9510	3170	43802	617216
5					277740	112454	59623	66416	24906	8302	114719	830803
6						237108	98869	59500	22312	7437	57318	662471
7							236984	112084	42031	14010	57236	656611
8								276752	103782	34594	114389	807368
9									226418	75473	42896	552763
10										191824	14299	350921
11											243036	712724

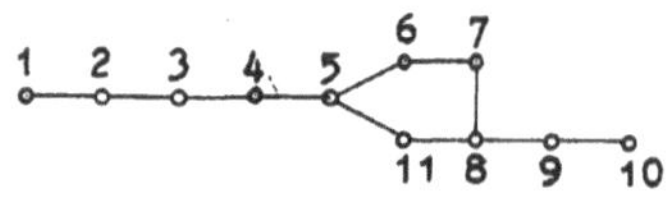

Tabelle 113 D = 36432 = $2^4.3^2.11.23$

W / -K	1	2	3	4	5	6	7	8	9	10	11	S
1	197615	92844	37440	19475	20984	43478	16606	6341	2415	906	302	438406
2		278533	112319	58424	62952	130435	49819	19022	7246	2717	906	815217
3			236276	96509	53250	63241	24155	9223	3513	1318	439	637683
4				231102	96797	59289	22645	8646	3294	1235	412	597828
5					237140	114625	43780	16716	6368	2388	796	655796
6						284585	108696	41502	15810	5929	1976	896566
7							232488	88768	33816	12681	4227	637681
8								224802	85639	32115	10705	543479
9									223101	83663	27888	492753
10										218874	72958	434784
11											190986	311595

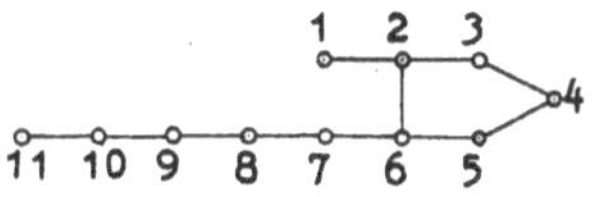

Tabelle 114 D = 36417 = 3.61.199

W / -K	1	2	3	4	5	6	7	8	9	10	11	S
1	243169	114754	43716	16393	5464	57377	57377	5464	16393	43716	114754	718577
2		277659	105775	39666	13222	112447	59684	3172	9515	25373	66604	827871
3			230771	86539	28846	42837	22737	1208	3625	9666	25373	601093
4				219952	73317	16064	8526	453	1359	3625	9515	475409
5					191106	5355	2842	151	453	1208	3172	325136
6						237128	98937	2842	8526	22737	59684	663934
7							237128	5355	16064	42837	112447	663934
8								191106	73317	28846	13222	325136
9									219952	86539	39666	475409
10										230771	105775	601093
11											277659	827871

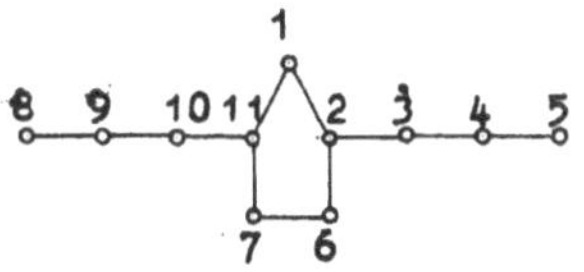

Tabelle 115 D = 36399 = 3.11.1103

W / -K	1	2	3	4	5	6	7	8	9	10	11	S
1	196145	29479	88436	39685	15289	6181	3256	3585	1195	6305	15330	404886
2		196145	88436	39685	15289	6181	3256	3585	1195	6305	15330	404886
3			265309	119055	45867	18544	9767	10756	3585	18915	45990	714660
4				277796	107022	43270	22789	25097	8366	44136	107311	834212
5					232300	89879	37336	22130	7377	21676	42900	637065
6						226366	89219	41292	13764	20893	21388	576977
7							230322	101747	33916	41004	21264	593876
8								263950	87983	102118	42405	704648
9									195994	34039	14135	401549
10										231311	91816	618518
11											233042	650911

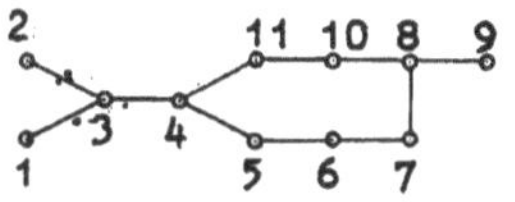

Tabelle 116 D = 36378 = $2.3^2.43.47$

W / -K	1	2	3	4	5	6	7	8	9	10	11	S
1	196259	88776	34980	16164	5388	8123	8206	16493	6185	2062	35090	417726
2		266329	104940	48491	16164	24369	24617	49480	18555	6185	105270	753176
3			236503	104569	34856	42347	22472	25070	9401	3134	43337	661609
4				265215	88405	102672	42801	25730	9649	3216	24740	731652
5					196135	34224	14267	8577	3216	1072	8247	410551
6						231445	91663	43543	16329	5443	22637	622795
7							232187	104899	39337	13112	43172	636733
8								271153	101682	33894	106878	787399
9									225631	75210	40079	545274
10										191737	13360	348425
11											237382	680191

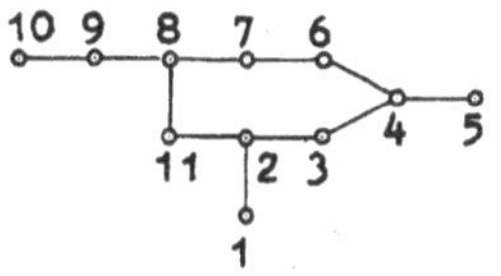

Tabelle 117 D = 36377 = 11.3307

-K \ W	1	2	3	4	5	6	7	8	9	10	11	S
1	191110	73329	28878	13305	4989	1663	6048	2419	1210	1210	2419	326580
2		219988	86634	39915	14968	4989	18143	7257	3629	3629	7257	479738
3			231025	106441	39915	13305	48382	19353	9676	9676	19353	612638
4				279407	104778	34926	127003	50801	25401	25401	50801	858179
5					226792	75597	47626	19050	9525	9525	19050	571815
6						191866	15875	6350	3175	3175	6350	357271
7							285002	114001	57000	57000	114001	890081
8								236509	95527	50073	54691	656031
9									229582	93219	50073	578017
10										229582	95527	578017
11											236509	656031

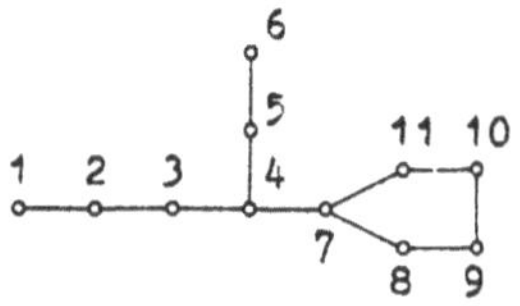

Tabelle 118 D = 36375 = $3.5^3.97$

-K \ W	1	2	3	4	5	6	7	8	9	10	11	S
1	191753	75258	34021	13402	6186	2062	3093	3093	2062	6186	13402	350518
2		225773	102062	40206	18557	6186	9278	9278	6186	18557	40206	551547
3			272165	107216	49485	16495	24742	24742	16495	49485	107216	804124
4				237388	104948	34983	42474	22474	8316	24948	44055	680410
5					265361	88454	102680	42680	8454	25361	24948	737114
6						196151	34227	14227	2818	8454	8316	412373
7							231340	91340	14227	42680	22474	618555
8								231340	34227	102680	42474	618555
9									196151	88454	34983	412373
10										265361	104948	737114
11											237388	680410

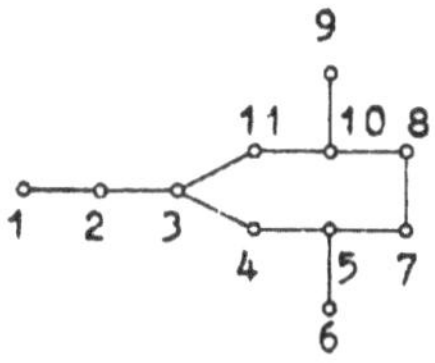

Tabelle 119 D = 36372 = $2^2.3.7.433$

-K \ W	1	2	3	4	5	6	7	8	9	10	11	S
1	196167	29501	88502	39838	15341	6186	3217	3464	2392	7176	15671	407455
2		196167	88502	39838	15341	6186	3217	3464	2392	7176	15671	407455
3			265506	119515	46024	18558	9650	10393	7176	21528	47014	722368
4				278868	107390	43303	22517	24249	16744	50231	109700	852194
5					232349	89657	36622	20208	8001	24002	43797	638732
6						225668	87347	36374	7258	21775	21693	563995
7							226421	88915	13774	41323	21280	553283
8								230370	34065	102193	42148	595843
9									196140	88420	35054	411416
10										265259	105163	734246
11											238288	695479

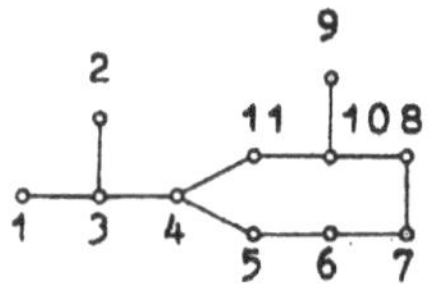

Tabelle 120 D = 36336 = $2^4.3.757$

-K \ W	1	2	3	4	5	6	7	8	9	10	11	S
1	195288	28622	85865	33686	15192	5945	2642	1982	661	2642	5945	378470
2		195288	85865	33686	15192	5945	2642	1982	661	2642	5945	378470
3			257596	101057	45574	17834	7926	5945	1982	7926	17834	635405
4				235799	106341	41612	18494	13871	4624	18494	41612	649276
5					273448	107001	47556	35667	11889	47556	107001	812417
6						233446	93337	46565	15522	30837	45946	643990
7							232455	104029	34676	44955	30837	619549
8								265522	88507	104029	46565	714664
9									196169	34676	15522	404889
10										232455	93337	619549
11											233446	643990

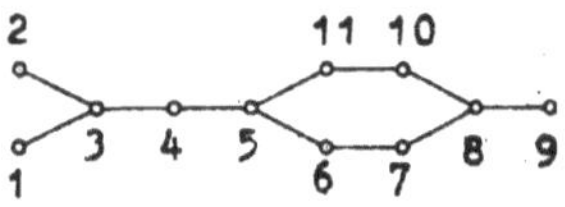

Tabelle 121 D = 36315 = $3^3.5.269$

-K \ W	1	2	3	4	5	6	7	8	9	10	11	S
1	196283	88848	34696	15242	11029	17844	6939	2974	991	991	35564	411401
2		266543	104089	45725	33086	53532	20818	8922	2974	2974	106691	734202
3			231722	91078	41512	33457	13011	5576	1859	1859	45849	604708
4				227509	91450	46840	18216	7807	2602	2602	30855	579926
5					232838	107063	41636	17844	5948	5948	46716	635070
6						274349	106691	45725	15242	15242	109294	825279
7							235936	101115	33705	33705	42503	654275
8								257621	85874	85874	18216	637548
9									195291	28625	6072	379183
10										195291	6072	379183
11											238662	686494

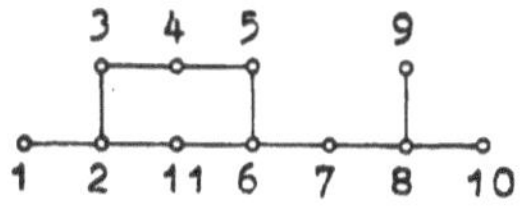

Tabelle 122 D = 36300 = $2^2.3.5^2.11^2$

-K \ W	1	2	3	4	5	6	7	8	9	10	11	S
1	197727	93182	40909	13636	15909	6818	4545	6818	15909	13636	40909	449998
2		279545	122727	40909	47727	20455	13636	20455	47727	40909	122727	849999
3			272727	90909	104545	40909	18182	13636	22727	18182	54545	799998
4				196970	34848	13636	6061	4545	7576	6061	18182	433333
5					231061	88636	34848	15909	12879	7576	22727	616665
6						225000	86364	34091	15909	4545	13636	549999
7							224242	86364	34848	6061	18182	533333
8								225000	88636	13636	40909	549999
9									231061	34848	104545	616665
10										196970	90909	433333
11											272727	799998

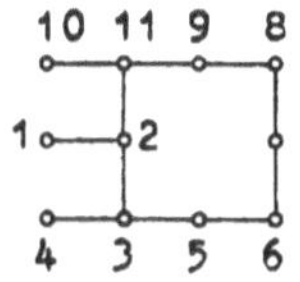

Tabelle 123 D = 36261 = $3^3.17.79$

-K \ W	1	2	3	4	5	6	7	8	9	10	11	S
1	196892	90676	35093	14602	8715	3268	1089	8273	16105	40043	13348	428104
2		272028	105278	43807	26144	9804	3268	24820	48316	120129	40043	784313
3			232426	92000	43573	16340	5447	22379	23565	48316	16105	640522
4				232192	104575	39216	13072	42318	22379	24820	8273	637254
5					270153	101307	33769	104575	43573	26144	8715	771243
6						225490	75163	39216	16340	9804	3268	539216
7							191721	13072	5447	3268	1089	346405
8								232192	92000	43807	14602	637254
9									232426	105278	35093	640522
10										272028	90676	784313
11											196892	428104

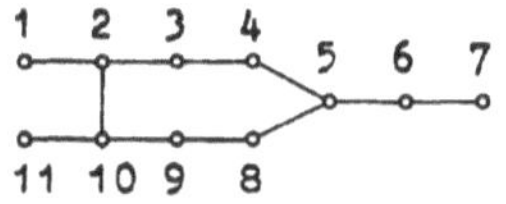

Tabelle 124 D = 36248 = $2^3.23.197$

-K \ W	1	2	3	4	5	6	7	8	9	10	11	S
1	191955	75866	35643	14373	7476	8056	16691	6373	2428	910	303	360074
2		227599	106930	43120	22429	24167	50072	19118	7283	2731	910	580225
3			285147	114986	59810	64445	133525	50982	19422	7283	2428	880601
4				237351	97067	53851	64486	24622	9380	3517	1172	663925
5					231392	97109	59934	22884	8718	3269	1090	611178
6						237475	115317	44030	16773	6290	2097	669610
7							286016	109206	41602	15601	5200	897650
8								232606	88612	33229	11076	642738
9									224233	84087	28029	530567
10										219033	73011	448961
11											191004	316320

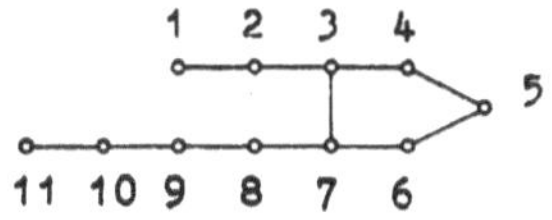

Tabelle 125

D = 36237 = 3.47.257

-K \ W	1	2	3	4	5	6	7	8	9	10	11	S
1	191848	75544	34785	13453	5574	3270	1090	3146	6168	15357	5119	355354
2		226633	104355	40359	16723	9810	3270	9438	18503	46072	15357	566064
3			278279	107625	44595	26161	8720	25168	49342	122858	40953	842841
4				233215	92019	42843	14281	22229	23843	49300	16433	655600
5					231462	102368	34123	41518	22187	25043	8348	623960
6						264260	88087	102326	42719	25830	8610	716284
7							196029	34109	14240	8610	2870	405429
8								231352	91729	43836	14612	619463
9									232470	105679	35226	642106
10										273201	91067	806853
11											197002	435597

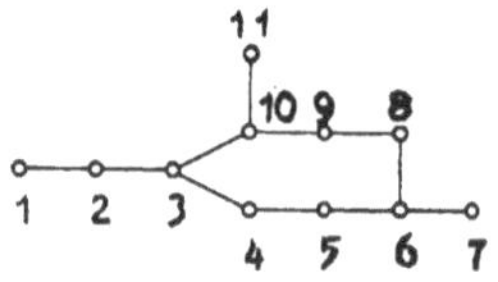

Tabelle 126

D = 36237 = 3.47.257

-K \ W	1	2	3	4	5	6	7	8	9	10	11	S
1	191738	75213	33902	13081	5340	2939	3477	1159	6333	2111	13412	348705
2		225640	101705	39242	16020	8817	10431	3477	19000	6333	40235	546113
3			271215	104644	42719	23512	27817	9272	50666	16889	107293	789634
4				231462	98743	37765	23553	7851	25043	8348	43229	623961
5					226509	89784	42843	14281	24464	8155	22394	582252
6						231587	104976	34992	48348	16116	23953	622789
7							272084	90695	120581	40194	49466	786117
8								196898	40194	13398	16489	428706
9									273201	91067	107956	806853
10										197022	35985	435618
11											238417	698829

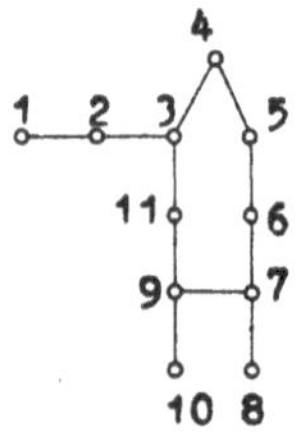

Tabelle 127

D = 36225 = $3^2 \cdot 5^2 \cdot 7 \cdot 23$

-K \ W	1	2	3	4	5	6	7	8	9	10	11	S
1	191125	73375	28999	13623	5493	2857	3078	6377	2429	911	304	328571
2		220124	86998	40870	16480	8571	9234	19130	7288	2733	911	485714
3			231994	108986	43948	22857	24624	51014	19434	7288	2429	628571
4				286087	115362	60000	64638	133913	51014	19130	6377	900000
5					237502	97143	53927	64638	24624	9234	3078	671429
6						231429	97143	60000	22857	8571	2857	614285
7							237502	115362	43948	16480	5493	671429
8								286087	108986	40870	13623	900000
9									231994	86998	28999	628571
10										220124	73375	485714
11											191125	328571

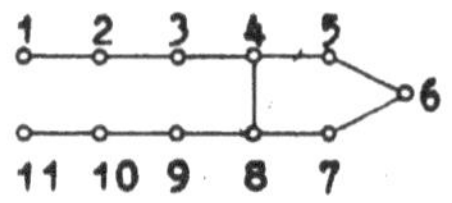

Tabelle 128

D = 36213 = 3.12071

-K \ W	1	2	3	4	5	6	7	8	9	10	11	S
1	191865	75594	34918	13752	6338	2113	3148	3107	6172	15409	5136	357552
2		226783	104755	41256	19013	6338	9444	9320	18515	46226	15409	572653
3			279347	110016	50700	16900	25184	24853	49375	123271	41090	860409
4				238464	105377	35126	42540	22243	24190	50327	16776	700067
5					265430	88477	102436	41877	23196	27711	9237	739792
6						196159	34145	13959	7732	9237	3079	413265
7							230622	89429	37666	23569	7856	606039
8								226410	89802	42996	14332	578328
9									231740	105418	35139	628945
10										273258	91086	808508
11											197029	436169

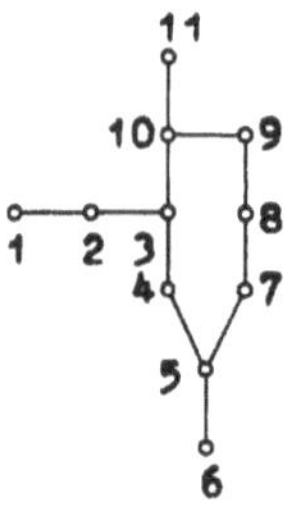

Tabelle 129 D = 36183 = 3.7.1723

-K \ W	1	2	3	4	5	6	7	8	9	10	11	S
1	196321	29655	88964	40917	15753	6343	3275	3482	7172	18033	6011	415926
2		196321	88964	40917	15753	6343	3275	3482	7172	18033	6011	415926
3			266893	122751	47260	19028	9825	10447	21516	54100	18033	747781
4				286419	110273	44399	22925	24376	50203	126233	42078	911491
5					233438	90042	36688	20023	23381	50120	16707	659438
6						225728	87140	35694	19940	24127	8042	566826
7							224733	87057	36440	22262	7421	541041
8								225479	89379	42658	14218	556295
9									231697	105713	35238	627851
10										274480	91493	827252
11											197164	442416

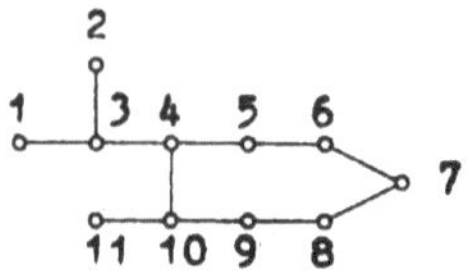

Tabelle 130 D = 36147 = 3.12049

-K \ W	1	2	3	4	5	6	7	8	9	10	11	S
1	195314	28646	85941	33862	15644	6100	2656	1867	2946	6972	2324	382272
2		195314	85941	33862	15644	6100	2656	1867	2946	6972	2324	382272
3			257822	101585	46933	18300	7967	5602	8839	20915	6972	646817
4				237032	109511	42701	18591	13072	20624	48801	16267	675908
5					281600	109802	47805	33613	53033	125488	41829	880902
6						233795	91584	40958	31289	52909	17636	651174
7							226948	89261	40833	33239	11080	572620
8								226824	91211	46809	15603	566687
9									232799	107187	35729	627436
10										274753	91584	815629
11											197195	438543

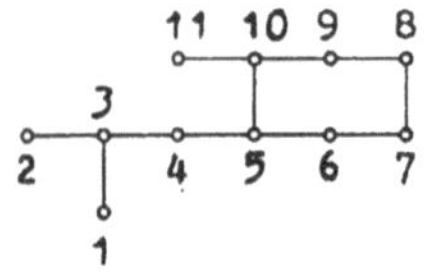

Tabelle 131 D = 36099 = 3^3.7.191

-K \ W	1	2	3	4	5	6	7	8	9	10	11	S
1	196460	89379	35901	18325	6981	2618	873	12092	17951	5984	35777	422341
2		268138	107704	54974	20942	7853	2618	36275	53852	17951	107330	767016
3			239217	109948	41885	15707	5236	48741	36275	12092	47993	700699
4				274869	104712	39267	13089	109948	54974	18325	36649	835080
5					230366	86388	28796	41885	20942	6981	13962	603840
6						219895	73298	15707	7853	2618	5236	476440
7							191099	5236	2618	873	1745	325481
8								239217	107704	35901	47993	700699
9									268138	89379	107330	767016
10										196460	35777	422341
11											238220	678012

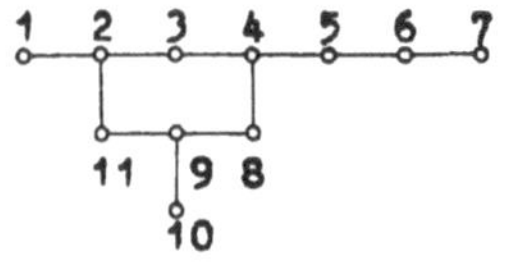

Tabelle 132 D = 36048 = 2^4.3.751

-K \ W	1	2	3	4	5	6	7	8	9	10	11	S
1	196183	29516	88549	39947	15646	6991	5326	1997	666	6991	15646	407458
2		196183	88549	39947	15646	6991	5326	1997	666	6991	15646	407458
3			265646	119840	46937	20972	15979	5992	1997	20972	46937	722370
4				279627	109521	48935	37284	13981	4660	49835	109521	852198
5					234562	94166	47936	17976	5992	31666	47062	667110
6						233564	106525	39947	13316	46064	31666	649137
7							271638	101864	33955	106525	47936	780294
8								225699	75233	39947	17976	542609
9									191744	13316	5992	347537
10										233564	94166	649137
11											234562	667110

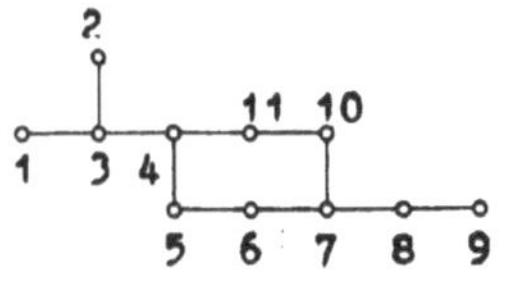

Tabelle 133 D = 36048 = $2^4.3.751$

-K \ W	1	2	3	4	5	6	7	8	9	10	11	S
1	191744	75233	33955	11318	15313	5992	2663	1997	666	2663	5992	347536
2		225699	101864	33955	45939	17976	7989	5992	1997	7989	17976	542609
3			271638	90546	122503	47936	21305	15979	5326	21305	47936	780293
4				196849	40834	15979	7102	5326	1775	7102	15979	426765
5					280737	109854	48824	36618	12206	48824	109854	871506
6						234562	93833	46937	15646	31333	47062	667110
7							232676	104194	34731	45176	31333	629826
8								265646	88549	104194	46937	722369
9									196183	34731	15646	407456
10										232676	93833	629826
11											234562	667110

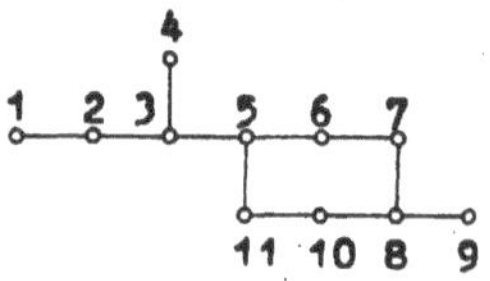

Tabelle 134 D = 36048 = $2^4.3.751$

-K \ W	1	2	3	4	5	6	7	8	9	10	11	S
1	233564	91170	39947	28670	46064	109521	48935	16312	20972	6991	6991	649137
2		226573	88549	39073	28670	46937	20972	6991	8988	2996	2996	563915
3			225699	88549	39947	31292	13981	4660	5992	1997	1997	572610
4				226573	91170	46937	20972	6991	8988	2996	2996	563915
5					233564	109521	48935	16312	20972	6991	6991	649137
6						281624	125832	41944	53928	17976	17976	883488
7							279627	93209	119840	39947	39947	852197
8								197736	39947	13316	13316	450734
9									265646	88549	88549	722371
10										196183	29516	407458
11											196183	407458

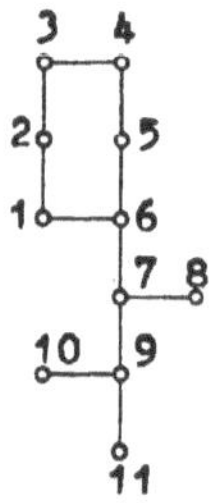

Tabelle 135 D = 36045 = $3^4.5.89$

-K \ W	1	2	3	4	5	6	7	8	9	10	11	S
1	197073	91219	35178	14315	7768	8989	19198	7199	2400	41407	13802	438548
2		273658	105535	42946	23304	26966	57595	21598	7199	124220	41407	815647
3			231696	89555	36968	21348	27077	10154	3385	49730	16577	627203
4				225718	87599	37079	23637	8864	2955	24969	8323	565960
5					225829	89888	43834	16438	5479	25177	8392	570676
6						232584	107865	40449	13483	50562	16854	646067
8							279761	104911	34970	126509	42170	867527
8								226841	75614	47441	15814	575323
9									191872	15814	5271	358442
10										281523	93841	881193
11											197947	460398

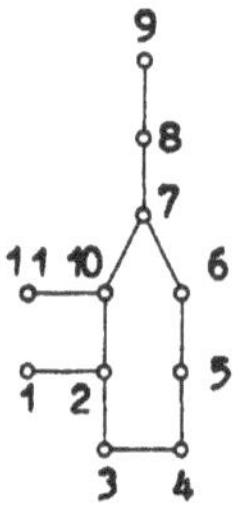

Tabelle 136 D = 36024 = $2^3.3.19.79$

-K \ W	1	2	3	4	5	6	7	8	9	10	11	S
1	191983	75949	35865	15823	5274	6329	3165	3165	6329	5274	15823	364979
2		227848	107595	47468	15823	18987	9494	9494	18987	15823	47468	694936
3			286920	126582	42194	50633	25316	25316	50633	42194	126582	919830
4				274692	91564	105929	43096	23359	26982	19196	57587	832278
5					197188	35310	14365	7786	8994	6399	19196	444093
6						231845	89607	36975	21319	8994	26982	632910
7							225725	87567	36975	7786	23359	566455
8								225725	89607	14365	43096	566455
9									231845	35310	105929	632910
10										197188	91564	444093
11											274692	832278

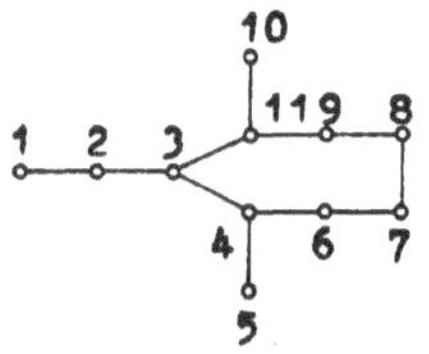

Tabelle 137 D = 36024 = $2^3.3.19.79$

-K \ W	1	2	3	4	5	6	7	8	9	10	11	S
1	196313	88941	35754	18321	11242	15323	34755	7995	2665	2998	999	415306
2		266822	107262	54963	33644	45969	104264	23984	7995	8994	2998	745836
3			239826	112217	47857	31354	46205	48967	16322	18363	6121	710248
4				281687	109927	48093	34352	122918	40973	46094	15365	884910
5					233955	91939	41361	47963	15989	17988	5996	658366
6						227723	91231	20986	6995	7870	2623	590106
7							231831	14990	4997	5621	1874	611981
8								271819	90606	101932	33977	786142
9									196369	33977	11326	428714
10										225725	75241	544803
11											191747	348267

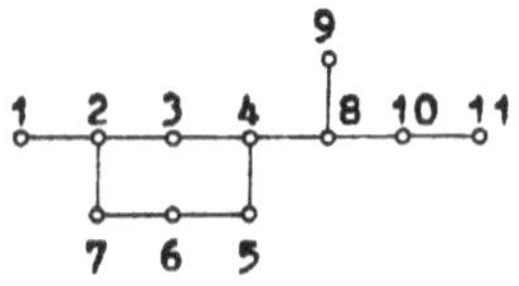

Tabelle 138 D = 36021 = 3.12007

-K \ W	1	2	3	4	5	6	7	8	9	10	11	S
1	196205	29538	88615	40102	15658	6871	4955	7995	2998	999	16032	409968
2		196205	88615	40102	15658	6871	4955	7995	2998	999	16032	409963
3			265845	120305	46973	20613	14866	23986	8995	2998	48097	729908
4				280711	109603	48096	34688	55967	20988	6996	112226	869784
5					233864	91988	42100	34313	12867	4289	47972	655285
6						227867	91613	46973	17615	5872	31690	596069
7							232739	106604	39977	13326	47098	632921
8								272841	102315	34105	109603	802697
9									225368	75289	41101	551011
10										191763	13700	350336
11											240610	724161

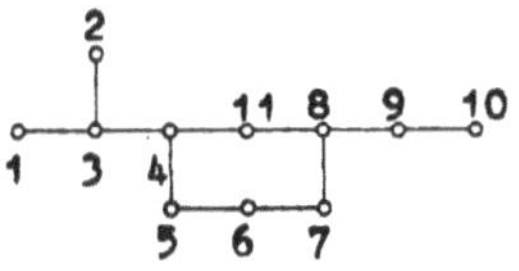

Tabelle 139 D = 35979 = 3.67.179

-K \ W	1	2	3	4	5	6	7	8	9	10	11	S
1	191098	73293	28781	13049	5128	2335	1876	625	2668	889	5239	324981
2		219878	86342	39148	15384	7004	5628	1876	8005	2668	15718	474944
3			230245	104394	41024	18678	15009	5003	21346	7115	41913	599850
4				274035	107688	49029	39398	13133	56033	18678	110023	824608
5					234011	94347	49029	16343	36396	12132	48028	659510
6						234011	107688	35896	53156	17719	34062	653925
7							274035	91345	123072	41024	54157	802261
8								197115	41024	13675	18052	434087
9									275035	91678	110356	818769
10										197226	36785	439589
11											240126	714459

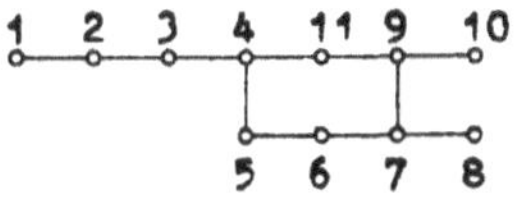

Tabelle 140 D = 35970 = 2.3.5.11.109

-K \ W	1	2	3	4	5	6	7	8	9	10	11	S
1	196483	89450	35933	18349	6881	2294	12232	2294	6881	18349	35933	425079
2		268349	107798	55046	20642	6881	36697	6881	20642	55046	107798	775230
3			239185	109758	41159	13720	48930	4629	13887	37031	48276	700306
4				274229	102836	34279	110092	7006	21018	56047	37031	825691
5					226063	75354	41284	2627	7882	21018	13887	559633
6						191785	13761	876	2627	7006	4629	353212
7							240061	13761	41284	110092	48930	717124
8								191785	75354	34279	13720	353212
9									226063	102836	41159	559633
10										274229	109758	825691
11											239185	700306

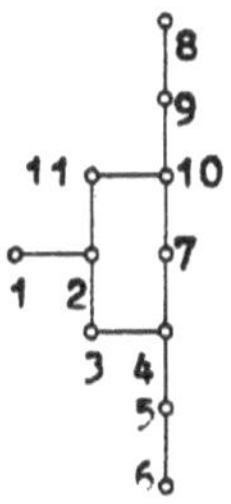

Tabelle 141 D = 35955 = $3^2.5.17.47$

-K \ W	1	2	3	4	5	6	7	8	9	10	11	S
1	191114	73342	28911	13392	5257	2378	1877	626	2628	6008	2003	327536
2		220025	86733	40175	15770	7134	5632	1877	7885	18023	6008	482604
3			231289	107134	42053	19024	15019	5006	21026	48060	16020	620275
4				281227	110388	49937	39424	13141	55194	126158	42053	878223
5					234919	94368	48185	16062	34126	54193	18064	673385
6						233166	105131	35044	47184	36421	12140	641927
7							267209	89070	107426	55069	18356	752418
8								196357	35809	18356	6119	417467
9									239258	110430	36810	697776
10										276220	92073	841011
11											197356	447002

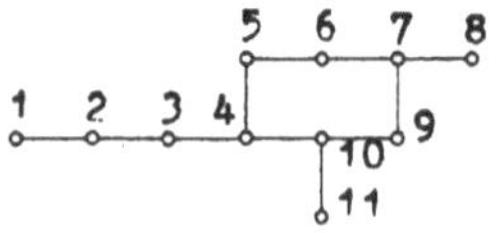

Tabelle 142 D = 35952 = $2^4.3.7.107$

-K \ W	1	2	3	4	5	6	7	8	9	10	11	S
1	197263	91789	36048	16355	13017	4339	18358	42056	16021	6008	2003	443257
2		275367	108144	49065	39052	13017	55073	126168	48064	18024	6008	829771
3			234062	94042	48064	16021	34129	54322	20694	7760	2587	655873
4				233061	105140	35047	47313	36799	14019	5257	1752	637580
5					267356	89119	107810	56075	21362	8011	2670	757676
6						196373	35937	18692	7121	2670	890	419226
7							240181	112734	42946	16105	5368	715954
8								282126	107477	40304	13435	890188
9									231420	86782	28927	624833
10										220043	73348	484312
11											191116	328104

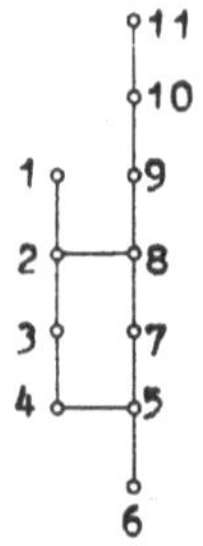

Tabelle 143 D = 35832 = $2^3.3.1493$

-K \ W	1	2	3	4	5	6	7	8	9	10	11	S
1	191770	75310	34159	13438	6154	5023	1884	628	7033	2344	13731	351474
2		225929	102478	40313	18461	15070	5651	1884	21098	7033	41192	554419
3			273275	107502	49230	40188	15070	5023	56263	18754	109846	811788
4				234078	94734	50123	18796	6265	36839	12280	48113	662481
5					234972	110181	41318	13773	54253	18084	34494	675654
6						280420	105157	35052	125921	41974	55370	864479
7							226934	75645	47220	15740	20764	574179
8								191882	15740	5247	6921	358060
9									276289	92096	110851	843603
10										197365	36950	447867
11											240232	718464

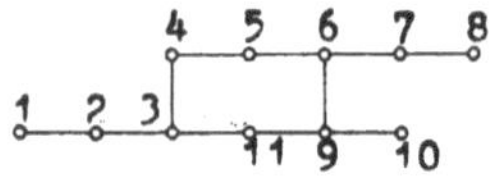

Tabelle 144 D = 35832 = $2^3.3.1493$

-K \ W	1	2	3	4	5	6	7	8	9	10	11	S
1	197365	92096	35946	15740	11275	18084	42978	18754	6251	7033	2344	447866
2		276289	107837	47220	33825	54253	128935	56263	18754	21098	7033	843603
3			233074	91385	41081	31857	54490	23778	7926	8917	2972	639263
4				226934	89417	41318	34536	15070	5023	5651	1884	574178
5					227171	92096	49118	21433	7144	8038	2679	583277
6						234972	112818	49230	16410	18461	6154	675653
7							289336	126256	42085	47346	15782	943680
8								273275	91092	102478	34159	811788
9									197031	34159	11386	437261
10										225929	75310	554420
11											191770	351473

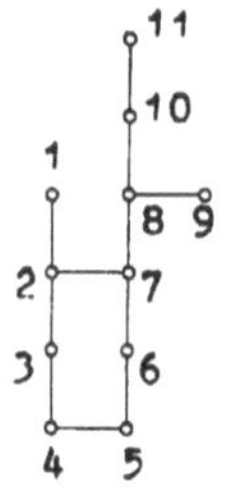

Tabelle 145 D = 35829 = $3^3 \cdot 1327$

-K \ W	1	2	3	4	5	6	7	8	9	10	11	S
1	197256	91769	36074	16453	13285	4982	1661	18421	41977	15741	5247	442866
2		275308	108222	49359	39856	14946	4982	55262	125932	47224	15741	828601
3			234224	94449	49122	18421	6140	34497	54369	20389	6796	662703
4				233986	107511	40317	13439	48229	37177	13941	4647	659508
5					273410	102529	34176	110190	57160	21435	7145	815819
6						225948	75316	41321	21435	8038	2679	555932
7							191772	13774	7145	2679	893	351977
8								241020	112869	42326	14109	732018
9									281448	105543	35181	880236
10										227079	75693	580088
11											191898	360029

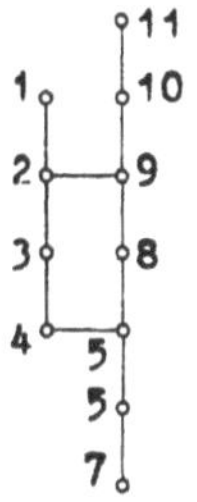

Tabelle 146 D = 35814 = 2.3.47.127

-K \ W	1	2	3	4	5	6	7	8	9	10	11	S
1	195161	28494	85483	32794	12900	5906	2387	1256	1382	461	2429	368653
2		195161	85483	32794	12900	5906	2387	1256	1382	461	2429	368653
3			256450	98383	38700	17717	7162	3769	4146	1382	7288	605963
4				229561	90300	41339	16711	8795	9675	3225	17005	580582
5					232200	106299	42973	22617	24879	8293	43726	635787
6						277559	112205	59055	64961	21654	114173	826774
7							236849	98341	58176	19392	56793	653367
8								235969	109566	36522	56207	633353
9									270523	90174	111828	746692
10										196725	37276	415565
11											242000	691154

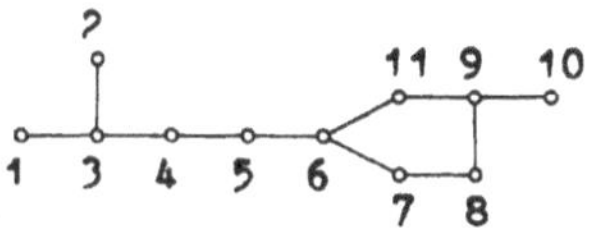

Tabelle 147 D = 35805 = 3.5.7.11.31

-K \ W	1	2	3	4	5	6	7	8	9	10	11	S
1	196383	29717	89150	41349	16129	7038	4985	7918	18768	7038	2346	420821
2		196383	89150	41349	16129	7038	4985	7918	18768	7038	2346	420821
3			267449	124047	48387	21114	14956	23754	56305	21114	7038	762464
4				289443	112903	49267	34897	55425	131378	49267	16422	945747
5					235023	92166	41475	32258	55300	20737	6912	677419
6						227231	89527	41349	34520	12945	4315	586510
7							227105	91789	48261	18098	6033	582111
8								234018	110264	41349	13783	659825
9									282530	105949	35316	897359
10										227231	75744	586510
11											191915	362170

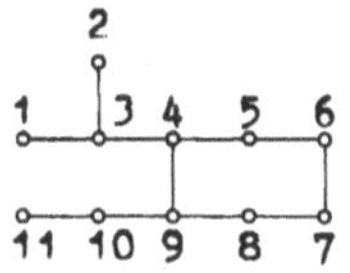

Tabelle 148 D = 35805 = 3.5.7.11.31

-K \ W	1	2	3	4	5	6	7	8	9	10	11	S
1	191901	75702	35205	13825	6270	4985	1662	7024	16087	6033	2011	360705
2		227105	105614	41475	18810	14956	4985	21072	48261	18098	6033	582111
3			281637	110599	50161	39883	13294	56193	128697	48261	16087	885631
4				235023	94470	48387	16129	34562	55300	20737	6912	677419
5					233250	105279	35093	47493	37202	13951	4650	646629
6						267449	89150	107918	56305	21114	7038	762464
7							196383	35973	18768	7038	2346	420821
8								240288	112945	42354	14118	719940
9									282530	105949	35316	897360
10										227231	75744	586510
11											191915	362170

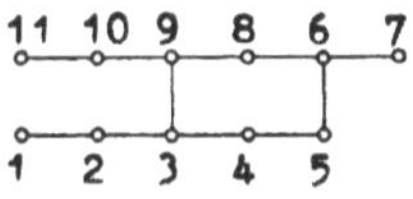

Tabelle 149 D = 35805 = 3.5.7.11.31

-K \ W	1	2	3	4	5	6	7	8	9	10	11	S
1	196006	29339	88018	38710	12903	15207	6912	2765	1382	1382	2765	395389
2		196006	88018	38710	12903	15207	6912	2765	1382	1382	2765	395389
3			264055	116129	38710	45622	20737	8295	4147	4147	8295	686173
4				270968	90323	106452	48387	19355	9677	9677	19355	767743
5					196774	35484	16129	6452	3226	3226	6452	422582
6						238249	108295	43318	21659	21659	43318	694470
7							276498	110599	55300	55300	110599	815668
8								235149	94847	49393	53331	626269
9									299242	92878	49393	563133
10										229242	94847	563133
11											235149	626269

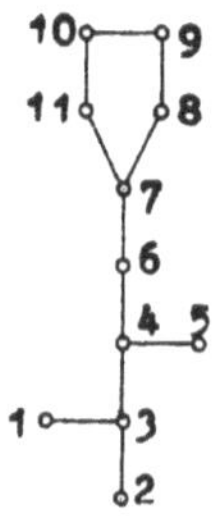

Tabelle 150 D = 35787 = 3.79.151

-K \ W	1	2	3	4	5	6	7	8	9	10	11	S
1	191117	73351	28935	13455	5267	2347	1774	2976	992	6161	2054	328429
2		220052	86805	40364	15802	7042	5323	8928	2976	18484	6161	485288
3			231481	107637	42138	18778	14195	23808	7936	49292	16431	627436
4				282547	110613	49292	37262	62495	20832	129391	43130	897018
5					234373	92506	43144	36927	12309	55327	18442	666848
6						228225	92170	48286	16095	36591	12197	603529
7							233367	107930	35977	54447	18149	643738
8								275505	91835	126750	42250	827690
9									197278	42250	14083	442563
10										283553	94518	896764
11											198173	465588

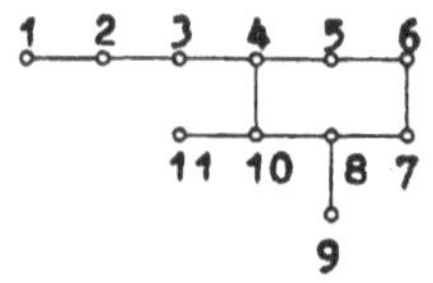

Tabelle 151 D = 35763 = 3.7.13.131

-K \ W	1	2	3	4	5	6	7	8	9	10	11	S
1	191133	73400	29066	13799	6166	2055	2642	1762	2642	2055	6166	330886
2		220200	87199	41398	18497	6166	7927	5285	7927	6166	18497	492662
3			232531	110393	49325	16442	21139	14093	21139	16442	49325	647094
4				289783	129477	43159	55490	36994	55490	43159	129477	948619
5					276697	92232	108380	48444	36952	20804	62411	849385
6						197411	36127	16148	12317	6935	20804	449796
7							233523	92190	43047	12317	36952	649734
8								228127	92190	16148	48444	599825
9									233523	36127	108380	649734
10										197411	92232	449796
11											276697	849385

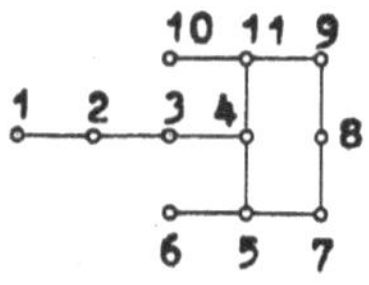

Tabelle 152 D = 35739 = $3^2.11.19^2$

-K \ W	1	2	3	4	5	6	7	8	9	10	11	S
1	195291	28624	85873	33703	15235	5078	6925	2770	1385	1385	2770	379039
2		195291	85873	33703	15235	5078	6925	2770	1385	1385	2770	379039
3			257618	101108	45706	15235	20776	8310	4155	4155	8310	637119
4				235919	106648	35549	48476	19391	9695	9695	19391	653278
5					274238	91413	124654	49861	24931	24931	49861	822713
6						197138	41551	16620	8310	8310	16620	440902
7							283934	113573	56787	56787	113573	873961
8								236338	95442	49987	54520	649582
9									229539	93176	49987	574792
10										229539	95442	574792
11											236338	649582

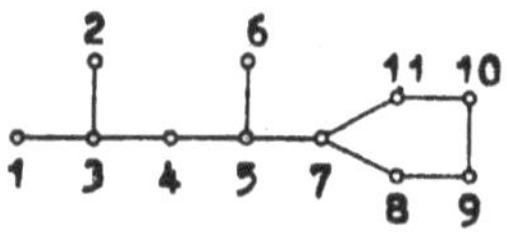

Tabelle 153 D = 35721 = $3^6 \cdot 7^2$

-K \ W	1	2	3	4	5	6	7	8	9	10	11	S
1	195137	28471	85412	32628	12472	4787	1890	882	378	252	378	362687
2		195137	85412	32628	12472	4787	1890	882	378	252	378	362687
3			256236	97884	37415	14361	5669	2646	1134	756	1134	588059
4				228395	87302	33510	13228	6173	2646	1764	2646	538804
5					224490	86168	34014	15873	6803	4535	6803	528347
6						224994	88813	41446	17763	11842	17763	546234
7							232426	108466	46485	30990	46485	610356
8								283951	121693	81129	121693	784834
9									242630	106198	75964	622072
10										237465	106198	581381
11											242630	622072

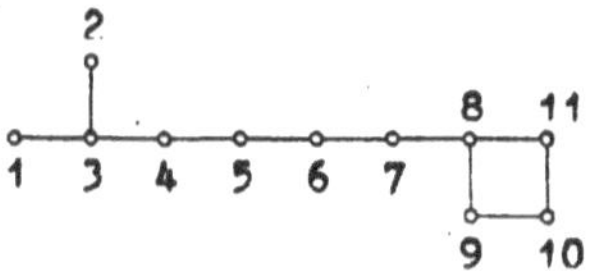

Tabelle 154 D = 35673 = 3.11.23.47

-K \ W	1	2	3	4	5	6	7	8	9	10	11	S
1	191616	74847	32924	10975	12951	5929	2397	1261	1388	463	2439	337190
2		224540	98772	32924	38853	17787	7190	3784	4163	1388	7316	511561
3			263392	87797	103608	47431	19174	10092	11101	3700	19511	697502
4				195933	34536	15810	6391	3364	3700	1233	6504	399167
5					237434	108696	43941	23127	25439	8480	44712	681777
6						278656	112648	59289	65217	21739	114625	847827
7							237028	98436	58279	19426	56976	661886
8								236019	109621	36540	56303	637836
9									270583	90194	111933	751618
10										196731	37311	417205
11											242186	699816

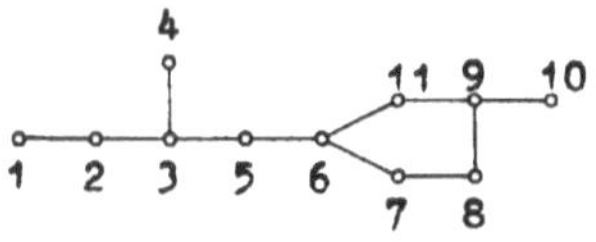

Tabelle 155 D = 35652 = $2^2 3.2971$

-K \ W	1	2	3	4	5	6	7	8	9	10	11	S
1	197619	92856	37445	19480	20995	43504	16661	6479	2777	926	926	439668
2		278568	112336	58440	62984	130512	49983	19438	8331	2777	2777	819002
3			236284	96516	53265	63278	24234	9424	4039	1346	1346	639513
4				231109	96811	59323	22720	8835	3787	1262	1262	599545
5					237167	114692	43925	17082	7321	2440	2440	659122
6						284753	109054	42410	18176	6059	6059	877820
7							233255	90710	38876	12959	12959	655336
8								229721	98452	32817	32817	588185
9									256479	85493	85493	609224
10										195164	28498	369741
11											195164	369741

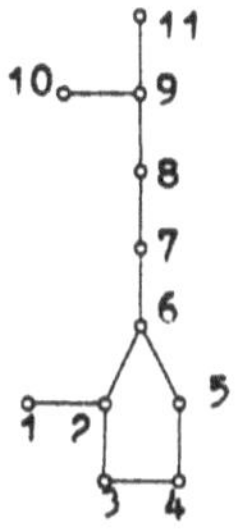

Tabelle 156 D = 35640 = $2^3 \cdot 3^4 \cdot 5 \cdot 11$

-K \ W	1	2	3	4	5	6	7	8	9	10	11	S
1	198302	94907	43210	16204	5401	18519	12346	18519	5401	16204	43210	472223
2		284722	129630	48611	16204	55556	37037	55556	16204	48611	129630	916718
3			281930	105724	35241	110438	49383	37710	7969	23906	63749	888890
4				227146	75715	41414	18519	14141	2988	8965	23906	583333
5					191905	13805	6173	4714	996	2988	7969	361111
6						234343	92593	43434	4714	14141	37710	666667
7							228395	92593	6173	18519	49383	611114
8								234343	13805	41414	110438	666667
9									191905	75715	35241	361111
10										227146	105724	583333
11											281930	888890

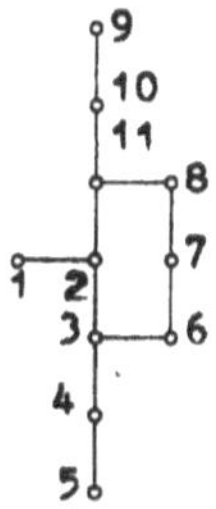

Tabelle 157

D = 35634 = 2.3.5939

-K \ W	1	2	3	4	5	6	7	8	9	10	11	S
1	195305	28638	85915	33802	15491	6272	3325	3704	1389	463	6398	380702
2		195305	85915	33802	15491	6272	3325	3704	1389	463	6398	380702
3			257745	101406	46472	18816	9976	11113	4167	1389	19195	642109
4				236614	108436	43905	23278	25930	9724	3241	44789	664927
5					278835	112898	59859	66678	25004	8335	115171	852670
6						237287	98964	59606	22352	7451	57501	671324
7							237035	112140	42053	14018	57333	661306
8								276814	103805	34602	114497	812593
9									226427	75476	42937	554723
10										191825	14312	351575
11											243223	721754

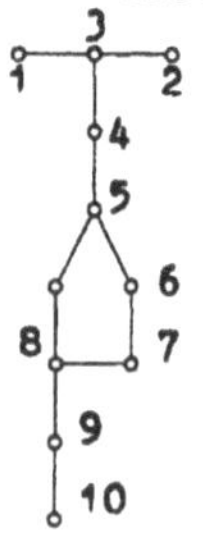

Tabelle 158

D = 35616 = 2^5.3.7.53

-K \ W	1	2	3	4	5	6	7	8	9	10	11	S
1	192034	76103	36276	16215	5405	6963	4675	7061	16509	6191	2064	369496
2		228310	108827	48644	16215	20889	14025	21184	49528	18573	6191	608489
3			290207	129717	43239	55705	37399	56491	132075	49528	16509	955973
4				276828	92276	108491	48644	37441	63679	23880	7960	853775
5					197425	36164	16215	12480	21226	7960	2653	451258
6						233603	92318	43351	37736	14150	4717	654087
7							228310	92613	49528	18573	6191	608489
8								234487	110849	41568	13856	671381
9									283019	106132	35377	905658
10										227300	75767	589622
11											191922	363207

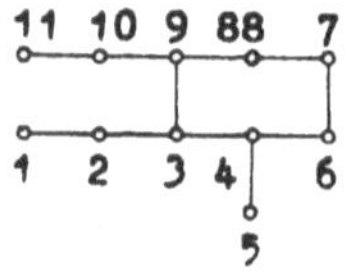

Tabelle 159

D = 35607 = 3.11.13.83

-K \ W	1	2	3	4	5	6	7	8	9	10	11	S
1	191592	74775	32732	10911	12512	4802	1896	885	379	253	379	331116
2		224324	98197	32732	37535	14407	5687	2654	1137	758	1137	493343
3			261859	87286	100093	38419	15166	7077	3033	2022	3033	648917
4				195762	33364	12806	5055	2359	1011	674	1011	382971
5					229379	88044	34754	16219	6951	4634	6951	570436
6						225714	89098	41579	17820	11880	17820	562389
7							232539	108518	46508	31005	46508	616734
8								283975	121704	81136	121704	787810
9									242635	106201	75968	623347
10										237467	106201	582231
11											242635	623347

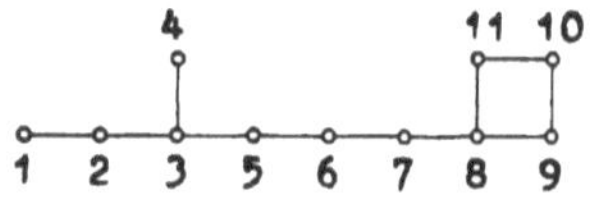

Tabelle 160

D = 35586 = $2.3^2.659$

-K \ W	1	2	3	4	5	6	7	8	9	10	11	S
1	191072	73217	28579	12519	4173	4805	1897	885	379	253	379	318158
2		219651	85736	37557	12519	14416	5690	2656	1138	759	1138	454477
3			228629	100152	33384	38442	15175	7081	3035	2023	3035	545271
4				262898	87633	100910	39833	18589	7967	5311	7967	681336
5					195878	33637	13278	6196	2656	1770	2656	393780
6						230652	91047	42489	18209	12140	18209	604956
7							233308	108877	46662	31108	46662	633537
8								284143	121775	81184	121775	795650
9									242666	106222	75999	626708
10										237481	106222	584473
11											242666	626708

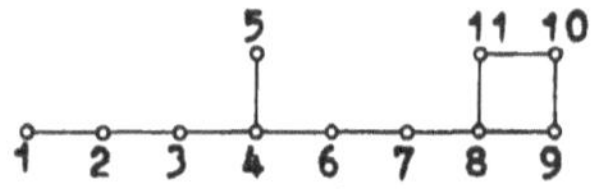

Tabelle 161 D = 35553 = 3.7.1693

-K \ W	1	2	3	4	5	6	7	8	9	10	11	S
1	190997	72990	27972	10927	4810	1603	1899	886	380	253	380	313097
2		218969	83917	32782	14429	4810	5696	2658	1139	759	1139	439288
3			223779	87419	38478	12826	15189	7088	3038	2025	3038	504769
4				229474	101004	33668	39870	18606	7974	5316	7974	575014
5					264535	88178	104422	48730	20884	13923	20884	720277
6						196059	34807	16243	6961	4641	6961	406757
7							238587	111341	47717	31812	47717	679057
8								285292	122268	81512	122268	816892
9									242877	106362	76210	635810
10										237575	106362	590540
11											242877	635810

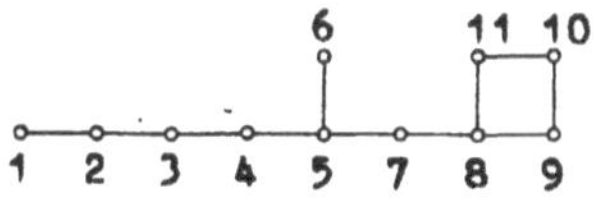

Tabelle 162 D = 35508 = 2^2.3.11.269

-K \ W	1	2	3	4	5	6	7	8	9	10	11	S
1	197646	92937	37485	19517	21066	43680	17038	7435	2478	2788	929	442999
2		278810	112454	58550	63197	131041	51115	22305	7435	8364	2788	828996
3			236341	96570	53368	63535	24783	10814	3605	4055	1352	644362
4				231159	96908	59564	23234	10139	3380	3802	1267	604090
5					237355	115157	44919	19601	6534	7350	2450	667905
6						285907	111524	48665	16222	18249	6083	899627
7							238538	104089	34696	39033	13011	701980
8								263603	87868	98851	32950	706320
9									195956	32950	10983	402107
10										224569	74856	514867
11											191619	338288

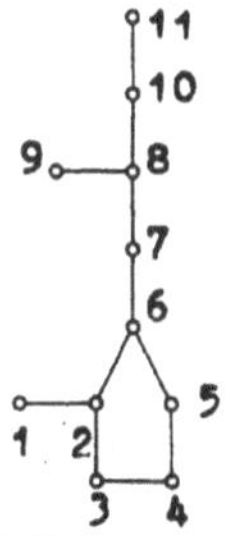

Tabelle 163 D = 35472 = 2^4.3.739

-K \ W	1	2	3	4	5	6	7	8	9	10	11	S
1	191686	75059	33491	12559	4186	12855	5074	2368	1015	677	1015	339985
2		225178	100474	37678	12559	38566	15223	7104	3045	2030	3045	519961
3			267930	100474	33491	102842	40595	18945	8119	5413	8119	719893
4				225178	75059	38566	15223	7104	3045	2030	3045	519961
5					191686	12855	5074	2368	1015	677	1015	339985
6						231394	91340	42625	18268	12179	18268	619758
7							233424	108931	46685	31123	46685	639377
8								284168	121786	81191	121786	798376
9									242670	106225	76004	627877
10										237483	106225	585253
11											242670	627877

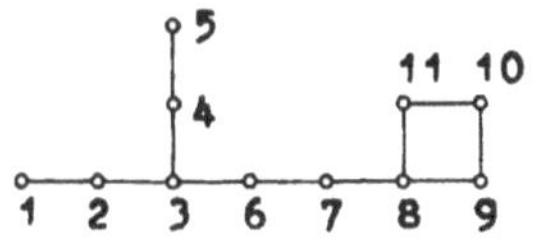

Tabelle 164 D = 35469 = 3^2.7.563

-K \ W	1	2	3	4	5	6	7	8	9	10	11	S
1	196777	90332	36666	19665	22329	9769	3256	3722	1396	465	37554	421931
2		270997	109997	58995	66988	29307	9769	11165	4187	1396	112662	765793
3			236361	99087	60898	26643	8881	10150	3806	1269	56965	650723
4				238264	115707	50622	16874	19284	7232	2411	58234	686375
5					286222	125222	41741	47704	178[illegible]9	5963	117737	908400
6						273535	91178	104204	39076	13025	51510	814091
7							197059	34735	13025	4342	17170	438030
8								230173	86315	28772	19623	595847
9									219868	73289	7359	473442
10										191096	2453	324481
11											243466	724733

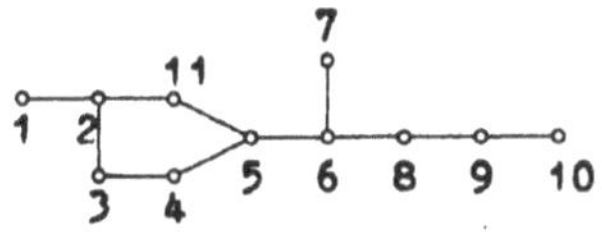

Tabelle 165 D = 35454 = 2.3.19.311

-K \ W	1	2	3	4	5	6	7	8	9	10	11	S
1	196297	29630	88890	40743	16500	8758	9773	3723	1396	465	16839	413014
2		196297	88890	40743	16500	8758	9773	3723	1396	465	16839	413014
3			266669	122229	49501	26273	29320	11169	4189	1396	50516	739042
4				285201	115502	61305	68413	26062	9773	3258	117871	891100
5					238365	99594	60416	23016	8631	2877	58639	689541
6						237477	112836	42985	16119	5373	58047	687525
7							278093	105940	39728	13243	115502	843037
8								230834	86563	28854	44001	606870
9									219961	73320	16500	477576
10										191107	5500	325858
11											244458	744718

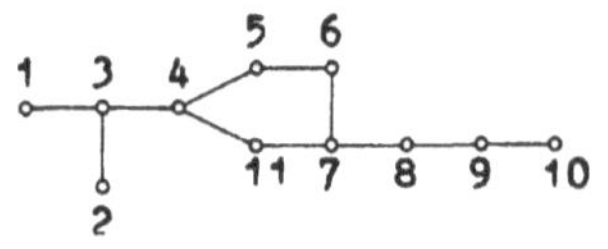

Tabelle 166 D = 35453 = 11^2.293

-K \ W	1	2	3	4	5	6	7	8	9	10	11	S
1	191747	75240	33975	11325	15358	5119	6981	2792	1396	1396	2792	348121
2		225721	101924	33975	46075	15358	20943	8377	4189	4189	8377	544368
3			271796	90599	122867	40956	55849	22339	11170	11170	22339	784984
4				196866	40956	13652	18616	7446	3723	3723	7446	428327
5					281570	93857	127986	51195	25597	25597	51195	882253
6						197952	42662	17065	8532	8532	17065	460470
7							285448	114179	57090	57090	114179	901023
8								236581	95563	50109	54763	660409
9									229600	93236	50109	580205
10										229600	95563	580205
11											236581	660409

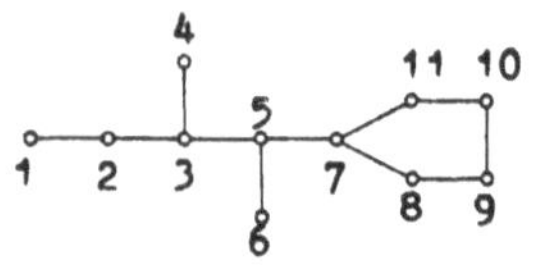

Tabelle 167 D = 35445 = 3.5.17.139

-K \ W	1	2	3	4	5	6	7	8	9	10	11	S
1	195331	28664	85992	33982	15954	6433	3343	3597	7448	2793	931	384468
2		195331	85992	33982	15954	6433	3343	3597	7448	2793	931	384468
3			257977	101947	47863	19298	10030	10791	22344	8379	2793	653406
4				237876	111680	45028	23402	25180	52137	19551	6517	691282
5					287177	115785	60178	64748	134067	50275	16758	920439
6						237664	97207	53957	64664	24249	8083	678801
7							231443	97122	59924	22471	7490	615953
8								237410	115108	43165	14388	669063
9									285400	107025	35675	891240
10										227634	75878	584213
11											191959	361403

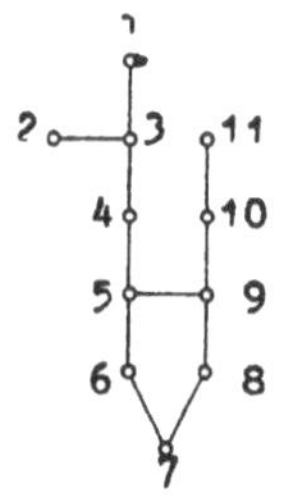

Tabelle 168 D = 35418 = 2.3.5903

-K \ W	1	2	3	4	5	6	7	8	9	10	11	S
1	191089	73268	28714	12875	4828	1609	5082	2372	1016	678	1016	322547
2		219803	86143	38624	14484	4828	15246	7115	3049	2033	3049	467642
3			229714	102998	38624	12875	40657	18973	8131	5421	8131	580381
4				270371	101389	33796	106725	49805	21345	14230	21345	773503
5					225521	75174	40022	18677	8004	5336	8004	540063
6						191725	13341	6226	2668	1779	2668	346709
7							239497	111765	47899	31933	47899	700066
8								285490	122353	81569	122353	826698
9									242913	106387	76247	640012
10										237591	106387	593344
11											242913	640012

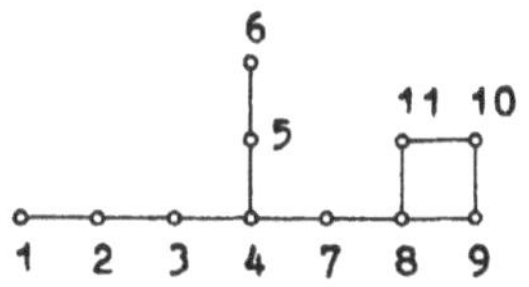

Tabelle 169 D = 35409 = 3.11.29.37

-K \ W	1	2	3	4	5	6	7	8	9	10	11	S
1	196334	29668	89003	41007	15377	5126	18639	7456	3728	3728	7456	417522
2		196334	89003	41007	15377	5126	18639	7456	3728	3728	7456	417522
3			267008	123020	46132	15377	55918	22367	11184	11184	22367	752563
4				287046	107642	35881	130475	52190	26095	26095	52190	922648
5					227866	75955	48928	19571	9786	9786	19571	595991
6						191985	16309	6524	3262	3262	6524	365331
7							286580	114632	57316	57316	114632	919384
8								236762	95654	50199	54944	667755
9									229645	93281	50199	583878
10										229645	95654	583878
11											236762	667755

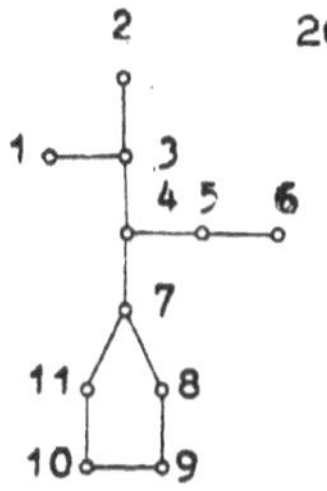

Tabelle 170 D = 35397 = 3^4.19.23

-K \ W	1	2	3	4	5	6	7	8	9	10	11	S
1	197051	91152	35978	16781	5594	8772	3178	9535	16654	40427	13476	438598
2		273455	107933	50343	16781	26316	9535	28604	49962	121281	40427	815789
3			237859	105645	35215	43860	8645	25934	25299	49962	16654	692984
4				266590	88863	105263	16400	49199	25934	28604	9535	763157
5					196288	35088	5467	16400	8645	9535	3178	421054
6						236842	35088	105263	43860	26316	8772	675440
7							196288	88863	35215	16781	5594	421054
8								266590	105645	50343	16781	763157
9									237859	107933	35978	692984
10										273455	91152	815789
11											197051	438598

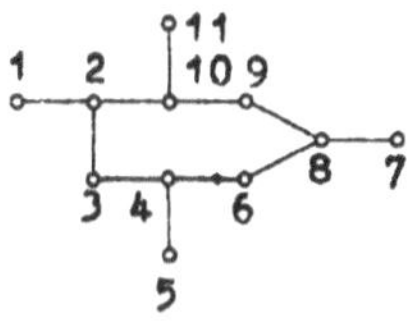

Tabelle 171 D = 35343 = 3^3.7.11.17

-K \ W	1	2	3	4	5	66	7	8	9	10	11	S
1	190985	72956	27884	10695	4202	1910	637	891	382	255	382	311179
2		218869	83652	32086	12605	5730	1910	2674	1146	764	1146	433538
3			223071	85561	33613	15279	5093	7130	3056	2037	3056	489432
4				224599	88235	40107	13369	18717	8021	5348	8021	534759
5					231092	105043	35014	49020	21008	14006	21008	614846
6						275019	91673	128342	55004	36669	55004	809780
7							197224	42781	18335	12223	18335	436594
8								293226	125668	83779	125668	877896
9									244334	107334	77667	661955
10										238223	107334	607972
11											244334	661955

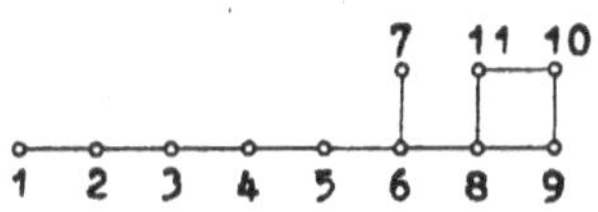

Tabelle 172 D = 35340 = 2^2.3.5.19.31

-K \ W	1	2	3	4	5	6	7	8	9	10	11	S
1	197779	93336	38894	23345	8913	3396	1273	424	22227	43336	14445	447368
2		280008	116681	70034	26740	10187	3820	1273	66681	130008	43336	842104
3			244468	116723	44567	16978	6367	2122	61135	66681	22227	736842
4				280136	106961	40747	15280	5093	116723	70034	23345	868421
5					231749	88285	33107	11036	44567	26740	8913	631578
6						224109	84041	28014	16978	10187	3396	526318
7							219015	73005	6367	3820	1273	447368
8								191002	2122	1273	424	315788
9									244468	116681	38894	736843
10										280008	93336	842104
11											197779	447368

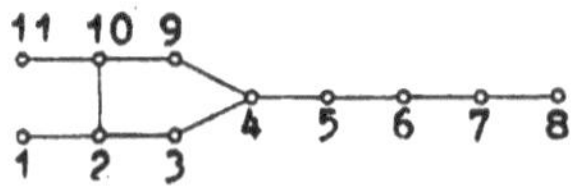

Tabelle 173 D = 35333 = 89.397

W / -K	1	2	3	4	5	6	7	8	9	10	11	S
1	191761	75284	34090	11363	15623	6326	3354	3736	1401	467	6453	349858
2		225851	102270	34090	46868	18977	10061	11208	4203	1401	19359	549572
3			272720	90907	124982	50604	26830	29887	11208	3736	51623	798857
4				196969	41661	16868	8943	9962	3736	1245	17208	432952
5					286418	115968	61486	68491	25684	8561	118303	914045
6						238531	99624	60340	22628	7543	58769	696178
7							237384	112529	42199	14066	58005	674481
8								277248	103968	34656	115246	827271
9									226488	75496	43217	560228
10										191832	14406	353409
11											244516	747105

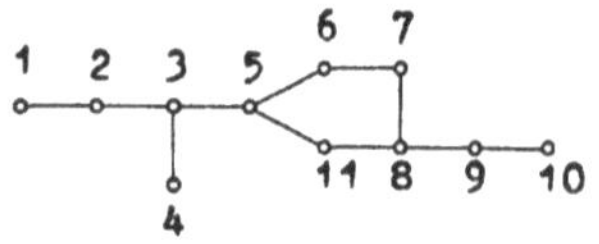

Tabelle 174 D = 35316 = $2^2.3^4.109$

W / -K	1	2	3	4	5	6	7	8	9	10	11	S
1	197913	93739	38920	23021	7674	22469	44385	16947	6456	2421	807	454752
2		281218	116760	69062	23021	67406	133155	50841	19368	7263	2421	864254
3			243615	114084	38028	60610	67745	25866	9854	3695	1232	720409
4				273191	91064	114424	70082	26758	10194	3823	1274	796977
5					197021	38141	23361	8919	3398	1274	425	432326
6						244521	119139	45489	17329	6498	2166	738192
7							287334	109709	41794	15673	5224	917601
8								232798	88685	33257	11086	650355
9									224261	84098	28033	533470
10										219037	73012	450051
11											191004	316684

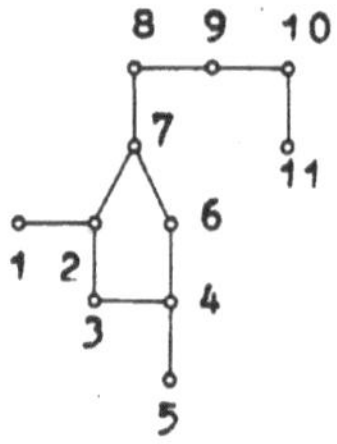

Tabelle 175 D = 35280 = $2^4.3^2.5.7^2$

W / -K	1	2	3	4	5	6	7	8	9	10	11	S
1	238889	108333	36111	50000	16667	25000	25000	16667	50000	36111	108333	711111
2		273469	91156	120918	40306	48980	26020	9694	29082	17177	51531	816666
3			197052	40306	13435	16327	8673	3231	9694	5726	17177	438888
4				272448	90816	105612	44388	9184	27551	9694	29082	799999
5					196939	35204	14796	3061	9184	3231	9694	433333
6						232653	92347	14796	44388	8673	26020	650000
7							232653	35204	105612	16327	48980	650000
8								196939	90816	13435	40306	433333
9									272448	40306	120918	799999
10										197052	91156	438888
11											273469	816666

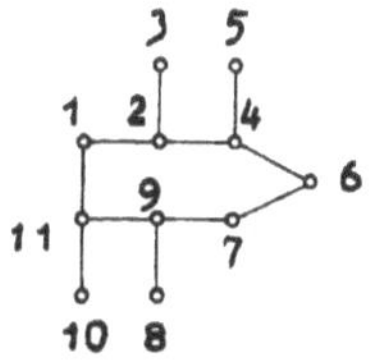

Tabelle 176 D = 35280 = $2^4.3^2.5.7^2$

W / -K	1	2	3	4	5	6	7	8	9	10	11	S
1	197832	93495	37755	19770	21556	44898	19643	6548	7483	2806	935	452721
2		280485	113265	59311	64668	134694	58929	19643	22449	8418	2806	858163
3			236735	96939	54082	65306	28571	9524	10884	4082	1361	658504
4				231505	97577	61224	26786	8929	10204	3827	1276	617348
5					238648	118367	51786	17262	19728	7398	2466	693538
6						293878	128571	42857	48980	18367	6122	963264
7							275000	91667	104762	39286	13095	838096
8								197222	34921	13095	4365	446033
9									230385	86395	28798	604989
10										219898	73299	476871
11											191100	325623

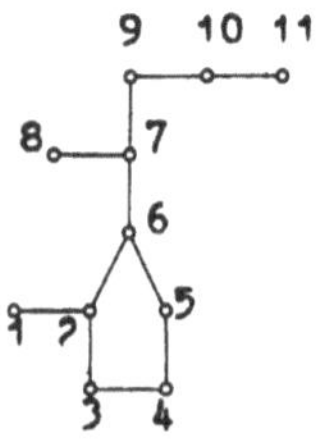

Tabelle 177 D = 35253 = $3^2.3917$

-K \ W	1	2	3	4	5	6	7	8	9	10	11	S
1	197203	91609	41486	13829	19020	6340	9233	8680	16807	5602	36139	445948
2		274828	124457	41486	57059	19020	27700	26040	50421	16807	108416	837843
3			280700	93567	124075	41358	50166	26423	29104	9701	51187	872224
4				197856	41358	13786	16722	8808	9701	3234	17062	457409
5					273806	91269	106076	44422	27189	9063	28083	821420
6						197090	35359	14807	9063	3021	9361	440474
7							232704	92035	43401	14467	23700	651563
8								231682	103013	34338	43018	633266
9									265637	88546	105353	748235
10										196182	35118	416079
11											237923	695360

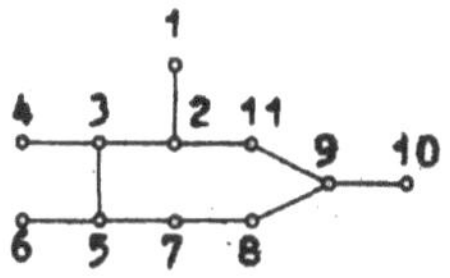

Tabelle 178 D = 35238 = 2.3.7.839

-K \ W	1	2	3	4	5	6	7	8	9	10	11	S
1	196478	29812	89435	42014	16942	8812	9493	19666	7492	2809	936	423889
2		196478	89435	42014	16942	8812	9493	19666	7492	2809	936	423889
3			268304	126043	50826	26435	28478	58999	22476	8428	2809	771668
4				294100	118594	61681	66448	137664	52443	19666	6555	967222
5					238805	97821	54657	66150	25200	9450	3150	698537
6						231781	97523	60787	23157	8684	2895	628388
7							237911	116210	44270	16601	5534	686618
8								287843	109654	41120	13707	931466
9									232249	87093	29031	640557
10										220160	73387	490207
11											191129	330069

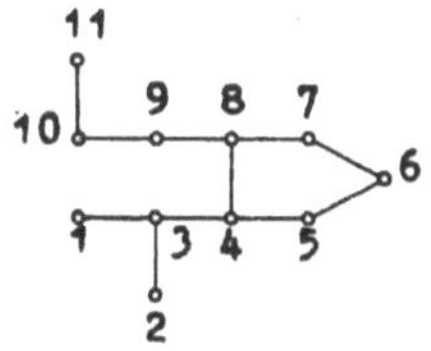

Tabelle 179 D = 35202 = 2.3.5867

-K \ W	1	2	3	4	5	6	7	8	9	10	11	S
1	190983	72950	27868	10653	4091	1619	767	341	341	256	85	309954
2		218851	83603	31958	12272	4858	2301	1023	1023	767	256	429862
3			222942	85222	32725	12954	6136	2727	2727	2045	682	479631
4				223709	85904	34004	16107	7159	7159	5369	1790	509034
5					224987	89057	42185	18749	18749	14062	4687	347468
6						233169	110448	49088	49088	36816	12272	633733
7							289160	128515	128515	96387	32129	852650
8								251562	84896	126172	42057	712289
9									251562	126172	42057	712289
10										282129	94043	784218
11											198014	428072

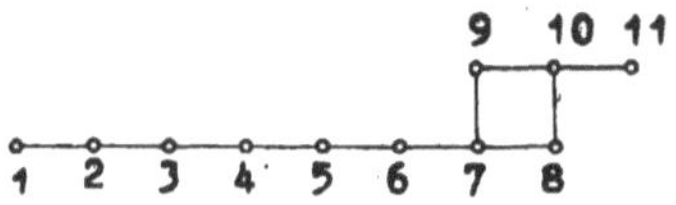

Tabelle 180 D = 35175 = $3.5^2.7.67$

-K \ W	1	2	3	4	5	6	7	8	9	10	11	S
1	191002	73006	28017	11045	5117	1919	640	2388	1023	682	1023	315862
2		219019	84051	33134	15352	5757	1919	7164	3070	2047	3070	447589
3			224136	88358	40938	15352	5117	19104	8188	5458	8188	526907
4				231940	107463	40299	13433	50149	21493	14328	21493	633134
5					281450	105544	35181	131343	56290	37527	56290	872495
6						227079	75693	49254	21109	14072	21109	577187
7							191898	16418	7036	4691	7036	359062
8								294627	126269	84179	126269	907164
9									244591	107505	77925	674499
10										238337	107505	616331
11											244591	674499

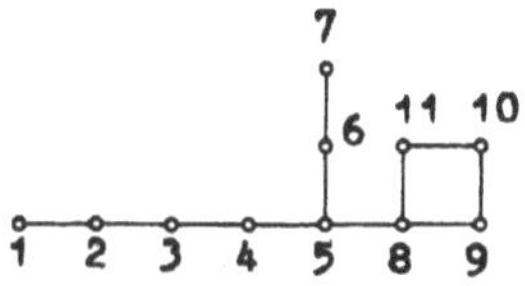

Tabelle 181

D = 35172 = $2^2 . 3^2 . 977$

-K \ W	1	2	3	4	5	6	7	8	9	10	11	S
1	198723	96170	44439	14813	22333	22561	45349	17315	6596	2474	825	471598
2		288511	133316	44439	66999	67682	136046	51945	19788	7421	2474	914791
3			280450	93483	114551	63204	75060	28659	10918	4094	1365	849539
4				197828	38184	21068	25020	9553	3639	1365	455	449847
5					238471	100861	64114	24480	9326	3497	1166	683982
6						239381	117281	44780	17059	6397	2132	702406
7							287729	109860	41851	15694	5231	923235
8								232856	88707	33265	11088	652508
9									224269	84101	28034	534288
10										219038	73013	450359
11											191004	316787

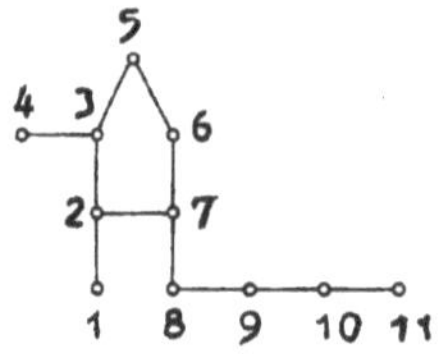

Tabelle 182

D = 35160 = $2^3 . 3 . 5 . 293$

-K \ W	1	2	3	4	5	6	7	8	9	10	11	S
1	197938	93814	44369	16638	5546	22654	23592	8987	3770	1123	39135	457166
2		281442	133106	49915	16638	67961	70776	26962	10111	3370	117406	871501
3			286689	107509	35836	119454	71672	27304	10239	3413	68259	907850
4				227816	75939	44795	26877	10239	3840	1280	25597	590445
5					191980	14932	8959	3413	1280	427	8532	363482
6						245606	117363	44710	16766	5589	61775	761605
7							280418	106826	40060	13353	117065	876961
8								231172	86689	28896	44596	619794
9									220009	73336	16724	482424
10										191112	5575	327474
11											244824	749488

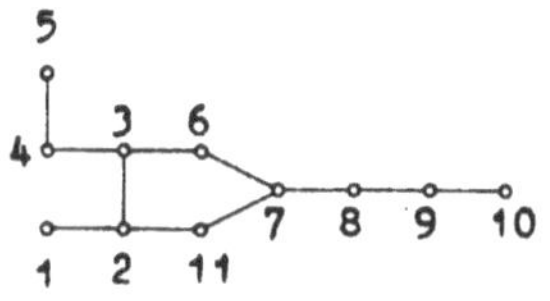

Tabelle 183

D = 35157 = 3.11719

-K \ W	1	2	3	4	5	6	7	8	9	10	11	S
1	191128	73385	29027	13696	5703	3413	1280	427	3257	6357	2119	329792
2		220155	87081	41087	17109	10240	3840	1280	9770	19072	6357	489376
3			232215	109566	45624	27306	10240	3413	26055	50858	16953	638338
4				287610	119763	71678	26879	8960	68393	133501	44500	925633
5					245613	117075	43903	14634	61709	68052	22684	761869
6						279546	104830	34943	116734	70654	23551	859970
7							226811	75604	43775	26495	8832	572489
8								191868	14592	8832	2944	357497
9									244717	117416	39139	745557
10										281594	93865	876696
11											197955	458899

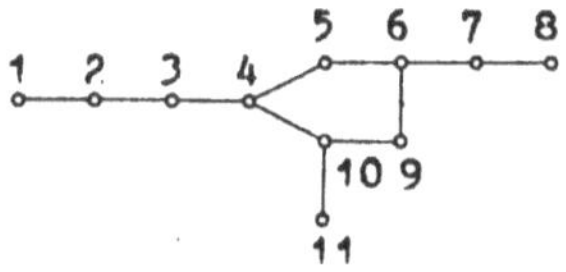

Tabelle 184

D = 35154 = $2 . 3^4 . 7 . 31$

-K \ W	1	2	3	4	5	6	7	8	9	10	11	S
1	196237	29570	88710	40323	16129	8065	2688	5376	2688	8065	16129	413980
2		196237	88710	40323	16129	8065	2688	5376	2688	8065	16129	413980
3			266129	120968	48387	24194	8065	16129	8065	24194	48387	714938
4				282258	112903	56452	18817	37634	18817	56452	112903	897850
5					240399	108295	36098	48387	12289	36866	49923	725805
6						268433	89478	107527	18049	54147	36866	779571
7							196493	35842	6016	18049	12289	426523
8								238351	35842	107527	48387	686378
9									196493	89478	36098	426523
10										268433	108295	779571
11											240399	725805

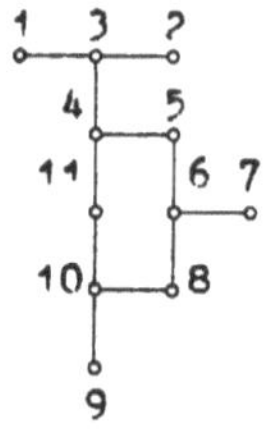

Tabelle 185 $D = 35154 = 2.3^4.7.31$

-K \ W	1	2	3	4	5	6	7	8	9	10	11	S
1	191116	73349	28930	13441	5120	1920	640	6272	2688	1792	2688	327956
2		220046	86790	40323	15361	5760	1920	18817	8065	5376	8065	483872
3			231439	107527	40963	15361	5120	50179	21505	14337	21505	623656
4				282258	107527	40323	13441	131720	56452	37634	56452	887098
5					231439	86790	28930	50179	21505	14337	21505	623656
6						220046	73349	18817	8065	5376	8065	483872
7							191116	6272	2688	1792	2688	327956
8								294803	126344	84229	126344	913976
9									244624	107527	77957	677420
10										238351	107527	618278
11											244624	677420

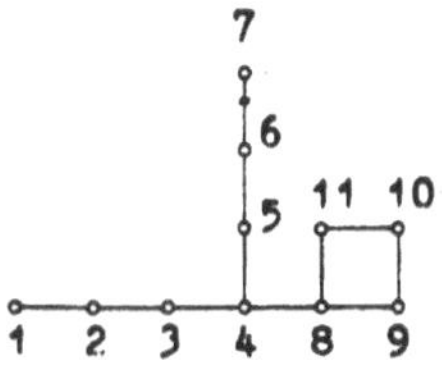

Tabelle 186 $D = 35148 = 2^2.3.29.101$

-K \ W	1	2	3	4	5	6	7	8	9	10	11	S
1	191007	73020	28053	11139	5363	2475	825	1238	1238	825	2475	317658
2		219059	84158	33416	16089	7426	2475	3713	3713	2475	7426	452970
3			224422	89109	42904	19802	6601	9901	9901	6601	19802	541254
4				233911	112624	51980	17327	25990	25990	17327	51980	670793
5					294967	136139	45380	68069	68069	45380	136139	971123
6						281666	93889	114971	63247	24923	74770	871288
7							197963	38324	21082	8308	24923	457097
8								238520	100589	21082	63247	685644
9									238520	38324	114971	685644
10										197963	93889	457097
11											281666	871288

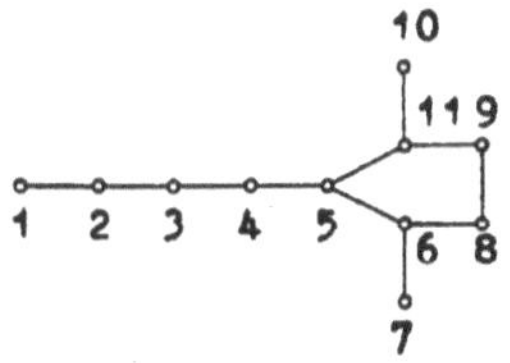

Tabelle 187 $D = 35133 = 3.7^2.239$

-K \ W	1	2	3	4	5	6	7	8	9	10	11	S
1	197065	91196	38255	23568	8838	2946	23610	8994	3373	1124	38269	437238
2		273589	114764	70703	26514	8838	70831	26983	10119	3373	114807	811717
3			244770	119546	44830	14943	69038	26300	9863	3288	61267	746864
4				287934	107975	35992	136282	51917	19469	6490	68995	928871
5					227991	75997	51106	19469	7301	2434	25873	598328
6						191999	17035	6490	2434	811	8624	356109
7							288703	109982	41243	13748	119845	941423
8								232374	87140	29047	45655	644351
9									220178	73393	17121	491634
10										191131	5707	330546
11											244884	751047

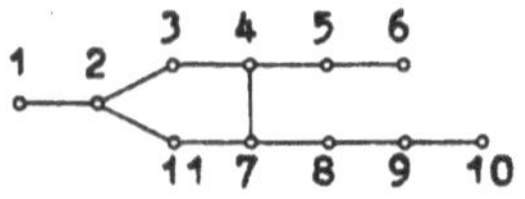

Tabelle 188 D = 35117 = P

-K \ W	1	2	3	4	5	6	7	8	9	10	11	S
1	191787	75362	34300	11433	16103	6493	3374	3631	7518	2819	940	353760
2		226087	102899	34300	48310	19478	10123	10892	22553	8457	2819	561280
3			274397	91466	128826	51941	26995	29046	60142	22553	7518	830083
4				197155	42942	17314	8998	9682	20047	7518	2506	443361
5					295227	119031	61865	66563	137825	51684	17228	985604
6						238973	97887	54689	66179	24817	8272	705074
7							231797	97503	60711	22767	7589	629609
8								237819	115955	43483	14494	683757
9									287154	107683	35894	921661
10										227881	75960	595622
11											191986	365206

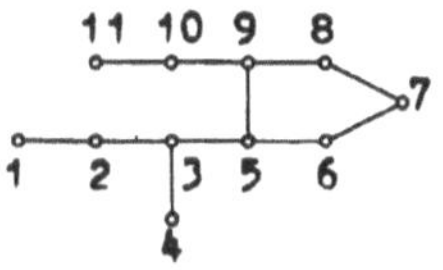

Tabelle 189

D = 35088 = $2^4.3.17.43$

-K \ W	1	2	3	4	5	6	7	8	9	10	11	S
1	198016	94049	41553	13851	16758	8721	9405	6498	19494	42579	14193	465117
2		282148	124658	41553	50274	26163	28215	19494	58482	127736	42579	895351
3			273940	91313	105848	43605	24966	10431	31293	58482	19494	825583
4				197104	35283	14535	8322	3477	10431	19494	6498	441861
5					231988	90116	38361	8322	24966	28215	9405	639536
6						226744	90116	14535	43605	26163	8721	593024
7							231988	35283	105848	50274	16758	639536
8								197104	91313	41553	13851	441861
9									273940	124658	41553	825583
10										282148	94049	895351
11											198016	465117

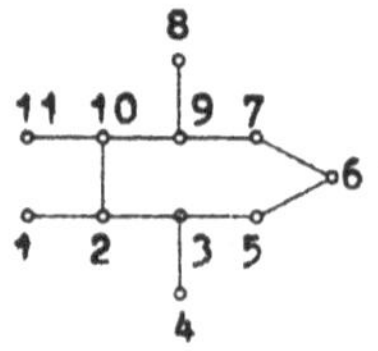

Tabelle 190

D = 35058 = 2.3.5843

-K \ W	1	2	3	4	5	6	7	8	9	10	11	S
1	190984	72951	27868	10654	4093	1626	784	342	242	385	128	310057
2		218852	83604	31961	12280	4878	2353	1027	727	1155	385	430173
3			222945	85230	32746	13007	6275	2738	1940	3081	1027	480461
4				223729	85958	34143	16473	7188	5092	8087	2696	511211
5					225127	89423	43143	18826	13335	21179	7060	553170
6						234126	112956	49290	34914	55451	18484	648298
7							295724	129043	91406	145174	48391	891722
8								247219	112613	90621	30207	689114
9									246434	126690	42230	675623
10										289449	96483	837755
11											198828	445919

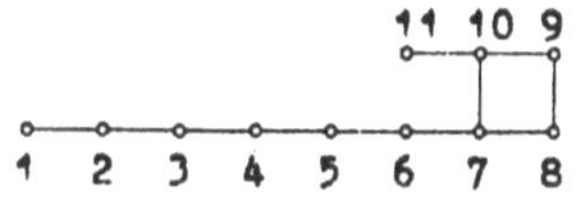

Tabelle 191

D = 35040 = $2^5.3.5.73$

-K \ W	1	2	3	4	5	6	7	8	9	10	11	S
1	197260	91781	41096	13699	17808	12329	19178	8219	2740	2740	36986	443836
2		275342	123288	41096	53425	36986	57534	24657	8219	8219	110959	831506
3			274187	91396	107877	49443	40454	17337	5779	5779	54580	811216
4				197132	35959	16481	13485	5779	1926	1926	18193	437072
5					234247	94863	50342	21575	7192	7192	34589	665069
6						235146	110574	47389	15796	15796	49187	683990
7							281378	120591	40197	40197	112971	886901
8								265967	88656	88656	48416	739242
9									196219	29552	16139	412415
10										196219	16139	412415
11											241310	739469

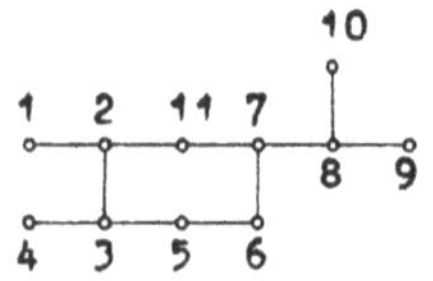

Tabelle 192

D = 35013 = 3.11.1061

-K \ W	1	2	3	4	5	6	7	8	9	10	11	S
1	190986	72959	27890	10710	4241	2014	900	900	685	257	86	311628
2		218876	83669	32131	12724	6041	2699	2699	2056	771	257	434882
3			223117	85682	33930	16108	7197	7197	5484	2056	685	493015
4				224916	89067	42284	18893	18893	14395	5398	1799	544168
5					233270	110745	49482	49482	37700	14138	4713	639492
6						289949	129552	129552	98706	37015	12338	874304
7							252920	86254	129209	48453	16151	741710
8								252920	129209	48453	16151	741710
9									288921	108345	36115	850825
10										228130	76043	569059
11											192014	356352

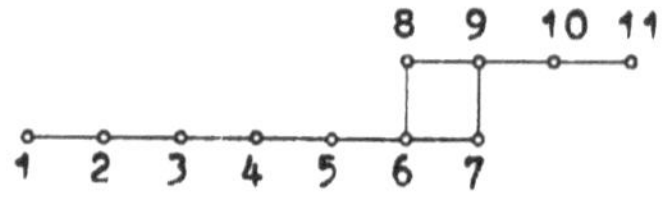

Tabelle 193 D = 34997 = 79.443

W / -K	1	2	3	4	5	6	7	8	9	10	11	S
1	191874	75621	34989	14673	9029	3386	1129	1129	3386	9029	14673	358918
2		226862	104966	44018	27088	10158	3386	3386	10158	27088	44018	576749
3			279910	117381	72235	27088	9029	9029	27088	72235	117381	871331
4				245835	120125	45047	15016	8686	26059	69492	62291	768623
5					288139	108052	36017	17030	51090	136240	69492	934537
6						228020	76007	6386	19159	51090	26059	600452
7							192002	2129	6386	17030	8686	366817
8								192002	76007	36017	15016	366817
9									228020	108052	45047	600452
10										288139	120125	934537
11											245835	768623

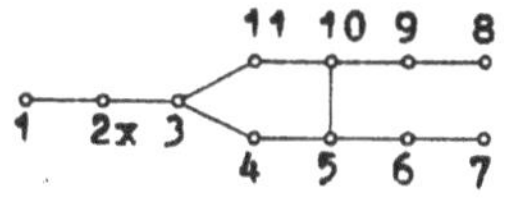

Tabelle 194 D = 34992 = $2^4.3^7$

W / -K	1	2	3	4	5	6	7	8	9	10	11	S
1	198888	96665	45496	17061	5687	22762	22791	45610	17375	6516	2172	481023
2		289994	136488	51183	17061	68287	68373	136831	52126	19547	6516	943071
3			287151	107682	35894	117284	64701	76818	29264	10974	3658	915410
4				227881	75960	43981	24263	28807	10974	4115	1372	593279
5					191987	14660	8088	9602	3658	1372	457	364426
6						239583	101466	64815	24691	9259	3086	709874
7							239698	117627	44810	16804	5601	714222
8								288066	109739	41152	13717	932784
9									232282	87106	29035	641060
10										220165	73388	490398
11											191129	330131

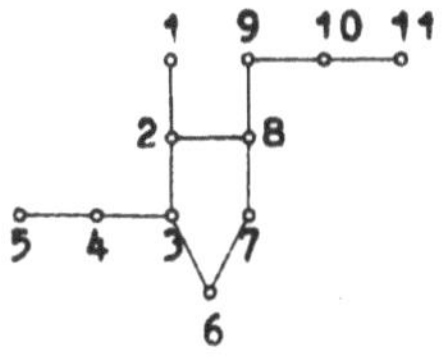

Tabelle 195 D = 34992 = $2^4.3^7$

W / -K	1	2	3	4	5	6	7	8	9	10	11	S
1	196373	89120	35108	16204	13503	5787	1929	1929	18519	6173	35880	420525
2		267361	105324	48611	40509	17361	5787	5787	55556	18519	107639	761574
3			233410	94907	51312	21991	7330	7330	37037	12346	47454	653549
4				236111	113426	48611	16204	16204	55556	18519	34722	699075
5					288966	123843	41281	41281	129630	43210	56713	943674
6						267361	89120	89120	55556	18519	24306	761574
7							196373	29707	18519	6173	8102	420525
8								196373	18519	6173	8102	420525
9									277778	92593	111111	870374
10										197531	37037	456793
11											239583	710649

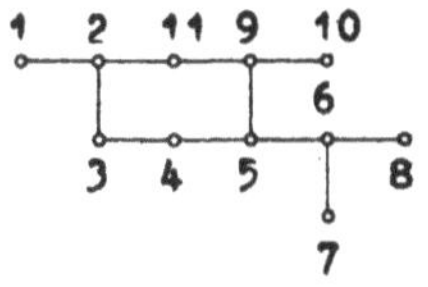

Tabelle 196 D = 34986 = $2.3.7^3.17$

W / -K	1	2	3	4	5	6	7	8	9	10	11	S
1	197436	92308	36272	16507	13248	4416	18822	43217	18522	6174	6174	453096
2		276925	108815	49520	39744	13248	56465	129652	55565	18522	18522	859286
3			234351	94238	48362	16121	34728	55822	23924	7975	7975	668583
4				233193	105342	35114	47719	37815	16206	5402	5402	646458
5					267664	89221	108429	57623	24696	8232	8232	770793
6						196407	36143	19208	8232	2744	2744	423598
7							241425	115846	49648	16549	16549	742323
8								289915	124250	41417	41417	956182
9									267536	89179	89179	766937
10										196393	29726	422313
11											196393	422313

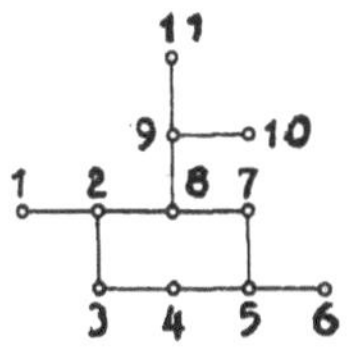

Tabelle 197 $D = 34986 = 2.3.7^3.17$

-K \ W	1	2	3	4	5	6	7	8	9	10	11	S
1	191134	73401	29069	13806	6174	4716	6174	1801	686	257	86	327304
2		220202	87206	41417	18522	14149	18522	5402	2058	772	257	481908
3			232550	110444	49391	37729	49391	14406	5488	2058	686	618418
4				289916	129652	99040	129652	37815	14406	5402	1801	873351
5					253116	129695	86449	49520	18865	7074	2358	750816
6						290045	129695	110744	42188	15821	5274	879096
7							253116	49520	18865	7074	2358	750816
8								233193	88836	33313	11104	635654
9									224318	84119	28040	527869
10										219045	73015	447950
11											191005	315984

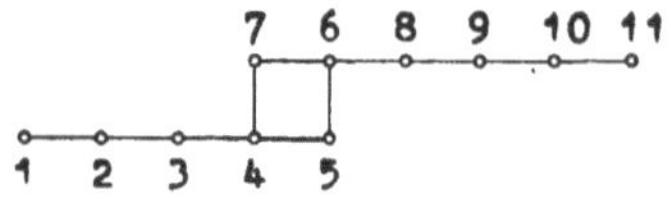

Tabelle 198 $D = 34968 = 2^3.3.31.47$

-K \ W	1	2	3	4	5	6	7	8	9	10	11	S
1	197995	93986	45527	17073	5691	25523	9723	3646	1215	21319	38435	460133
2		281958	136582	51218	17073	76570	29170	10939	3646	63958	115305	880405
3			295585	110844	36948	139327	53077	19904	6635	69321	68634	982384
4				229067	76356	52248	19904	7464	2488	25995	25738	618395
5					192118	17418	6635	2488	829	8665	8579	372800
6						289164	110158	41309	13770	118008	64859	948354
7							232441	87165	29055	44955	24708	646991
8								220187	73396	16858	9266	492622
9									191132	5619	3489	330874
10										239748	101235	715681
11											238847	698695

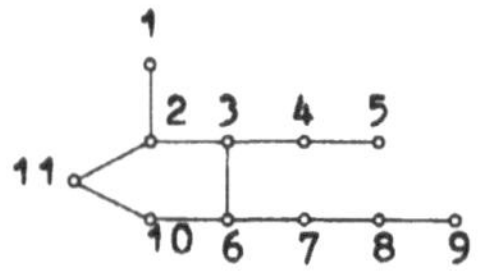

Tabelle 199 $D = 34965 = 3^3.5.7.37$

-K \ W	1	2	3	4	5	6	7	8	9	10	11	S
1	198012	94037	38453	21321	25511	9567	3189	45646	17389	6521	2174	461820
2		282111	115358	63964	76534	28700	9567	136937	52166	19562	6521	885457
3			238853	101201	64750	24281	8094	68769	26198	9824	3275	699056
4				239640	117718	44144	14715	69369	26426	9910	3303	711711
5					288403	108151	36050	139339	53082	19906	6635	936079
6						228057	76019	52252	19906	7465	2488	601030
7							192006	17417	6635	2488	829	367009
8								296396	112913	42342	14114	995494
9									233491	87559	29186	664951
10										220335	73445	499357
11											191148	333118

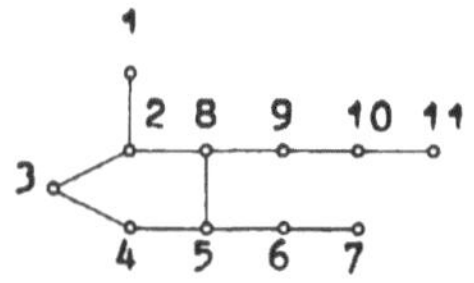

Tabelle 200 $D = 34848 = 2^5.3^2.11^2$

-K \ W	1	2	3	4	5	6	7	8	9	10	11	S
1	192134	76403	37075	16228	11608	18595	7102	2712	1033	387	129	363406
2		229210	111226	48683	34823	55785	21307	8135	3099	1162	387	590220
3			296602	129821	92860	148760	56818	21694	8264	3099	1033	907252
4				247805	113593	92975	35511	13559	5165	1937	646	705923
5					247920	130165	49716	18982	7231	2712	904	710514
6						297521	113636	43388	16529	6198	2066	925618
7							234375	89489	34091	12784	4261	659090
8								225077	85744	32154	10718	551652
9									223141	83678	27893	495868
10										218879	72960	435950
11											190987	311984

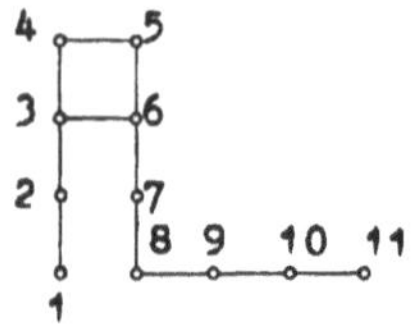

Tabelle 201 $D = 34824 = 2^3.3.1451$

-K \ W	1	2	3	4	5	6	7	8	9	10	11	S
1	198355	95064	42514	14171	18306	12405	18909	4323	18996	6332	6332	475707
2		285191	127541	42514	54919	37216	56728	132969	56987	18996	18996	927121
3			275887	91962	108158	48587	37603	64223	27524	9175	9175	842349
4				197321	36053	16196	12534	21408	9175	3058	3058	447450
5					233503	92350	43548	38293	16411	5470	5470	652481
6						228463	93039	50655	21709	7236	7236	615092
7							235570	113672	48716	16239	16239	692797
8								290360	124440	41480	41480	963303
9									267617	89206	89206	769987
10										196402	29735	423329
11											196402	423329

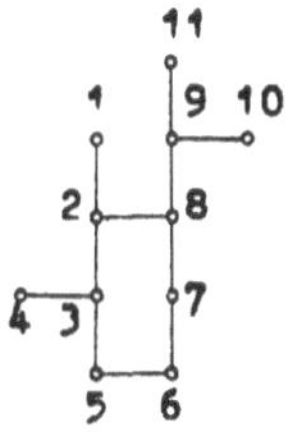

Tabelle 202 $D = 34821 = 3^2.53.73$

-K \ W	1	2	3	4	5	6	7	8	9	10	11	S
1	191910	75730	35280	14216	7366	2455	5428	1809	7108	15896	5299	362497
2		227190	105841	42647	22099	7366	16283	5428	21323	47687	15896	587490
3			282243	113724	58930	19643	43422	14474	56862	127165	42388	899972
4				241794	111657	37219	55958	18653	37564	56733	18911	749076
5					276040	92013	124451	41484	55828	43034	14345	847247
6						197338	41484	13828	18609	14345	4782	449082
7							275911	91970	111312	58025	19342	843586
8								197323	37104	19342	6447	447862
9									241004	111700	37233	735647
10										277074	92358	863359
11											197453	454454

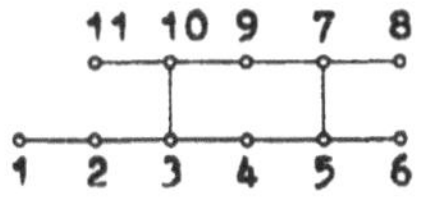

Tabelle 203 $D = 34818 = 2.3.7.829$

-K \ W	1	2	3	4	5	6	7	8	9	10	11	S
1	191797	75392	34379	13872	7238	2413	5428	1809	2413	7238	13872	355851
2		226176	103136	41616	21713	7238	16285	5428	7238	21713	41616	567551
3			275030	110977	57901	19300	43426	14475	19300	57901	110977	846802
4				240896	111709	37236	56996	18999	13427	40281	50419	736428
5					277227	92409	127563	42521	20981	62942	40281	862485
6						197470	42521	14174	6994	20981	13427	454163
7							283172	94391	42521	127563	56996	896862
8								198130	14174	42521	18999	465621
9									197470	92409	37236	454163
10										277227	111709	862485
11											240896	736428

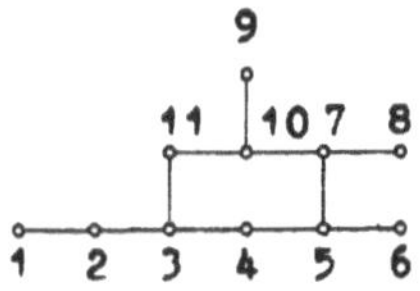

Tabelle 204 $D = 34818 = 2.3.7.829$

-K \ W	1	2	3	4	5	6	7	8	9	10	11	S
1	191008	73023	28060	11158	5414	2369	1695	2714	1034	388	129	316992
2		219068	84181	33474	16242	7108	5084	8142	3102	1163	388	450975
3			224482	89264	43311	18956	13556	21713	8272	3102	1034	535931
4				234318	113691	49759	35585	56996	21713	8142	2714	656814
5					297763	130321	93199	149276	56867	21325	7108	934517
6						248018	113734	93185	35499	13312	4437	716698
7							248004	130277	49630	18611	6204	715579
8								297648	113390	42521	14174	930036
9									233672	87627	29209	640015
10										220360	13453	490004
11											191151	330001

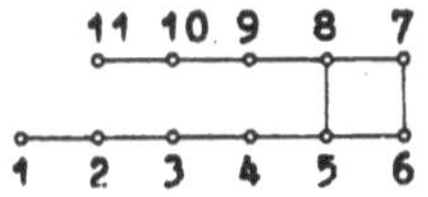

Tabelle 205 — D = 34808 = $2^3 \cdot 19 \cdot 229$

-K \ W	1	2	3	4	5	6	7	8	9	10	11	S
1	192140	76419	37118	17467	6550	2183	8734	8734	2183	6550	17467	375545
2		229258	111354	52402	19651	6550	26201	26201	6550	19651	52402	626639
3			296943	139738	52402	17467	69869	69869	17467	52402	139738	1004367
4				288669	108251	36084	118019	65387	9768	29304	78143	943232
5					228094	76031	44257	24520	3663	10989	29304	603712
6						192010	14752	8173	1221	3663	9768	367902
7							239930	101773	8173	24520	65387	721615
8								239930	14752	44257	118019	721615
9									192010	76031	36084	367902
10										228094	108251	603712
11											288669	943232

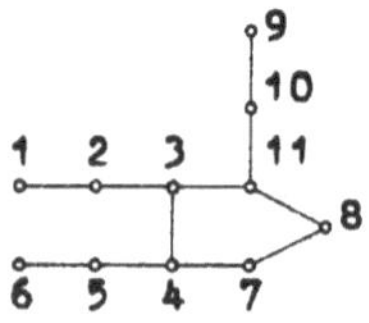

Tabelle 206 — D = 34794 = $2 \cdot 3^2 \cdot 1933$

-K \ W	1	2	3	4	5	6	7	8	9	10	11	S
1	196571	89714	36228	18969	6323	4785	14356	19314	7243	2414	36342	432259
2		269141	108683	56906	18969	14356	43068	57941	21728	7243	109027	796776
3			240027	111399	37133	19012	57036	40697	15261	5087	49793	720356
4				277289	92430	42680	128039	64149	24056	8019	40352	864288
5					197477	14227	42680	21383	8019	2673	13451	454765
6						198267	94801	43456	16296	5432	19271	472583
7							284402	130367	48888	16296	57812	917745
8								283497	106311	35438	113813	916366
9									227367	75789	42680	593638
10										191930	14227	364548
11											240947	737715

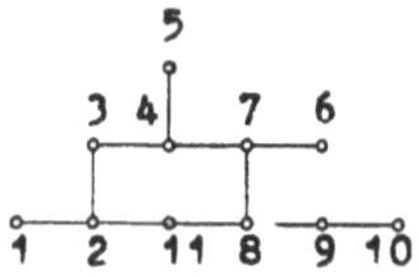

Tabelle 207 — D = 34776 = $2^3 \cdot 3^3 \cdot 7 \cdot 23$

-K \ W	1	2	3	4	5	6	7	8	9	10	11	S
1	197593	92780	37267	19022	6341	13458	7117	21351	43478	16304	5435	460146
2		278339	111801	57065	19022	40373	21351	64053	130435	48913	16304	880436
3			240166	108696	36232	49689	13458	40373	57971	21739	7246	724638
4				269022	89674	108696	19022	57065	43478	16304	5435	793479
5					196558	36232	6341	19022	14493	5435	1812	431162
6						240166	37267	111801	57971	21739	7246	724638
7							197593	92780	43478	16304	5435	460146
8								278339	130435	48913	16304	880436
9									289855	108696	36232	956523
10										228261	76087	608695
11											192029	369565

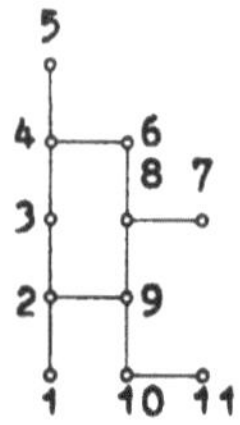

Tabelle 208 — D = 34776 = $2^3 \cdot 3^3 \cdot 7 \cdot 23$

-K \ W	1	2	3	4	5	6	7	8	9	10	11	S
1	196558	29891	89674	42572	19022	6341	8152	5435	8152	6341	19022	431160
2		196558	89674	42572	19022	6341	8152	5435	8152	6341	19022	431160
3			269022	127717	57065	19022	24457	16304	24457	19022	57065	793479
4				298007	133152	44384	57065	38043	57065	44384	133152	1018113
5					278339	92780	109084	48913	37655	21351	64053	880436
6						197593	36361	16304	12552	7117	21351	460146
7							233825	92391	43349	12552	37655	663043
8								228261	92391	16304	48913	608694
9									233825	36361	109084	663043
10										197593	92780	460146
11											278339	880436

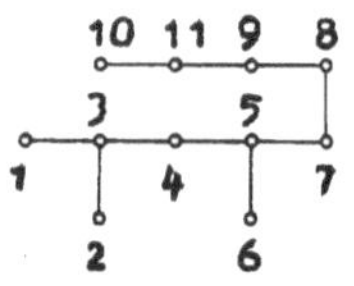

Tabelle 209 D = 34776 = $2^3.3^3.7.23$

-K \ W	1	2	3	4	5	6	7	8	9	10	11	S
1	195264	28597	85792	33514	14752	4917	5823	2717	1165	776	1165	374482
2		195264	85792	33514	14752	4917	5823	2717	1165	776	1165	374482
3			257376	100543	44255	14752	17469	8152	3494	2329	3494	623448
4				234601	103261	34420	40761	19022	8152	5435	8152	621375
5					265528	88509	104814	48913	20963	13975	20963	740685
6						196169	34938	16304	6988	4658	6988	413560
7							238742	111413	47748	31832	47748	687111
8								285326	122283	81522	122283	820652
9									242883	106366	76216	637423
10										237578	106366	591613
11											242883	637423

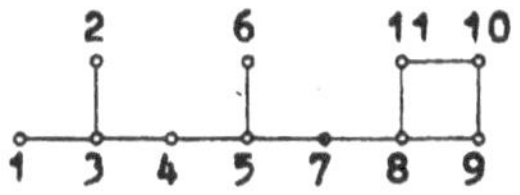

Tabelle 210 D = 34695 = $3^3.5.257$

-K \ W	1	2	3	4	5	6	7	8	9	10	11	S
1	195979	29312	87938	38521	12840	14786	5837	2724	1167	778	1167	391049
2		195979	87938	38521	12840	14786	5837	2724	1167	778	1167	391049
3			263813	115564	38521	44358	17510	8171	3502	2335	3502	673152
4				269650	89883	103502	40856	19066	8171	5447	8171	737352
5					196628	34501	13619	6355	2724	1816	2724	412451
6						231647	91440	42672	18288	12192	18288	626480
7							233463	108949	46693	31128	46693	642025
8								284176	121790	81193	121790	799610
9									242672	106226	76005	628405
10										237484	106226	585603
11											242672	628405

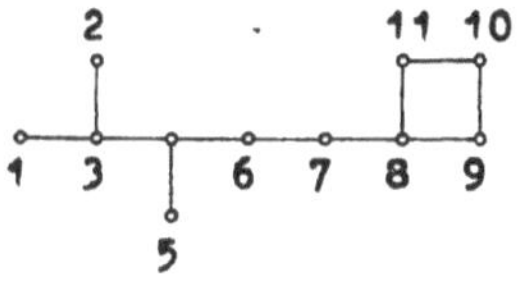

Tabelle 211 D = 34653 = 3.11.551

-K \ W	1	2	3	4	5	6	7	8	9	10	11	S
1	191917	75751	35336	13938	6479	5497	1832	8181	2727	16319	5440	363417
2		227253	106008	41815	19436	16492	5497	24543	8181	48957	16319	590252
3			282688	111505	51828	43979	14660	65448	21816	130551	43517	907336
4				235694	95576	51035	17012	40516	13505	57008	19003	696607
5					234900	109125	36375	56099	18700	40473	13491	682482
6						276340	92113	127781	42594	64410	21470	850836
7							197371	42594	14198	21470	7157	450279
8								284651	94884	131287	43762	919746
9									198295	43762	14587	473249
10										285690	95230	935157
11											198410	478386

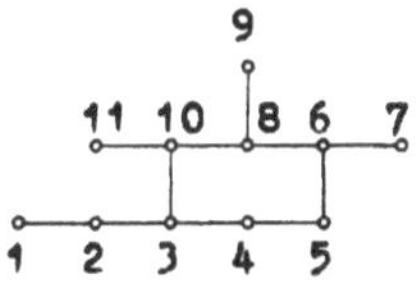

Tabelle 212 D = 34629 = 3.7.17.97

-K \ W	1	2	3	4	5	6	7	8	9	10	11	S
1	192050	76150	36400	16330	5443	7147	5111	8187	2729	16720	5573	371840
2		228450	109200	48991	16330	21442	15334	24560	8187	50160	16720	615524
3			291201	130642	43547	57178	40891	65494	21831	133761	44587	974732
4				277571	92524	109547	51070	43663	14554	65364	21788	872044
5					197508	36516	17023	14554	4851	21788	7263	457347
6						234948	95296	50940	16980	40544	13515	684053
7							234818	109157	36386	56268	18756	680110
8								276531	92177	128260	42753	856276
9									197392	42753	14251	452091
10										285758	95253	936629
11											198418	478877

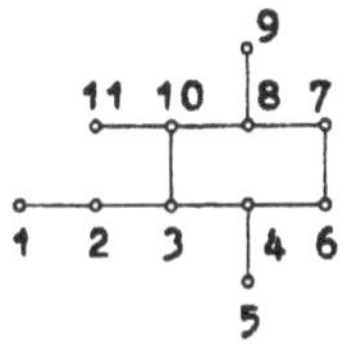

Tabelle 213

D = 34587 = $3^4.7.61$

-K \ W	1	2	3	4	5	6	7	8	9	10	11	S
1	195160	28493	85480	32787	12881	5855	1952	2732	1171	781	1171	368463
2		195160	85480	32787	12881	5855	1952	2732	1171	781	1171	368463
3			256440	98361	38642	17564	5855	8197	3513	2342	3513	605387
4				229508	90164	40984	13661	19126	8197	5464	8197	579236
5					231850	105386	35129	49180	21077	14052	21077	632319
6						275176	91725	128415	55035	36690	55035	817720
7							197242	42805	18345	12230	18345	439241
8								293260	125683	83789	125683	881602
9									244340	107338	77674	663544
10										238225	107338	609030
11											244340	663544

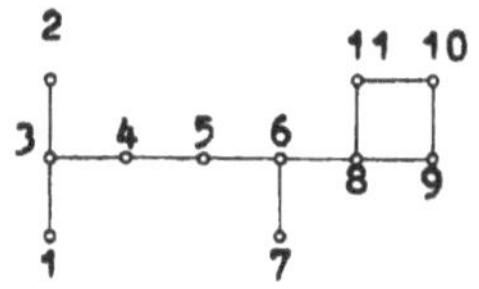

Tabelle 214

D = 34560 = $2^8.3^3.5$

-K \ W	1	2	3	4	5	6	7	8	9	10	11	S
1	195312	28646	85937	33854	15625	6510	3906	1302	1302	3906	6510	382810
2		195312	85937	33854	15625	6510	3906	1302	1302	3906	6510	382810
3			257812	101562	46875	19531	11719	3906	3906	11719	19531	648435
4				236979	109375	45573	27344	9115	9115	27344	45573	679688
5					281250	117187	70312	23437	23437	70312	117187	890622
6						244661	116797	38932	22266	66797	61328	746092
7							280078	93359	43359	130078	66797	847655
8								197786	14453	43359	22266	449217
9									197786	93359	38932	449217
10										280078	116797	847655
11											244661	746092

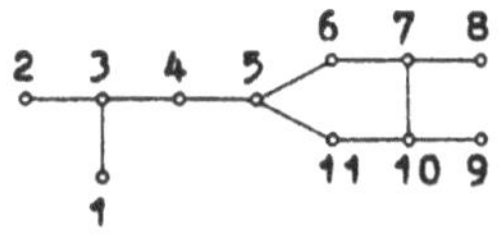

Tabelle 215

D = 34545 = $3.5.7^2.47$

-K \ W	1	2	3	4	5	6	7	8	9	10	11	S
1	196208	29541	88624	40122	13374	18367	7425	3908	4299	1433	7555	410856
2		196208	88624	40122	13374	18367	7425	3908	4299	1433	7555	410856
3			265871	120365	40122	55102	22275	11724	12896	4299	22666	732568
4				280851	93617	128571	51976	27356	30091	10030	52888	875989
5					197872	42857	17325	9119	10030	3343	17629	458662
6						287755	116327	61224	67347	22449	118367	936733
7							238515	99218	59140	19713	58489	697828
8								236431	110074	36691	57099	656752
9									271081	90360	112809	772426
10										196787	37603	424141
11											243726	736386

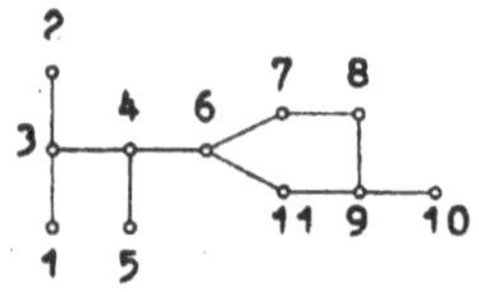

Tabelle 216

D = 34533 = $3^3.1279$

-K \ W	1	2	3	4	5	6	7	8	9	10	11	S
1	195335	28668	86005	34011	16028	6646	3909	1303	3779	7428	2476	385588
2		195335	86005	34011	16028	6646	3909	1303	3779	7428	2476	385588
3			258014	102033	48084	19937	11728	3909	11337	22283	7428	656763
4				238077	112197	46521	27365	9122	26453	51994	17331	699115
5					288507	119625	70367	23456	68022	133698	44566	940578
6						244722	114543	38181	60725	67631	22544	747721
7							273260	91087	114152	69195	23065	802580
8								197029	38051	23065	7688	434194
9									243680	116888	38963	725829
10										281470	93823	874903
11											197941	458301

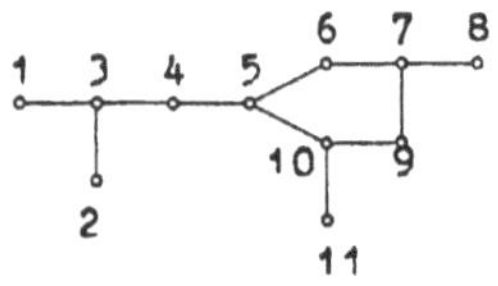

Tabelle 217 D = 34527 = 3.17.677

W / -K	1	2	3	4	5	6	7	8	9	10	11	S
1	191720	75159	33756	11252	14858	4953	5865	2737	1173	782	1173	343428
2		225476	101269	33756	44574	14858	17595	8211	3519	2346	3519	530282
3			270050	90017	118863	39621	46920	21896	9384	6256	9384	747416
4				196672	39621	13207	15640	7299	3128	2085	3128	415805
5					272396	90799	107525	50178	21505	14337	21505	796161
6						196933	35842	16726	7168	4779	7168	432054
7							239812	111912	47962	31975	47962	709010
8								285559	122382	81588	122382	830870
9									242926	106395	76259	641801
10										237597	106395	594535
11											242926	641801

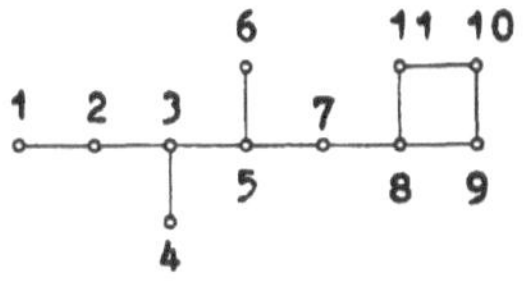

Tabelle 218 D = 34515 = 3^2.5.13.59

W / -K	1	2	3	4	5	6	7	8	9	10	11	S
1	245763	118644	50847	16949	16949	59322	59322	16949	16949	50847	118644	771185
2		285658	122425	40808	40808	115906	62060	10039	10039	30117	70274	906778
3			266754	88918	88918	49674	26597	4302	4302	12907	30117	745761
4				196306	29639	16558	8866	1434	1434	4302	10039	415253
5					196306	16558	8866	1434	1434	4302	10039	415253
6						238722	100261	8866	8866	26597	62060	703390
7							238722	16558	16558	49674	115906	703390
8								196306	29639	88918	40808	415253
9									196306	88918	40808	415253
10										266754	122425	745761
11											285658	906778

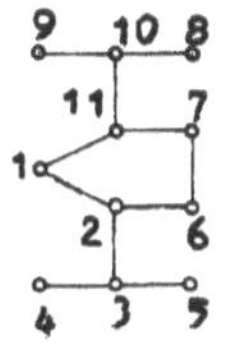

Tabelle 219 D = 34506 = 2.3^5.71

W / -K	1	2	3	4	5	6	7	8	9	10	11	S
1	196140	29473	88419	39645	14867	4956	15649	7303	3130	2087	3130	404799
2		196140	88419	39645	14867	4956	15649	7303	3130	2087	3130	404799
3			265258	118936	44601	14867	46948	21909	9390	6260	9390	714397
4				277517	104069	34690	109546	51122	21909	14606	21909	833594
5					226526	75509	41080	19171	8216	5477	8216	562599
6						191836	13693	6390	2739	1826	2739	354201
7							240610	112285	48122	32081	48122	723785
8								285733	122457	81638	122457	837768
9									242958	106416	76291	644758
10										237611	106416	596505
11											242958	644758

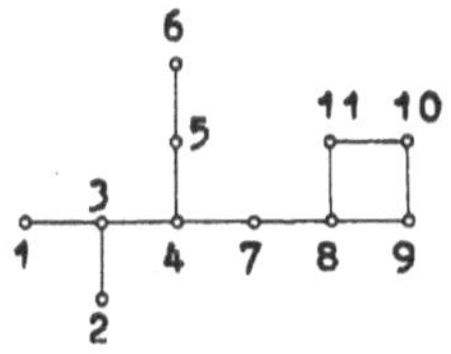

Tabelle 220 D = 34452 = 2^2.3^3.11.29

W / -K	1	2	3	4	5	6	7	8	9	10	11	S
1	191614	74843	32915	10972	12931	5878	1959	2743	1176	784	1176	336991
2		224530	98746	32915	38793	17633	5878	8229	3527	2351	3527	510972
3			263323	87774	103448	47022	15674	21944	9404	6270	9404	695924
4				195925	34483	15674	5225	7315	3135	2090	3135	398643
5					237069	107759	35920	50287	21552	14368	21552	678162
6						276254	92085	128918	55251	36834	55251	838559
7							197362	42973	18417	12278	18417	446188
8								293495	125784	83856	125784	891328
9									244383	107367	77717	667713
10										238245	107367	611810
11											244383	667713

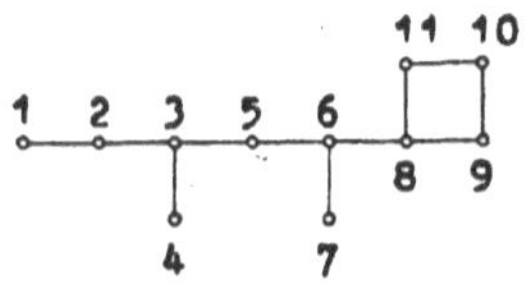

Tabelle 221 D = 34452 = $2^2.3^3.11.29$

W / -K	1	2	3	4	5	6	7	8	9	10	11	S
1	195141	28474	85423	32654	12539	4963	2351	1045	784	261	1045	364680
2		195141	85423	32654	12539	4963	2351	1045	784	261	1045	364680
3			256270	97962	37618	14890	7053	3135	2351	784	3135	594044
4				228579	87774	34744	16458	7315	5486	1829	7315	552770
5					225705	89342	42320	18809	14107	4702	18809	564264
6						233281	110502	49112	36834	12278	49112	640021
7							289185	128527	96395	32132	128527	855801
8								251567	126176	42059	84901	713691
9									282132	94044	126176	785269
10										198015	42059	428424
11											251567	713691

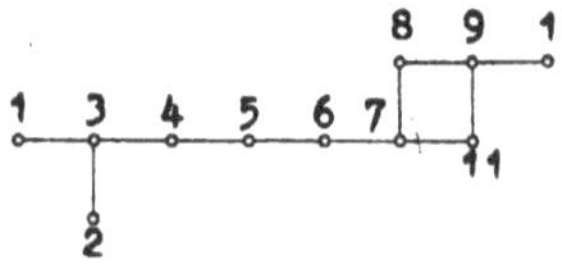

Tabelle 222 D = 34398 = $2.3^3.7^2.13$

W / -K	1	2	3	4	5	6	7	8	9	10	11	S
1	195317	28650	85950	33883	15699	5887	1962	7326	3140	2093	3140	383047
2		195317	85950	33883	15699	5887	1962	7326	3140	2093	3140	383047
3			257849	101648	47096	17661	5887	21978	9419	6279	9419	649136
4				237179	109890	41209	13736	51282	21978	14652	21978	681318
5					282575	105965	35322	131868	56515	37677	56515	894821
6						227237	75746	49451	21193	14129	21193	585558
7							191915	16484	7064	4710	7064	361852
8								294872	126374	84249	126374	917584
9									244636	107535	77970	678964
10										238357	107535	619309
11											244636	678964

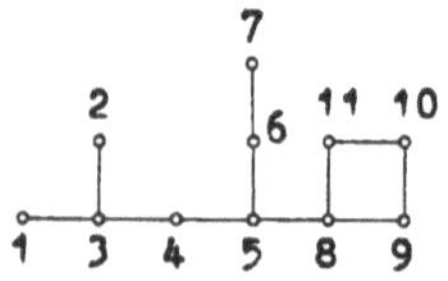

Tabelle 223 D = 34392 = $2^3.3.1433$

W / -K	1	2	3	4	5	6	7	8	9	10	11	S
1	195336	28669	86008	34020	16050	6542	3576	4187	1396	7589	2530	385903
2		195336	86008	34020	16050	6542	3576	4187	1396	7589	2530	385903
3			258025	102059	48151	19627	10729	12561	4187	22767	7589	657711
4				238137	112352	45796	25035	29309	9770	53123	17708	701329
5					288904	117760	64375	75366	25122	136602	45534	946266
6						239576	100968	63329	21110	67908	22636	711794
7							238529	114620	38207	67123	22374	689112
8								280530	93510	133461	44487	855547
9									197837	44487	14829	451851
10										288774	96258	925681
11											198753	475228

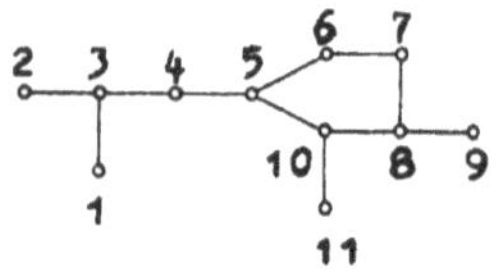

Tabelle 224 D = 34365 = 3.5.29.79

W / -K	1	2	3	4	5	6	7	8	9	10	11	S
1	195359	28692	86076	34177	16456	7595	2532	3797	3797	2532	7595	388608
2		195359	86076	34177	16456	7595	2532	3797	3797	2532	7595	388608
3			258228	102532	49367	22785	7595	11392	11392	7595	22785	665823
4				239241	115190	53165	17722	26582	26582	17722	53165	720255
5					296203	136709	45570	68354	68354	45570	136709	994938
6						281929	93976	115103	63378	25011	75033	882279
7							197992	38368	21126	8337	25011	460761
8								238586	100655	21126	63378	691138
9									238586	38368	115103	691138
10										197992	93976	460761
11											281929	882279

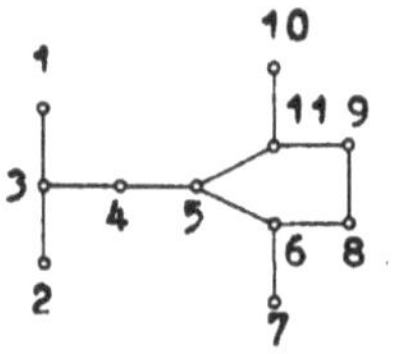

Tabelle 225 D = 34356 = $2^2.3.7.409$

-K \ W	1	2	3	4	5	6	7	8	9	10	11	S
1	196239	29573	88718	40342	13447	18861	7597	3929	4191	8645	2882	414424
2		196239	88718	40342	13447	18861	7597	3929	4191	8645	2882	414424
3			266154	121027	40342	56584	22791	11788	12574	25934	8645	743275
4				282396	94132	132029	53178	27506	29340	60513	20171	900976
5					198044	44010	17726	9169	9780	20171	6724	466992
6						295494	119019	61561	65665	135435	45145	992664
7							238910	97712	54226	64967	21656	705379
8								231575	97014	59466	19822	623471
9									236815	113430	37810	665036
10										280824	93608	817638
11											197869	457214

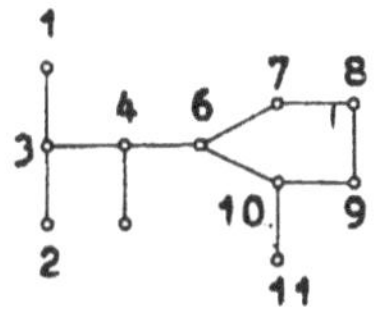

Tabelle 226 D = 34338 = 2.3.59.97

-K \ W	1	2	3	4	5	6	7	8	9	10	11	S
1	191595	74786	32763	10921	12581	4980	2359	1048	786	262	1048	333129
2		224358	98288	32763	37743	14940	7077	3145	2359	786	3145	499390
3			262100	87367	100647	39839	18871	8387	6290	2097	8387	665036
4				195789	33549	13280	6290	2796	2097	699	2796	388347
5					230648	91298	43247	19221	14416	4805	19221	607376
6						234056	110868	49275	36956	12319	49275	657086
7							289359	128604	96453	32151	128604	863883
8								251602	126201	42067	84935	717281
9									282151	94050	126201	787960
10										198017	42067	429320
11											251602	717281

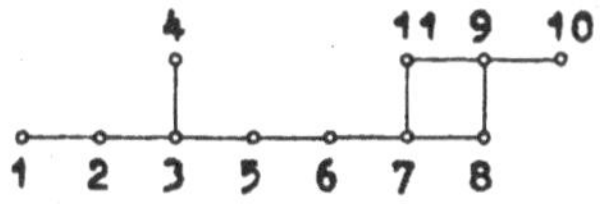

Tabelle 227 D = 34311 = 3.11437

-K \ W	1	2	3	4	5	6	7	8	9	10	11	S
1	195141	28475	85424	32657	12547	4984	2404	1049	743	1180	393	364997
2		195141	85424	32657	12547	4984	2404	1049	743	1180	393	364997
3			256273	97971	37641	14951	7213	3148	2230	3541	1180	594996
4				228600	87829	34887	16831	7345	5202	8263	2754	554996
5					225846	89709	43281	18886	13378	21247	7082	569992
6						234240	113010	49314	34930	55478	18493	654980
7							295751	129055	91414	145187	48396	894946
8								247224	112617	90627	30209	690523
9									246437	126694	42231	676619
10										289455	96485	839337
11											198828	446444

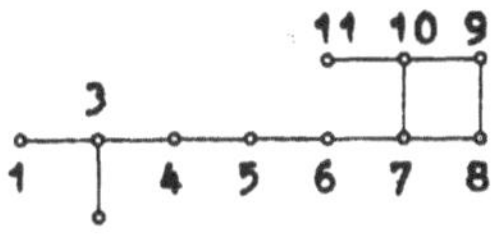

Tabelle 228 D = 34290 = $2.3^3.5.127$

-K \ W	1	2	3	4	5	6	7	8	9	10	11	S
1	191076	73228	28609	12598	4199	4987	2362	1050	787	262	1050	320208
2		219685	85827	37795	12598	14961	7087	3150	2362	787	3150	460630
3			228871	100787	33596	39895	18898	8399	6299	2100	8399	561680
4				264567	88189	104724	49606	22047	16535	5512	22047	724407
5					196063	34908	16535	7349	5512	1837	7349	408135
6						239370	113386	50394	37795	12598	50394	703412
7							290551	129134	96850	32283	129134	885826
8								251837	126378	42126	85171	727035
9									282283	94094	126378	795273
10										198032	42126	431757
11											251837	727035

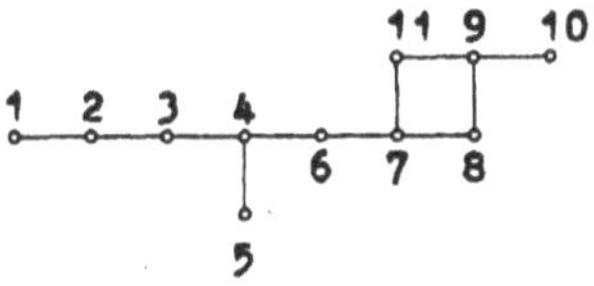

Tabelle 229

D = 34272 = $2^5 \cdot 3^2 \cdot 7 \cdot 17$

-K \ W	1	2	3	4	5	6	7	8	9	10	11	S
1	196516	29849	89548	42279	17069	8929	9716	20221	8666	2889	2889	428571
2		196516	89548	42279	17069	8929	9716	20221	8666	2889	2889	428571
3			268645	126838	51208	26786	29149	60662	25998	8666	8666	785714
4				295956	119485	62500	68015	141544	60662	20221	20221	1000000
5					239233	98214	55410	68015	29149	9716	9716	714284
6						232143	98214	62500	26786	8929	8929	642859
7							239233	119485	51208	17069	17069	714284
8								295956	126838	42279	42279	1000000
9									268645	89548	89548	785714
10										196516	29849	428571
11											196516	428571

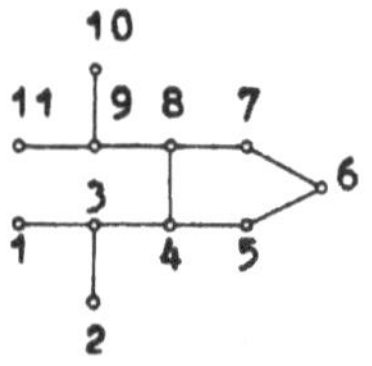

Tabelle 230

D = 34263 = $3^6 \cdot 47$

-K \ W	1	2	3	4	5	6	7	8	9	10	11	S
1	191095	73286	28763	13002	4334	5910	1970	2758	1182	788	1182	324270
2		219858	86288	39007	13002	17730	5910	8274	3546	2364	3546	472811
3			230102	104019	34673	47281	15760	22065	9456	6304	9456	594167
4				273050	91017	124113	41371	57920	24823	16548	24823	809693
5					197006	41371	13790	19307	8274	5516	8274	436564
6						283688	94563	132388	56738	37825	56738	898345
7							198188	44129	18913	12608	18913	466115
8								295114	126478	84318	126478	919229
9									244681	107565	78014	679670
10										238377	107565	619778
11											244681	679670

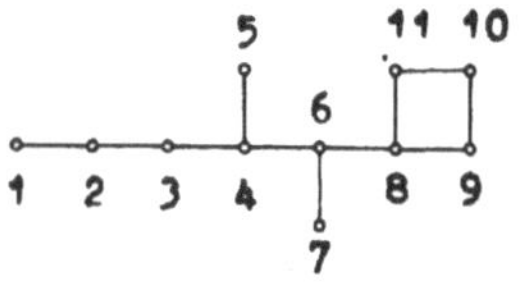

Tabelle 231

D = 34263 = $3^6 \cdot 47$

-K \ W	1	2	3	4	5	6	7	8	9	10	11	S
1	192015	76044	36118	16154	16154	12346	4728	1839	788	263	263	356712
2		228132	108353	48463	48463	37037	14184	5516	2364	788	788	570132
3			288941	129236	129236	98765	37825	14710	6304	2101	2101	853690
4				252955	86288	129630	49645	19307	8274	2758	2758	745468
5					252955	129630	49645	19307	8274	2758	2758	745468
6						290123	111111	43210	18519	6173	6173	882717
7							234043	91017	39007	13002	13002	657209
8								229840	98503	32834	32834	588917
9									256501	85500	85500	609534
10										195167	28500	369844
11											195167	369844

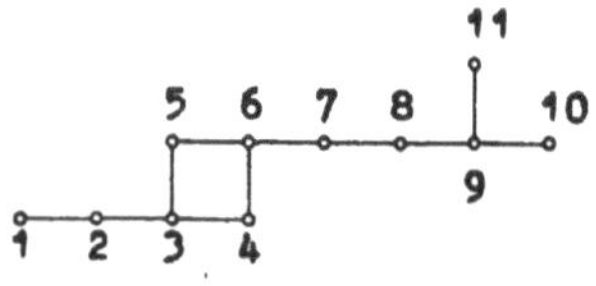

Tabelle 232

D = 34260 = $2^2 \cdot 3 \cdot 5 \cdot 571$

-K \ W	1	2	3	4	5	6	7	8	9	10	11	S
1	191769	75306	34151	11384	15762	6567	3940	1313	1313	3940	6567	352012
2		225919	102452	34151	47285	19702	11821	3940	3940	11821	19702	566039
3			273205	91068	126095	52539	31524	10508	10508	31524	52539	816113
4				197023	42032	17513	10508	3503	3503	10508	17513	438706
5					288967	120403	72242	24081	24081	72242	120403	953593
6						246001	117601	39200	22534	67601	62668	772329
7							280560	93520	43520	130560	67601	863397
8								197840	14507	43520	22543	454466
9									197840	93520	39200	454466
10										280560	117601	863397
11											246001	772329

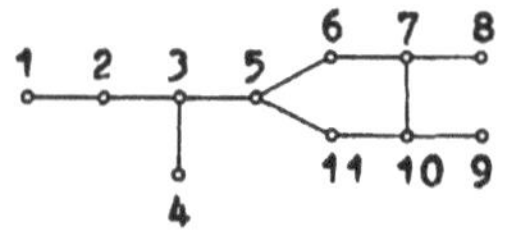

Tabelle 233 D = 34221 = 3.11.17.61

-K \ W	1	2	3	4	5	6	7	8	9	10	11	S
1	191987	75962	35899	15035	9205	3945	1315	1315	8635	16700	5567	365565
2		227886	107697	45104	27615	11835	3945	3945	25905	50101	16700	596695
3			287192	120277	73639	31560	10520	10520	69080	133602	44534	924520
4				246954	120584	51679	17226	17226	63119	68774	22925	788903
5					288113	123477	41159	41159	120277	72719	24240	942187
6						267204	89068	89068	51547	31165	10388	760936
7							196356	29689	17182	10388	3463	420311
8								196356	17182	10388	3463	420311
9									246165	118217	39406	776715
10										281932	93977	887963
11											197992	462655

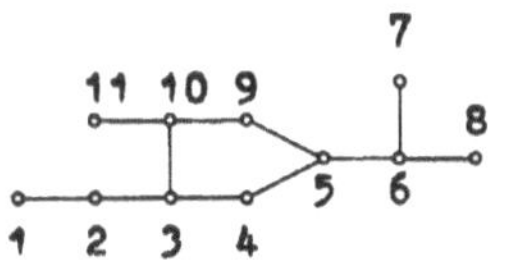

Tabelle 234 D = 34209 = 3^3.7.181

-K \ W	1	2	3	4	5	6	7	8	9	10	11	S
1	191792	75375	34333	11444	16180	6709	3946	1315	3815	7498	2499	354906
2		226125	102999	34333	48540	20126	11839	3946	11444	22494	7498	564719
3			274665	91555	129440	53670	31571	10524	30518	59984	19995	839254
4				197185	43147	17890	10524	3508	10173	19995	6665	446419
5					296632	122994	72349	24116	69938	137464	45821	1006621
6						246119	115364	38455	61519	69192	23064	775102
7							273744	91248	114619	70113	23371	818688
8								197083	38206	23371	7790	439562
9									244132	117776	39259	741399
10										283215	94405	905507
11											198135	468502

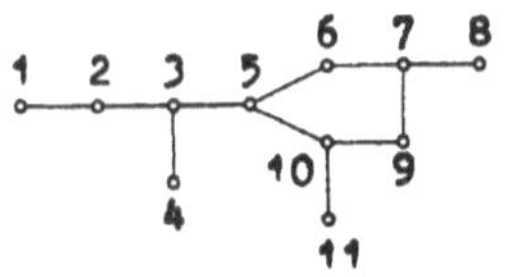

Tabelle 235 D = 34209 = 3^3.7.181

-K \ W	1	2	3	4	5	6	7	8	9	10	11	S
1	195343	28677	86030	34070	16180	7235	5525	2105	789	263	7235	383452
2		195343	86030	34070	16180	7235	5525	2105	789	263	7235	383452
3			258090	102210	48540	21705	16575	6314	2368	789	21705	650356
4				238490	113260	50645	38674	14733	5525	1842	50645	684164
5					291239	130229	99448	37885	14207	4736	130229	902133
6						253354	129834	49461	18548	6183	86688	761117
7							290055	110497	41436	13812	129834	881215
8								232570	87214	29071	49461	621416
9									220205	73402	18548	483031
10										191134	6183	327678
11											253354	761117

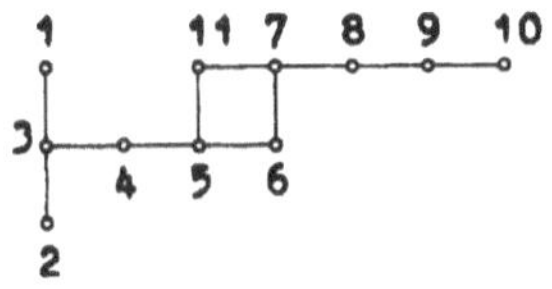

Tabelle 236 D = 34209 = 3^3.7.181

-K \ W	1	2	3	4	5	6	7	8	9	10	11	S
1	196396	29729	89187	41436	15785	5919	1973	19337	8287	5525	8287	421861
2		196396	89187	41436	15785	5919	1973	19337	8287	5525	8287	421861
3			267561	124309	47356	17758	5919	58011	24862	16575	24862	765587
4				290055	110497	41436	13812	135359	58011	38674	58011	953036
5					232570	87214	29071	51565	22099	14733	22099	648774
6						220205	73402	19337	8287	5525	8287	493289
7							191134	6446	2762	1842	2762	331096
8								296501	127072	84715	127072	944752
9									244936	107735	78269	690607
10										238490	107735	627074
11											244936	690607

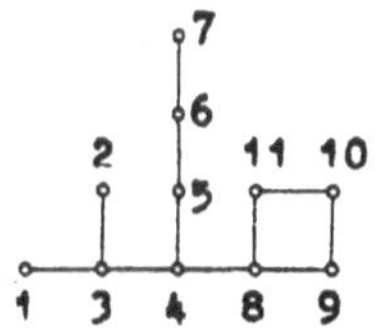

Tabelle 237

D = 34197 = 3.11399

-K \ W	1	2	3	4	5	6	7	8	9	10	11	S
1	191596	74787	32766	10922	12589	5000	2412	1053	746	1184	395	333450
2		224362	98298	32766	37766	15001	7237	3158	2237	3553	1184	500349
3			262128	87376	100711	40004	19300	8422	5965	9475	3158	667603
4				195792	33570	13335	6433	2807	1988	3158	1053	389200
5					230795	91675	44229	19300	13671	21712	7237	613255
6						235021	113387	49478	35047	55663	18554	672165
7							295932	129134	91470	145276	48425	903235
8								247259	112641	90666	30222	694140
9									246454	126722	42241	679182
10										289499	96500	843408
11											198833	447802

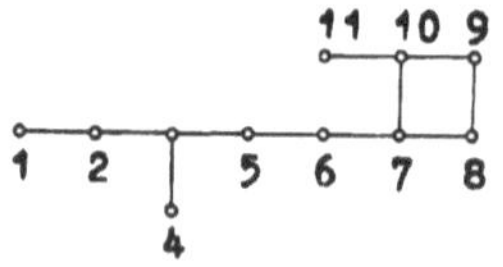

Tabelle 238

D = 34194 = 2.3.41.139

-K \ W	1	2	3	4	5	6	7	8	9	10	11	S
1	196511	29844	89533	42244	17591	10528	3948	1316	10046	19609	6536	427706
2		196511	89533	42244	17591	10528	3948	1316	10046	19609	6536	427706
3			268600	126733	52772	31584	11844	3948	30137	58826	19609	783119
4				295710	123136	73697	27636	9212	70319	137261	45754	993946
5					247017	117915	44218	14739	62511	69617	23206	790313
6						280049	105018	35006	117214	71592	23864	876995
7							226882	75627	43955	26847	8949	578872
8								191876	14652	8949	2983	359624
9									245175	118310	39437	761802
10										283339	94446	908405
11											198149	469469

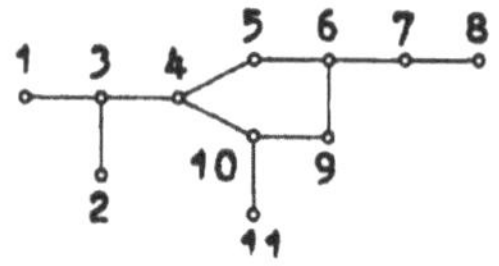

Tabelle 239

D = 34176 = 2^7.3.89

-K \ W	1	2	3	4	5	6	7	8	9	10	11	S
1	191713	75140	33708	12640	4213	13343	6320	2809	2809	2107	702	345504
2		225421	101124	37921	12640	40028	18961	8427	8427	6320	2107	536516
3			269663	101124	33708	106742	50562	22472	22472	16854	5618	764047
4				225421	75140	40028	18961	8427	8427	6320	2107	536516
5					191713	13343	6320	2809	2809	2107	702	345504
6						240169	113764	50562	50562	37921	12640	719102
7							290730	129213	129213	96910	32303	893257
8								251873	85206	126404	42135	730337
9									251873	126404	42135	730337
10										282303	94101	797751
11											198034	432584

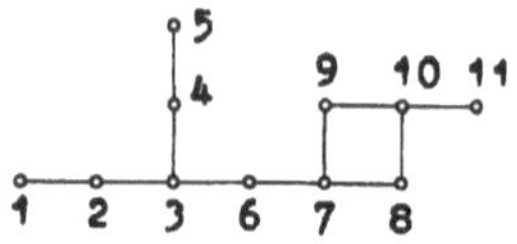

Tabelle 240

D = 34167 = 3.7.1627

-K \ W	1	2	3	4	5	6	7	9	9	10	11	S
1	196535	29868	89604	42409	17605	10405	3468	10141	20019	7507	2502	430063
2		196535	89604	42409	17605	10405	3468	10141	20019	7507	2502	430063
3			268812	127228	52814	31214	10405	30424	60058	22522	7507	790192
4				296865	123233	72833	24278	70990	140135	52551	17517	1010448
5					246290	115638	38546	62077	70594	26473	8824	779699
6						274080	91360	115243	71648	26868	8956	828650
7							197120	38414	23883	8956	2985	442883
8								245237	120467	45175	15059	763368
9									289753	108657	36219	961452
10										228247	76082	610545
11											192027	370180

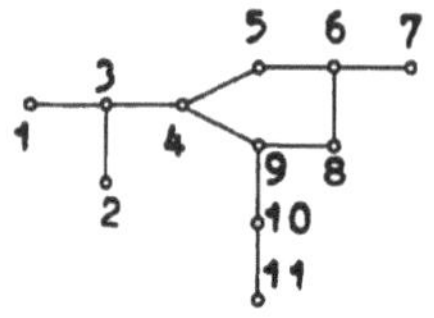

Tabelle 241 $D = 34146 = 2.3^2.7.271$

-K \ W	1	2	3	4	5	6	7	8	9	10	11	S
1	198867	96600	42304	30311	48629	18977	8303	2768	3163	1186	395	451503
2		289800	126911	90933	145888	56932	24908	8303	9489	3558	1186	854508
3			246574	112810	91856	35846	15683	5228	5974	2240	747	686173
4				247496	129678	50606	22140	7380	8434	3163	1054	704005
5					297180	115973	50738	16913	19329	7248	2416	925848
6						240380	105166	35055	40063	15024	5008	719030
7							264760	88253	100861	37823	12608	731243
8								196084	33620	12608	4203	410415
9									228899	85837	28612	561281
10										219689	73230	461606
11											191077	320536

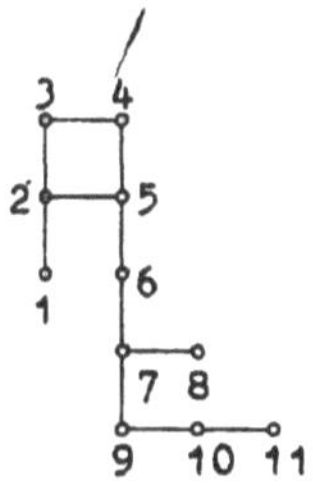

Tabelle 242 $D = 34128 = 2^4.3^3.79$

-K \ W	1	2	3	4	5	6	7	8	9	10	11	S
1	191851	75554	34810	13054	4351	15823	5274	7384	3165	2110	3165	356541
2		226661	104430	39161	13054	47468	15823	22152	9494	6329	9494	569620
3			278481	104430	34810	126582	42194	59072	25316	16878	25316	852319
4				226661	75554	47468	15823	22152	9494	6329	9494	569620
5					191851	15823	5274	7384	3165	2110	3165	356541
6						284810	94937	132911	56962	37975	56962	917721
7							198312	44304	18987	12658	18987	472573
8								295359	126582	84388	126582	928270
9									244726	107595	78059	683545
10										238397	107595	622364
11											244726	683545

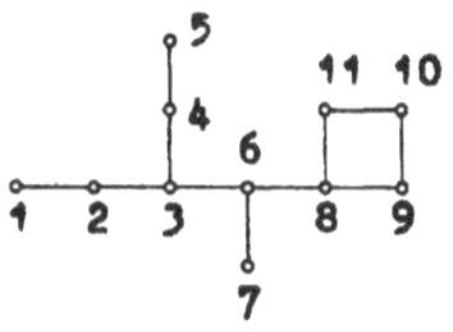

Tabelle 243 $D = 34122 = 2.3.11^2.47$

-K \ W	1	2	3	4	5	6	7	8	9	10	11	S
1	191621	74864	32970	10990	13056	6198	2769	2110	791	264	2769	338402
2		224591	98910	32970	39168	18595	8308	6330	2374	791	8308	515209
3			263759	87920	104449	49587	22156	16881	6330	2110	22156	707228
4				195973	34816	16529	7385	5627	2110	703	7385	402408
5					239362	113636	50774	38685	14507	4836	50774	704063
6						291322	130165	99174	37190	12397	130165	904958
7							253194	129418	48532	16177	86528	755406
8								289080	108405	36135	129418	861263
9									228152	76051	48532	572974
10										192017	16177	357658
11											253194	755406

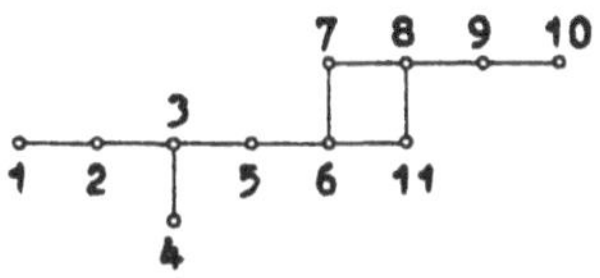

Tabelle 244 $D = 34101 = 3^4.421$

-K \ W	1	2	3	4	5	6	7	8	9	10	11	S
1	195170	28504	85511	32858	13064	6334	2771	1979	3167	1188	396	370942
2		195170	85511	32858	13064	6334	2771	1979	3167	1188	396	370942
3			256532	98575	39192	19002	8314	5938	9501	3563	1188	612827
4				230008	91449	44339	19398	13856	22169	8314	2771	596595
5					235154	114014	49881	35629	57007	21378	7126	676958
6						297704	130245	93032	148852	55819	18606	934281
7							247955	113618	92901	34838	11613	714305
8								247823	129850	48694	16231	708629
9									296648	111243	37081	911586
10										229216	76405	591846
11											192135	363948

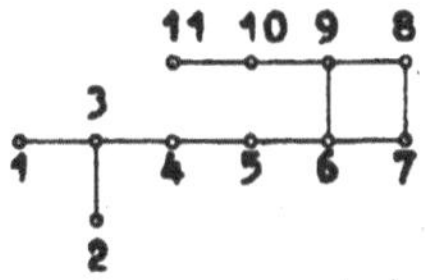

Tabelle 245

D = 34095 = 3.5.2273

-K \ W	1	2	3	4	5	6	7	8	9	10	11	S
1	191773	75319	34184	11395	15838	5939	1980	7391	3168	2112	3168	352267
2		225957	102552	34184	47514	17818	5939	22173	9503	6335	9503	556794
3			273471	91157	126705	47514	15838	59129	25341	16894	25341	818126
4				197052	42235	15838	5279	19710	8447	5631	8447	439375
5					290365	108887	36296	135504	58073	38715	58073	958205
6						228333	76111	50814	21777	14518	21777	609326
7							192037	16938	7259	4839	7259	369775
8								296568	127101	84734	127101	947163
9									244948	107743	78281	691641
10										238495	107743	627759
11											244948	691641

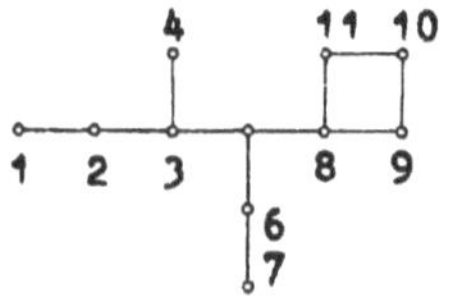

Tabelle 246

D = 34068 = 2^2.3.17.167

-K \ W	1	2	3	4	5	6	7	8	9	10	11	S
1	191000	73001	28003	11007	5019	1673	2378	1057	1057	793	264	315252
2		219003	84008	33022	15058	5019	7133	3170	3170	2378	793	445755
3			224023	88059	40155	13385	19021	8454	8454	6340	2113	522015
4				231155	105407	35136	49930	22191	22191	16643	5548	620289
5					276066	92022	130768	58119	58119	43589	14530	838852
6						197341	43589	19373	19373	14530	4843	446284
7							298785	132793	132793	99595	33198	949983
8								253464	86797	127598	42533	755549
9									253464	127598	42533	755549
10										283198	94399	816661
11											198133	438887

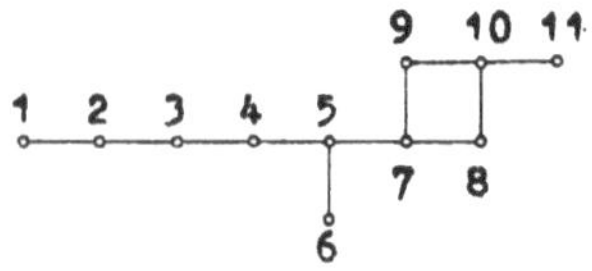

Tabelle 247

D = 34068 = 2^2.3.17.167

-K \ W	1	2	3	4	5	6	7	8	9	10	11	S
1	191793	75379	34343	11448	16203	6604	3610	4227	1409	7661	2554	355231
2		226136	103029	34343	48607	19813	10831	12681	4227	22983	7661	565690
3			274745	91582	129623	52836	28883	33815	11272	61289	20430	841847
4				197194	43208	17612	9628	11272	3757	20430	6810	447284
5					297053	121081	66191	77492	25831	140454	46818	1012561
6						240930	101708	64195	21398	69479	23160	738816
7							238934	115093	38364	67982	22661	703885
8								281085	93695	134466	44822	872843
9									197898	44822	14941	457614
10										290595	96865	957026
11											198955	485677

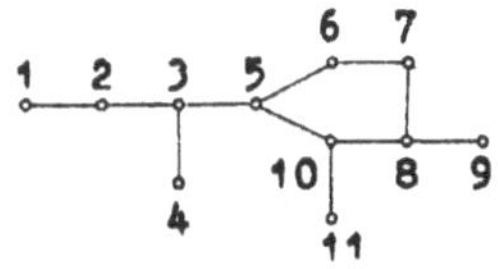

Tabelle 248

D = 34041 = 3.7.1621

-K \ W	1	2	3	4	5	6	7	8	9	10	11	S
1	195367	28701	86102	34238	16612	7271	5200	8328	3173	1190	397	386579
2		195367	86102	34238	16612	7271	5200	8328	3173	1190	397	386579
3			258306	102714	49837	21812	15599	24985	9518	3569	1190	659734
4				239667	116286	50895	36397	58297	22209	8328	2776	706045
5					299022	130872	93593	149907	57109	21415	7138	958403
6						248259	113907	93461	35604	13352	4451	727155
7							248127	130475	49705	18639	6213	723055
8								297964	113510	42566	14189	942010
9									233718	87644	29215	644578
10										220367	73456	491716
11											191152	330574

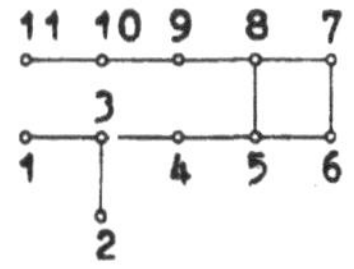

Tabelle 249 D = 34032 = $2^4 \cdot 3 \cdot 709$

-K \ W	1	2	3	4	5	6	7	8	9	10	11	S
1	196521	29854	89563	42313	17278	9520	11283	4231	1410	20099	6700	428772
2		196521	89563	42313	17278	9520	11283	4231	1410	20099	6700	428772
3			268689	126939	51834	28561	33850	12694	4231	60296	20099	786319
4				296192	120945	66643	78984	29619	9873	140691	46897	1001409
5					241053	102213	65585	24595	8198	69949	23316	742244
6						239995	117772	44164	14721	69156	23052	725317
7							287729	107898	35966	137518	45839	933707
8								227962	75987	51569	17190	600140
9									191996	17190	5730	366714
10										291828	97276	975671
11											199092	491891

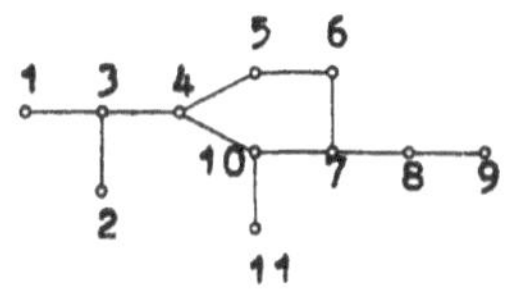

Tabelle 250 D = 34032 = $2^4 \cdot 3 \cdot 709$

-K \ W	1	2	3	4	5	6	7	8	9	10	11	S
1	191717	75150	33733	12650	4217	13399	6465	2821	1998	3173	1058	346381
2		225450	101199	37950	12650	40197	19394	8463	5994	9520	3173	539140
3			269864	101199	33733	107193	51716	22567	15985	25388	8463	771040
4				225450	75150	40197	19394	8463	5994	9520	3173	539140
5					191717	13399	6465	2821	1998	3173	1058	346381
6						241185	116361	50776	35966	57123	19041	734837
7							297367	129760	91913	145980	48660	933475
8								247532	112835	90973	30324	707335
9									246591	126939	42313	688526
10										289845	96015	858249
11											198872	452750

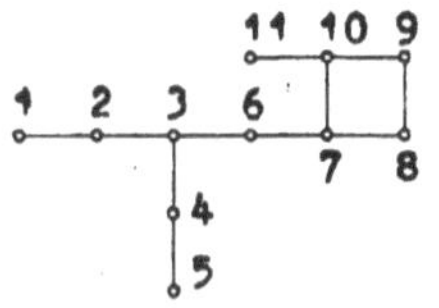

Tabelle 251 D = 34020 = $2^2 \cdot 3^5 \cdot 5 \cdot 7$

-K \ W	1	2	3	4	5	6	7	8	9	10	11	S
1	191005	73016	28042	11111	5291	2381	2381	1852	794	265	265	316403
2		219048	84127	33333	15873	7143	7143	5556	2381	794	794	449208
3			224339	88889	42328	19048	19048	14815	6349	2116	2116	531217
4				233333	111111	50000	50000	38889	16667	5556	5556	644445
5					291005	130952	130952	101852	43651	14550	14550	902115
6						254762	88095	133333	57143	19048	19048	780953
7							254762	133333	57143	19048	19048	780953
8								298148	127778	42593	42593	940742
9									269048	89683	89683	760320
10										196561	29894	420108
11											196561	420108

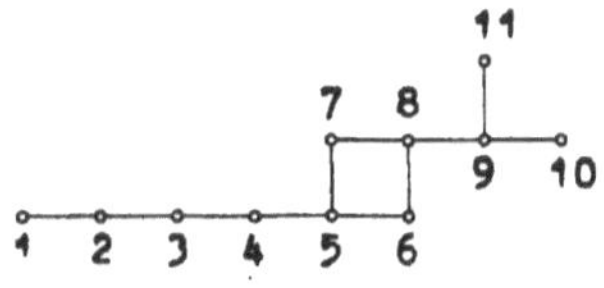

Tabelle 252 D = 34017 = 3.17.23.29

-K \ W	1	2	3	4	5	6	7	8	9	10	11	S
1	191816	75448	34527	11509	16624	7673	2558	3836	3836	2558	7673	358058
2		226343	103581	34527	49872	23018	7673	11509	11509	7673	23018	574171
3			276215	92072	132992	61381	20460	30691	30691	20460	61381	864451
4				197357	44331	20460	6820	10230	10230	6820	20460	454816
5					304774	140665	46888	70332	70332	46888	140665	1064363
6						283755	94585	116016	64291	25620	76859	914323
7							198195	38672	21430	8540	25620	471441
8								239042	101111	21430	64291	707160
9									239042	38672	116016	707160
10										198195	94585	471441
11											283755	914323

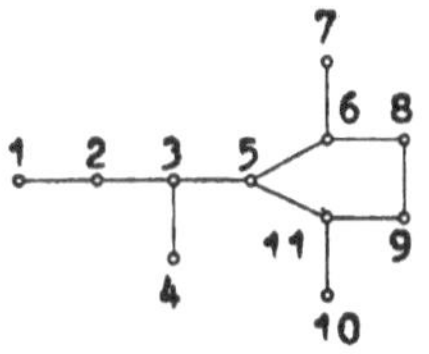

Tabelle 253

D = 34005 = 3.5.2267

-K \ W	1	2	3	4	5	6	7	8	9	10	11	S
1	196545	29878	89634	42479	17336	9528	11248	3749	20468	7675	2558	431098
2		196545	89634	42479	17336	9528	11248	3749	20468	7675	2558	431098
3			268902	127437	52007	28584	33745	11248	61403	23026	7675	793295
4				297353	121350	66696	78738	26246	143273	53727	17909	1017687
5					241112	101985	64843	21614	70931	26599	8866	743979
6						239259	115792	38597	69519	26070	8690	714248
7							282532	94177	137627	51610	17203	898763
8								198059	45876	17203	5734	466252
9									297486	111557	37186	1015794
10										229334	76445	630921
11											192148	376972

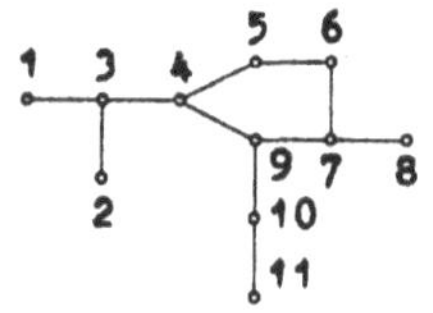

Tabelle 254

D = 33978 = 2.3.7.809

-K \ W	1	2	3	4	5	6	7	8	9	10	11	S
1	196701	30034	90102	43572	20131	6710	10109	10198	20484	7681	2560	438282
2		196701	90102	43572	20131	6710	10109	10198	20484	7681	2560	438282
3			270307	130717	60392	20131	30328	30593	61452	23044	7681	814849
4				305006	140915	46972	70766	71384	143387	53770	17923	1067984
5					283948	94649	116281	64895	78404	29401	9800	918947
6						198216	38760	21632	26135	9800	3267	472982
7							239317	101669	65690	24634	8211	715874
8								240111	118665	44499	14833	728677
9									290305	108865	36288	970159
10										228324	76108	613807
11											192036	371267

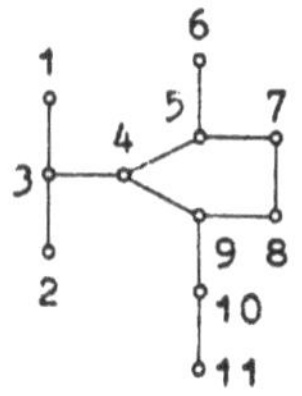

Tabelle 255

D = 33957 = $3^2.7^3.11$

-K \ W	1	2	3	4	5	6	7	8	9	10	11	S
1	191615	74874	32998	10999	13120	6361	2783	1988	3180	1193	398	339509
2		224622	98993	32998	39359	19083	8349	5963	9541	3578	1193	518553
3			263981	87994	104956	50888	22263	15902	25444	9541	3180	716140
4				195998	34985	16963	7421	5301	8481	3180	1060	405380
5					240525	116618	51020	36443	58309	21866	7289	724490
6						298966	130798	93427	149483	56056	18685	957328
7							248196	113791	93177	34941	11647	724386
8								247946	130047	48768	16256	715832
9									296964	111361	37120	923107
10										229261	76420	596165
11											192140	365388

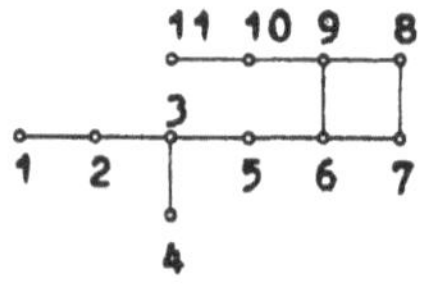

Tabelle 256

D = 33906 = 2.3.5651

-K \ W	1	2	3	4	5	6	7	8	9	10	11	S
1	191117	73350	28933	13449	5043	1681	6371	2831	2124	708	2831	328438
2		220050	86799	40347	15130	5043	19112	8494	6371	2124	8494	485314
3			231463	107592	40347	13449	50964	22651	16988	5663	22651	627500
4				282428	105910	35303	133782	59459	44594	14865	59459	897188
5					227216	75739	50168	22297	16723	5574	22297	586444
6						191913	16723	7432	5574	1858	7432	362147
7							300212	133428	100071	33357	133428	977616
8								253746	127809	42603	87079	767829
9									283357	94452	127809	825872
10										198151	42603	441958
11											253746	767829

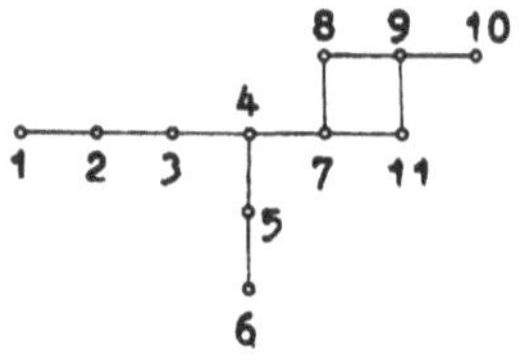

Tabelle 257

D = 33903 = $3^2 \cdot 3767$

-K \ W	1	2	3	4	5	6	7	8	9	10	11	S
1	191001	73002	28006	11017	5044	1681	2433	1062	752	1195	398	315591
2		219007	84019	33050	15131	5044	7300	3186	2256	3584	1195	446774
3			224051	88134	40350	13450	19467	8495	6017	9557	3186	524732
4				231351	105920	35307	51102	22300	15795	25086	8362	627424
5					277409	92470	133838	58402	41368	65702	21901	857535
6						197490	44613	19467	13789	21901	7300	452512
7							305799	133440	94520	150119	50040	992671
8								249137	113972	92779	30926	733166
9									247397	128219	42740	706825
10										291877	97292	887311
11											199097	462437

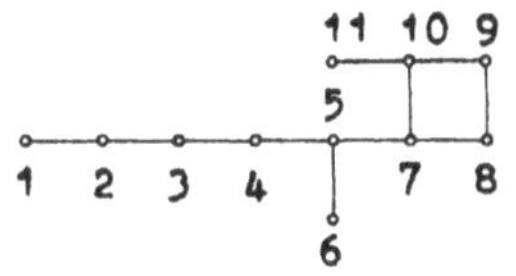

Tabelle 258

D = 33900 = $2^2 \cdot 3 \cdot 5^2 \cdot 113$

-K \ W	1	2	3	4	5	6	7	8	9	10	11	S
1	191136	73407	29086	13850	5826	3628	1209	3850	1283	6637	2212	332124
2		220221	87257	41549	17478	10885	3628	11549	3850	19912	6637	496373
3			232684	110796	46608	29027	9676	30796	10265	53097	17699	656991
4				290841	122345	76195	25398	80841	26947	139381	46460	974603
5					247419	119912	39970	72345	24115	73009	24336	793363
6						283540	94513	136195	45398	79646	26549	905488
7							198171	45398	15133	26549	8850	468495
8								290841	96947	139381	46460	954603
9									198982	46460	15487	484867
10										292035	97345	973452
11											199115	491150

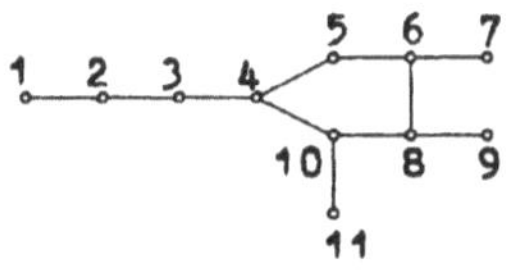

Tabelle 259

D = 33885 = $3^3 \cdot 5 \cdot 251$

-K \ W	1	2	3	4	5	6	7	8	9	10	11	S
1	191102	73307	28818	13147	4382	6242	2789	2789	2125	797	266	325764
2		219920	86454	39442	13147	18725	8367	8367	6375	2390	797	477291
3			230544	105179	35060	49934	22311	22311	16999	6375	2125	606110
4				276096	92032	131076	58566	58566	44622	16733	5578	841037
5					197344	43692	19522	19522	14874	5578	1859	447012
6						299602	133865	133865	101992	38247	12749	969989
7							254847	88180	130677	49004	16335	784463
8								252847	130677	49004	16335	784463
9									290040	108765	36255	883401
10										228287	76096	581276
11											192032	360427

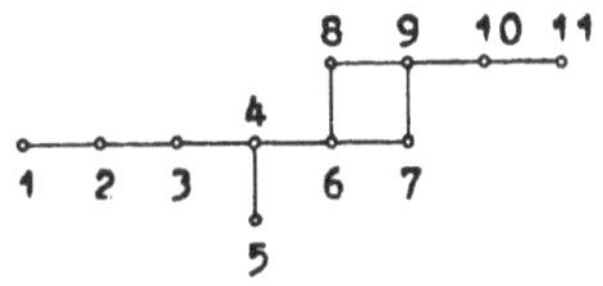

Tabelle 260

D = 33879 = 3.23.491

-K \ W	1	2	3	4	5	6	7	8	9	10	11	S
1	191800	75401	34402	11467	16338	7305	7305	5579	2125	797	266	352785
2		226202	103206	34402	49013	21916	21916	16736	6376	2391	797	588356
3			275215	91738	130700	58443	58443	44629	17002	6376	2125	822279
4				197246	43567	19481	19481	14876	5667	2125	708	440758
5					299522	133933	133933	102276	38962	14610	4870	967724
6						255010	88344	131099	49942	18728	6243	790444
7							255010	131099	49942	18728	6243	790444
8								291021	110865	41574	13858	903612
9									232711	87266	29089	629947
10										220225	73408	486228
11											191136	328743

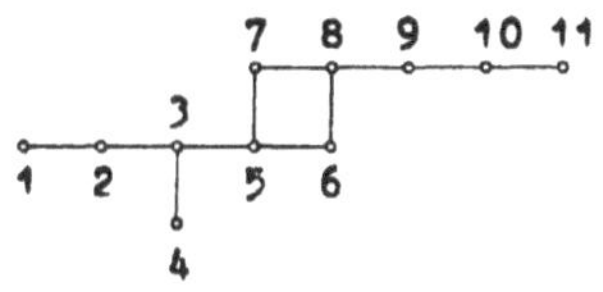

Tabelle 261

$D = 33876 = 2^2.3^2.941$

W / -K	1	2	3	4	5	6	7	8	9	10	11	S
1	191153	73459	29224	14214	6642	2214	3498	3852	1284	6775	2258	334753
2		220377	87673	42641	19926	6642	10494	11557	3852	20324	6775	503720
3			233794	113709	53135	17712	27984	30818	10273	54198	18066	676586
4				298486	139479	46493	73459	80897	26966	142269	47423	1026036
5					284803	94934	119996	75186	25062	80499	26833	926495
6						198311	39999	25062	8354	26833	8944	475498
7							246531	119598	39866	72396	24132	777953
8								283608	94536	136690	45563	907367
9									198179	45563	15188	469123
10										292109	97370	975026
11											199123	491675

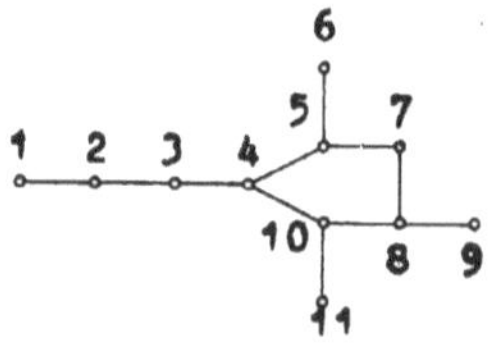

Tabelle 262

$D = 33831 = 3^3.7.179$

W / -K	1	2	3	4	5	6	7	8	9	10	11	S
1	196728	30061	90184	43762	19154	13700	21947	8380	3192	1197	399	428704
2		196728	90184	43762	19154	13700	21947	8380	3192	1197	399	428704
3			270551	131285	57462	41101	65842	25140	9577	3591	1197	786114
4				306331	134078	95903	153631	58659	22346	8380	2793	1000930
5					249667	114924	95105	36313	13833	5188	1729	746607
6						248869	131684	50279	19154	7183	2394	738891
7							299948	114525	43629	16361	5454	970073
8								234637	89385	33520	11173	670391
9									224528	84198	28066	541100
10										219074	73025	425917
11											191008	317637

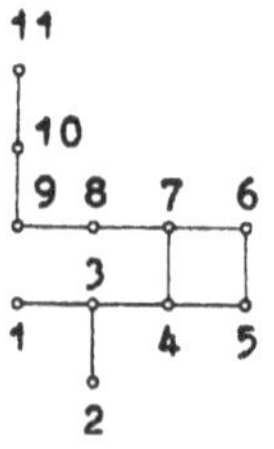

Tabelle 263

$D = 33744 = 2^4.3.19.37$

W / -K	1	2	3	4	5	6	7	8	9	10	11	S
1	191901	75702	35206	13202	4401	16714	7468	7468	5690	2134	711	360597
2		227107	105619	39607	13202	50142	22404	22404	17070	6401	2134	581792
3			281650	105619	35206	133713	59744	59744	45519	17070	5690	884780
4				227107	75702	50142	22404	22404	17070	6401	2134	581792
5					191901	16714	7468	7468	5690	2134	711	360597
6						300853	134424	134424	102418	38407	12802	990753
7							255097	88431	130868	49075	16358	793741
8								255097	130868	49075	16358	793741
9									290185	108619	36273	890470
10										228307	76102	583925
11											192034	361307

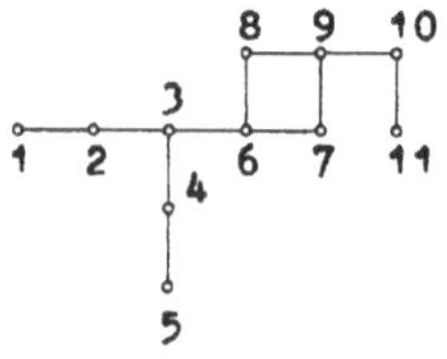

Tabelle 264

$D = 33741 = 3^2.23.163$

W / -K	1	2	3	4	5	6	7	8	9	10	11	S
1	199149	97448	46472	17427	5809	24540	3393	10180	27148	46724	15575	493865
2		292345	139415	52281	17427	73620	10180	30541	81444	140171	46724	981596
3			290329	108873	36291	122699	9721	29163	77769	81444	27148	969324
4				228328	76109	46012	3645	10936	29163	30541	10180	613495
5					192036	15337	1215	3645	9721	10180	3393	371163
6						248466	15337	46012	122699	73620	24540	812882
7							192036	76109	36291	17427	5809	371163
8								228392	108873	52281	17427	613495
9									290329	139415	46472	969324
10										292345	97448	981596
11											199149	493865

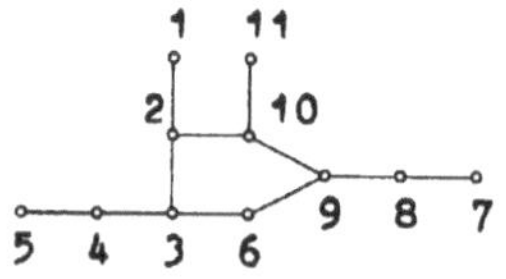

Tabelle 265 D = 33738 = 2.3.5623

-K \ W	1	2	3	4	5	6	7	8	9	10	11	S
1	191120	73359	28958	13516	5068	1689	6521	2845	2016	3201	1067	329360
2		220078	86875	40548	15205	5068	19563	8536	6047	9603	3201	488083
3			231668	108127	40548	13516	52167	22764	16124	25609	8536	634892
4				283834	106438	35479	136938	59755	42326	67224	22408	916593
5					227414	75805	51352	22408	15872	25209	8403	593722
6						191935	17117	7469	5291	8403	2801	364573
7							307294	134092	94982	150854	50285	1021165
8								249422	114174	93100	31033	745498
9									247540	128446	42815	715633
10										292237	97412	901298
11											199137	467098

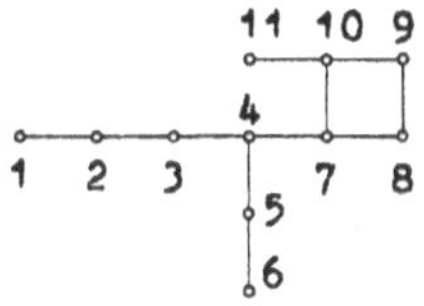

Tabelle 266 D = 33720 = $2^3.3.5.281$

-K \ W	1	2	3	4	5	6	7	8	9	10	11	S
1	198339	95018	40214	25623	9609	3203	27046	9015	46501	17438	5813	477819
2		285053	120641	76868	28826	9609	81139	27046	139502	52313	17438	933453
3			247687	122420	45907	15302	73665	24555	74021	27758	9253	801423
4				290391	108897	36299	139858	46619	82562	30961	10320	970818
5					228336	76112	52447	17482	30961	11610	3870	614057
6						192037	17482	5827	10320	3870	1290	371351
7							293461	97820	142705	53514	17838	996975
8								199273	47568	17838	5946	498989
9									297983	111744	37248	1021115
10										229404	76468	632918
11											192156	377640

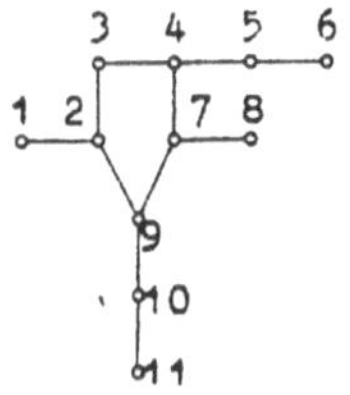

Tabelle 267 D = 33717 = 3.11239

-K \ W	1	2	3	4	5	6	7	8	9	10	11	S
1	192054	76163	36436	15348	9609	3203	10277	3426	17795	6673	2224	373208
2		228490	109307	46045	28828	9609	30830	10277	53385	20020	6673	619627
3			291485	122787	76875	25625	82214	27405	142361	53386	17795	985676
4				247694	120295	40098	73094	24365	74621	27983	9328	801658
5					284011	94670	137067	45689	81502	30563	10188	919297
6						198223	45689	15230	27167	10188	3396	473098
7							292419	97473	142717	53519	17840	983139
8								199158	47572	17840	5947	494382
9									299078	112154	37385	1035737
10										229558	76519	638403
11											192173	379468

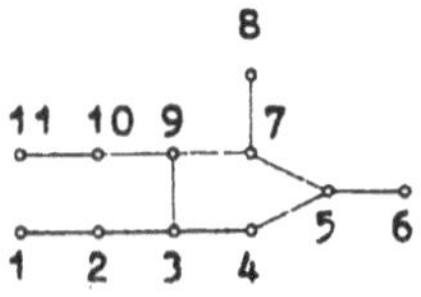

Tabelle 268 D = 33696 = $2^5.3^4.13$

-K \ W	1	2	3	4	5	6	7	8	9	10	11	S
1	192174	76522	37393	17495	5832	9259	3428	10283	18162	6811	2270	379629
2		229567	112179	52484	17495	27778	10283	30849	54487	20433	6811	638888
3			299145	139957	46652	74074	27422	82265	145299	54487	18162	1037035
4				285123	95041	120370	25329	75988	82265	30849	10283	935184
5					198347	40123	8443	25329	27422	10283	3428	478395
6						246914	40123	120370	74074	27778	9259	790122
7							198347	95041	46652	17495	5832	478395
8								285123	139957	52484	17495	935184
9									299145	112179	37393	1037035
10										229567	76522	638888
11											192174	379629

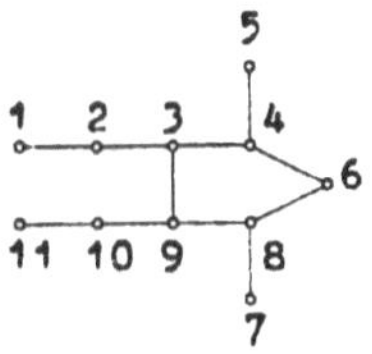

Tabelle 269

D = 33696 = $2^5.3^4.13$

-K \ W	1	2	3	4	5	6	7	8	9	10	11	S
1	191106	73317	28846	13221	4407	6410	2804	2003	3205	1202	401	326922
2		219952	86538	39663	13221	19231	8413	6010	9615	3606	1202	480768
3			230769	105769	35256	51282	22436	16026	25641	9615	3205	615383
4				277644	92548	134615	58894	42067	67308	25240	8413	865382
5					197516	44872	19631	14022	22436	8413	2804	455126
6						307692	124615	96154	153846	57692	19231	1025640
7							249866	114984	95085	35657	11886	754271
8								248798	131410	49279	16426	737179
9									299145	112179	37393	957263
10										229567	76522	608972
11											192174	369657

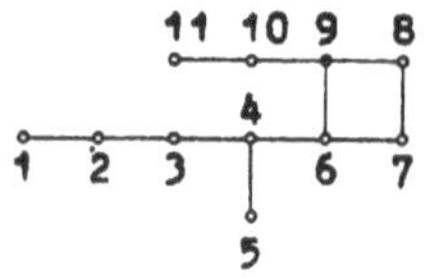

Tabelle 270

D = 33687 = $3^2.19.197$

-K \ W	1	2	3	4	5	6	7	8	9	10	11	S
1	191824	75474	34598	11533	16787	7347	5254	8416	3206	1202	401	356042
2		226423	103794	34598	50361	22041	15763	25247	9618	3607	1202	568128
3			276783	92261	134295	58776	42034	67326	25648	9618	3206	848339
4				197420	44765	19592	14011	22442	8549	3206	1069	449446
5					307760	134696	96328	154288	58776	22041	7347	1027444
6						249933	115104	95378	36334	13625	4542	757368
7							248983	131846	50227	18835	6278	744663
8								300160	114346	42880	14293	976622
9									234037	87764	29255	657760
10										220411	73470	496659
11											191157	332220

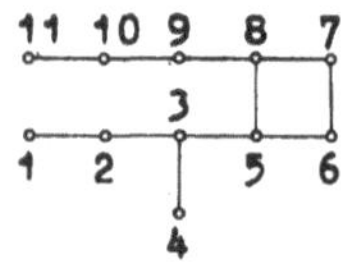

Tabelle 271

D = 33660 = $2^2.3^2.5.11.17$

-K \ W	1	2	3	4	5	6	7	8	9	10	11	S
1	198529	95588	44118	14706	22059	7353	14706	7353	22059	14706	44118	485295
2		286765	132353	44118	66176	22059	44118	22059	66176	44118	132353	955883
3			285562	95187	129144	43048	58824	15775	47326	22460	67380	941177
4				198396	43048	14349	19608	5258	15775	7487	22460	480392
5					278209	92736	112745	20009	60027	15775	47326	887254
6						197579	37582	6670	20009	5258	15775	462418
7							241830	37582	112745	19608	58824	758172
8								197579	92736	14349	43048	462418
9									278209	43048	129144	887254
10										198396	95187	480392
11											285562	941177

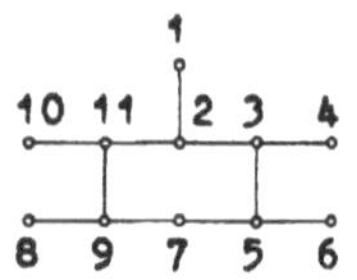

Tabelle 272

D = 33573 = $3.19^2.31$

-K \ W	1	2	3	4	5	6	7	8	9	10	11	S
1	190987	72960	27894	10723	4274	2100	953	760	253	1072	357	312333
2		218881	83683	32169	12823	6300	2859	2279	760	3217	1072	437003
3			223156	85783	34194	16799	7625	6076	2025	8578	2859	498672
4				225181	89760	44098	20016	15950	5317	22518	7506	559021
5					235085	115495	52423	41775	13925	58976	19659	678389
6						302386	137253	109374	36458	154410	51470	976143
7							257335	134751	44917	102002	34001	794135
8								294880	98293	151595	50532	906265
9									199431	50532	16844	468755
10										302252	100751	955903
11											200250	485301

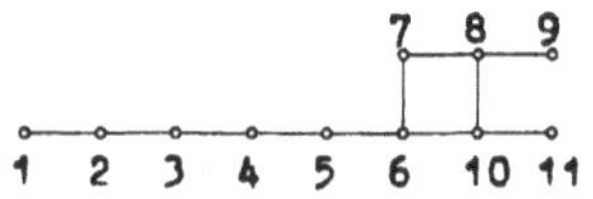

Tabelle 273 $D = 33552 = 2^4.3^2.233$

-K \ W	1	2	3	4	5	66	7	8	9	10	11	S
1	191926	75778	35408	13278	4426	17167	7511	5365	8584	3219	1073	363735
2		227334	106223	39834	13278	51502	22532	16094	25751	9657	3219	591202
3			283262	106223	35408	137339	60086	42918	68670	25751	8584	909872
4				227334	75778	51502	22532	16094	25751	9657	3219	591202
5					191926	17167	7511	5365	8584	3219	1073	363735
6						309013	135193	96567	154506	57940	19313	1047209
7							250119	115165	95374	35765	11922	763710
8								248927	131617	49356	16452	743920
9									299475	112303	37434	968049
10										229614	76538	613019
11											192179	371006

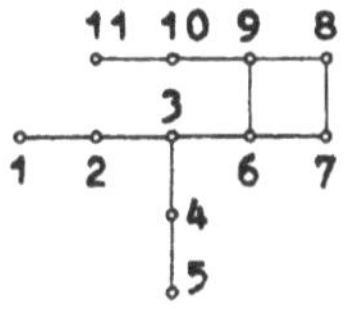

Tabelle 274 $D = 33552 = 2^4.3^2.233$

-K \ W	1	2	3	4	5	6	7	8	9	10	11	S
1	190987	72961	27897	10730	4292	2146	1073	358	715	358	1073	312590
2		218884	83691	32189	12876	6438	3219	1073	2146	1073	3219	437769
3			223176	85837	34335	17167	8584	2861	5722	2861	8584	500715
4				225322	90129	45064	22532	7511	15021	7511	22532	564378
5					236051	118026	59013	19671	39342	19671	59013	692419
6						309013	154506	51502	103004	51502	154506	1012874
7							296003	98668	134835	36168	108503	923104
8								199556	44945	12056	36168	474369
9									256557	44945	134835	782067
10										199556	98668	474369
11											296003	923104

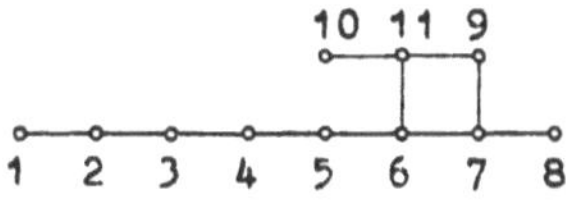

Tabelle 275 $D = 33426 = 2.3^3.619$

-K \ W	1	2	3	4	5	6	7	8	9	10	11	S
1	196015	29348	88045	38772	12924	15347	7270	3231	3231	2423	808	397414
2		196015	88045	38772	12924	15347	7270	3231	3231	2423	808	397414
3			264136	116317	38772	46042	21809	9693	9693	7270	2423	692245
4				271405	90468	107431	50889	22617	22617	16963	5654	781905
5					196823	35810	16963	7539	7539	5654	1885	427301
6						240441	113893	50619	50619	37964	12655	726168
7							290791	129241	129241	96930	32310	896607
8								251885	85218	126414	42138	731826
9									251885	126414	42138	731826
10										282310	94103	798868
11											198034	432956

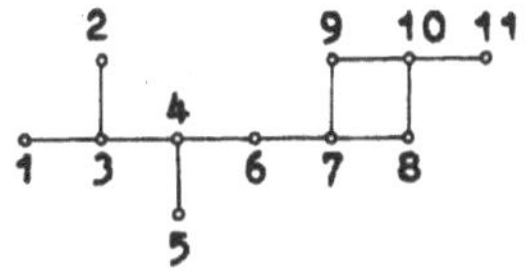

Tabelle 276 $D = 33372 = 2^2.3^4.103$

-K \ W	1	2	3	4	5	6	7	8	9	10	11	S
1	196197	29531	88592	40049	13350	18204	6068	8495	3641	3641	2427	410195
2		196197	88592	40049	13350	18204	6068	8495	3641	3641	2427	410195
3			265777	120146	40049	54612	18204	25485	10922	10922	7282	730583
4				280340	93447	127427	42476	59466	25485	25485	16990	871360
5					197816	42476	14159	19822	8495	8495	5663	457122
6						285194	95065	133091	57039	57039	38026	926377
7							198355	44364	19013	19013	12675	475460
8								295442	126618	126618	84412	932308
9									244741	78074	107605	685274
10										244741	107605	685274
11											238403	623515

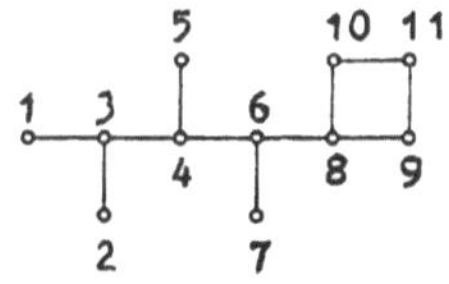

Tabelle 277

D = 33357 = 3.11119

-K \ W	1	2	3	4	5	6	7	8	9	10	11	S
1	191009	73028	28075	11197	5516	2518	2039	764	255	2833	944	318178
2		219084	84225	33591	16548	7555	6116	2293	764	8499	2833	454536
3			224601	89576	44129	20146	16308	6116	2039	22664	7555	545434
4				235138	115838	52882	42810	16054	5351	59493	19831	681761
5					303385	138502	112120	42045	14015	155814	51938	999850
6						258881	138142	51803	17268	103741	34580	826018
7							302305	113365	37788	155410	51803	978206
8								230012	76671	58279	19426	616828
9									192224	19426	6475	372276
10										304209	101403	991771
11											200468	497256

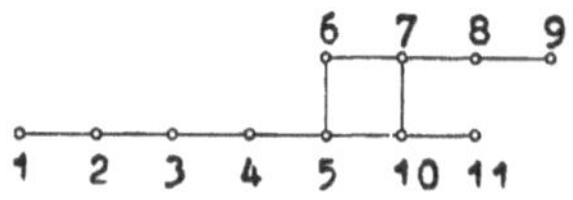

Tabelle 278

D = 33336 = $2^3.3^2.463$

-K \ W	1	2	3	4	5	6	7	8	9	10	11	S
1	191010	73029	28078	11204	5535	2520	2025	675	2880	1080	360	318396
2		219087	84233	33612	16604	7560	6075	2025	8639	3240	1080	458184
3			224622	89633	44276	20158	16199	5400	23038	8639	2880	547156
4				235286	116226	52916	42522	14174	60475	22678	7559	686285
5					304401	138589	111366	37122	158387	59395	19798	1011699
6						258219	136069	45356	104632	39237	13079	818335
7							296841	98947	155507	58315	19438	943304
8								199649	51836	19438	6479	481101
9									310055	116271	38757	1030477
10										231102	77034	636429
11											192345	378809

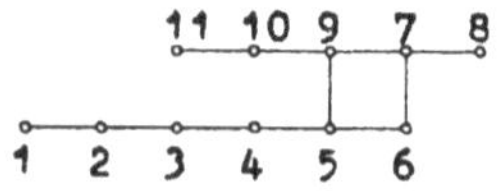

Tabelle 279

D = 33333 = 3.41.271

-K \ W	1	2	3	4	5	6	7	8	9	10	11	S
1	191012	73036	28095	11250	5655	2835	945	1905	2880	1080	360	319053
2		219107	84286	33750	16965	8505	2835	5715	8640	3240	1080	457159
3			224762	90001	45240	22680	7560	15240	23040	8640	2880	552424
4				236252	118756	59536	19845	40005	60481	22680	7560	700116
5					311028	155927	51976	104776	158402	59401	19800	1047926
6						297003	99001	136081	111241	41715	13905	948429
7							199667	45360	37080	13905	4635	482809
8								258108	138241	51841	17280	814552
9									303483	113806	37935	995229
10										230177	76726	623211
11											192242	374403

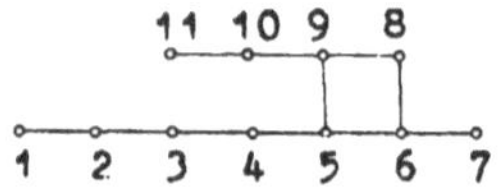

Tabelle 280

D = 33330 = 2.3.5.11.101

-K \ W	1	2	3	4	5	6	7	8	9	10	11	S
1	200495	101485	51980	19802	7426	2475	34653	2475	7426	19802	51980	499999
2		304455	155941	59406	22277	7426	103960	7426	22277	59406	155941	1000000
3			303375	115572	43339	14446	138614	5356	16067	42844	112466	1000000
4				234503	87939	29313	52805	2040	6121	16322	42844	666667
5					220477	73492	19802	765	2295	6121	16067	500000
6						191164	6601	255	765	2040	5356	333333
7							259076	6601	19802	52805	138614	833333
8								191164	73492	29313	14446	333333
9									220477	87939	43339	500000
10										234503	115572	666667
11											303375	1000000

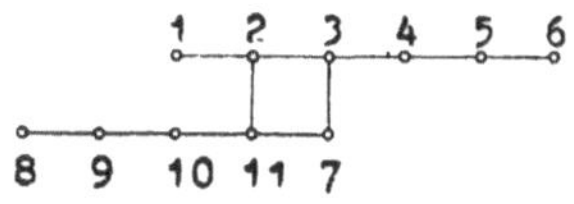

Tabelle 281 D = 33318 = $2.3^3.617$

-K \ W	1	2	3	4	5	6	7	8	9	10	11	S
1	195300	28633	85900	33766	15397	5132	7293	3241	3241	2431	810	381144
2		195300	85900	33766	15397	5132	7293	3241	3241	2431	810	381144
3			257699	101297	46191	15397	21880	9724	9724	7293	2431	643436
4				236359	107780	35927	51053	22690	22690	17018	5673	668019
5					277147	92382	131280	58347	58347	43760	14587	860615
6						197461	43760	19449	19449	14587	4862	453538
7							299028	132901	132901	99676	33225	960290
8								253512	86845	127634	42545	760129
9									253512	127634	42545	760129
10										283225	94408	820097
11											198136	440032

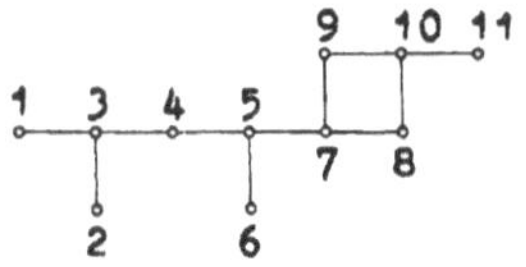

Tabelle 282 D = 33306 = 2.3.7.13.61

-K \ W	1	2	3	4	5	6	7	8	9	10	11	S
1	191167	73500	29334	14502	6605	5314	1771	7566	2882	1081	360	334082
2		220501	88002	43506	19816	15943	5314	22699	8647	3243	1081	502252
3			234672	116015	52843	42515	14172	60530	23059	8647	2882	672671
4				304540	138714	111602	37201	158890	60530	22699	7566	1015765
5					258317	136237	45412	104981	39993	14997	4999	822914
6						297109	99036	156053	59449	22293	7431	952982
7							199679	52018	19816	7431	2477	484327
8								311160	118537	44451	14817	1051702
9									235633	88362	29454	686362
10										220636	73545	507385
11											191182	335794

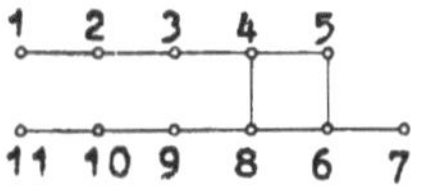

Tabelle 283 D = 33285 = 3.5.7.317

-K \ W	1	2	3	4	5	6	7	8	9	10	11	S
1	196019	29353	88058	38801	12934	15412	7436	3245	2298	3650	1217	398423
2		196019	88058	38801	12934	15412	7436	3245	2298	3650	1217	398423
3			264173	116404	38801	46237	22307	9734	6895	10951	3650	695268
4				271609	90536	107886	52050	22713	16088	25552	8517	788957
5					196845	35962	17350	7571	5363	8517	2839	429652
6						241460	116494	50834	36007	57188	19063	741955
7							297431	129788	91933	146012	48671	936908
8								247544	112844	90987	30329	708834
9									246598	126949	42316	689589
10										289860	96620	859936
11											198873	453312

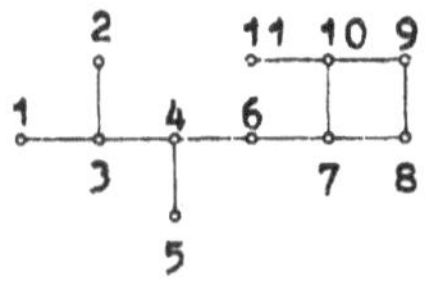

Tabelle 284 D = 33264 = $2^4.3^3.7.11$

-K \ W	1	2	3	4	5	6	7	8	9	10	11	S
1	195346	28680	86039	34091	16234	7305	7305	5682	2435	812	812	384741
2		195346	86039	34091	16234	7305	7305	5682	2435	812	812	384741
3			258117	102273	48701	21916	21916	17045	7305	2435	2435	654221
4				238636	113636	51136	51136	39773	17045	5682	5682	693181
5					292208	131494	131494	102273	43831	14610	14610	925325
6						255005	88339	133523	57224	19075	19075	791397
7							255005	133523	57224	19075	19075	791397
8								298295	127841	42614	42614	948865
9									269075	89692	89692	763799
10										196564	29897	421268
11											196564	421268

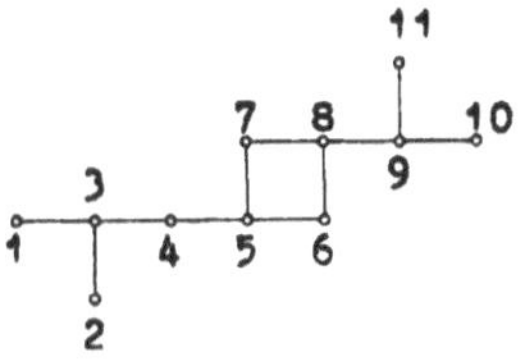

Tabelle 285 $D = 33264 = 2^4.3^3.7.11$

-K \ W	1	2	3	4	5	6	7	8	9	10	11	S
1	196564	29897	89692	42614	18263	6088	6088	19886	8523	8523	5682	431820
2		196564	89692	42614	18263	6088	6088	19886	8523	8523	5682	431820
3			269075	127841	54789	18263	18263	59659	25568	25568	17045	795455
4				298295	127841	42614	42614	139205	59659	59659	39773	1022729
5					269075	89692	89692	59659	25568	25568	17045	795455
6						196564	29897	19886	8523	8523	5682	431820
7							196564	19886	8523	8523	5682	431820
8								298295	127841	127841	85227	977271
9									245265	78598	107955	704546
10										245265	107955	704546
11											238636	636364

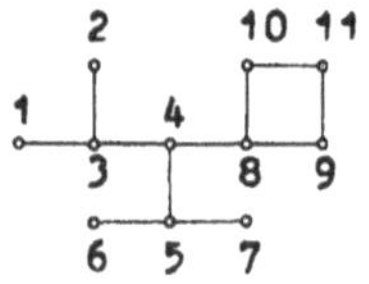

Tabelle 286 $D = 33156 = 2^2.3^3.307$

-K \ W	1	2	3	4	5	6	7	8	9	10	11	S
1	195304	28637	85912	33795	15472	5157	7465	3257	2307	3664	1221	382191
2		195304	85912	33795	15472	5157	7465	3257	2307	3664	1221	382191
3			257736	101384	46417	15472	22394	9772	6922	10993	3664	646578
4				236564	108306	36102	52253	22801	16151	25651	8550	675352
5					278502	92834	134365	58632	41531	65961	21987	879479
6						197611	44788	19544	13844	21987	7329	459825
7							306053	133550	94598	150244	50081	1003256
8								249186	114007	92834	30945	737785
9									247421	128257	42752	710097
10										291938	97313	892506
11											199104	464167

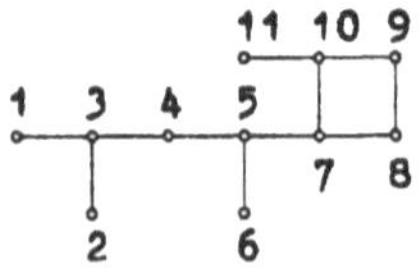

Tabelle 287 $D = 33120 = 2^5.3^2.5.23$

-K \ W	1	2	3	4	5	6	7	8	9	10	11	S
1	191168	73505	29348	14538	6658	5435	2038	679	7609	2853	951	334782
2		220516	88043	43614	19973	16304	6114	2038	22826	8560	2853	504346
3			234783	116304	53261	43478	16304	5435	60870	22826	7609	678261
4				305299	139810	114130	42799	14266	159783	59918	19973	1030434
5					259768	139493	52310	17437	106401	39900	13300	848311
6						304348	114130	38043	159420	59783	19928	1014492
7							230299	76766	59783	22418	7473	630434
8								192255	19928	7473	2491	376811
9									312077	117029	39010	1064736
10										231386	77129	649275
11											192376	383093

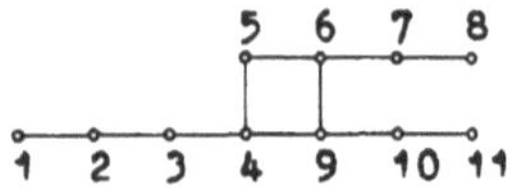

Tabelle 288 $D = 33117 = 3.7.19.83$

-K \ W	1	2	3	4	5	6	7	8	9	10	11	S
1	191186	73557	29486	14902	7609	2854	951	5073	951	2854	7609	337032
2		220672	88459	44705	22828	8561	2854	15219	2854	8561	22828	511098
3			235891	119214	60875	22828	7609	40583	7609	22828	60875	696257
4				312936	159797	59924	19975	106531	19975	59924	159797	1077680
5					304496	114186	38062	139505	14252	42757	114020	1018387
6						230320	76773	52315	5345	16034	42757	631897
7							192258	17438	1782	5345	14252	377299
8								259670	17438	52315	139505	845592
9									192258	76773	38062	377299
10										230320	114186	631897
11											304496	1018387

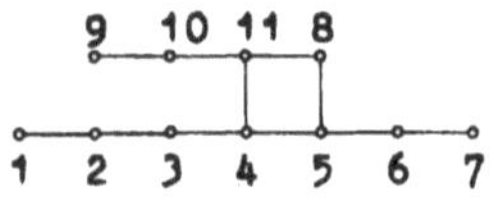

Tabelle 289 D = 33075 = $3^3.5^2.7^2$

-K \ W	1	2	3	4	5	6	7	8	9	10	11	S
1	195374	28707	86122	34286	16735	7347	5306	8571	3673	1224	1224	388569
2		195374	86122	34286	16735	7347	5306	8571	3673	1224	1224	388569
3			258367	102857	50204	22041	15918	25714	11020	3673	3673	665711
4				240000	117143	51429	37143	60000	25714	8571	8571	720000
5					301224	132245	95510	154285	66122	22041	22041	994285
6						249118	115102	96190	41224	13741	13741	749525
7							249796	134286	57551	19184	19184	754286
8								306667	131429	43810	43810	1013333
9									270612	90204	90204	791426
10										196735	30068	430475
11											196735	430475

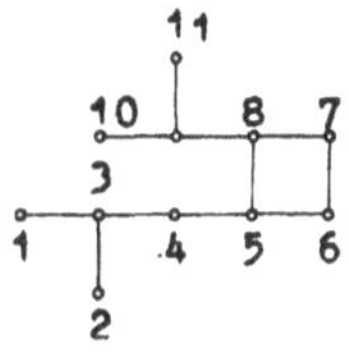

Tabelle 290 D = 33042 = 2.3.5507

-K \ W	1	2	3	4	5	6	7	8	9	10	11	S
1	191756	75268	34048	11349	15526	5175	7354	3269	2451	817	3269	350282
2		225804	102143	34048	46577	15526	22063	9806	7354	2451	9806	550846
3			272381	90794	124206	41402	58834	26149	19611	6537	26149	802254
4				196931	41402	13801	19611	8716	6537	2179	8716	434084
5					284638	94879	134828	59924	44943	14981	59924	921828
6						198293	44943	19975	14981	4994	19975	473944
7							300708	133648	100236	33412	133648	989285
8								253844	127883	42628	87177	773019
9									283412	94471	127883	829762
10										198157	42628	443255
11											253844	773019

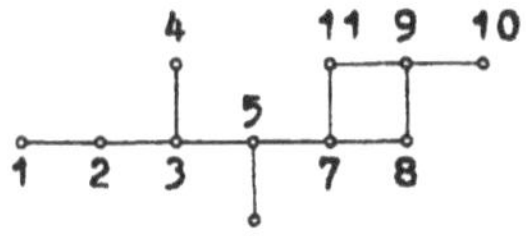

Tabelle 291 D = 32994 = $2.3^3.13.47$

-K \ W	1	2	3	4	5	6	7	8	9	10	11	S
1	196399	29733	89198	41462	15548	5183	19640	8729	8729	6547	2182	423350
2		196399	89198	41462	15548	5183	19640	8729	8729	6547	2182	423350
3			267594	124386	46645	15548	58920	26187	26187	19640	6547	770050
4				290235	108838	36279	137480	61102	61102	45827	15276	963449
5					228314	76105	51555	22913	22913	17185	5728	611292
6						192035	17185	7638	7638	5728	1909	370431
7							301964	134206	134206	100655	33552	1009003
8								254092	87425	128069	42690	781780
9									254092	128069	42690	781780
10										283552	94517	836336
11											198172	445445

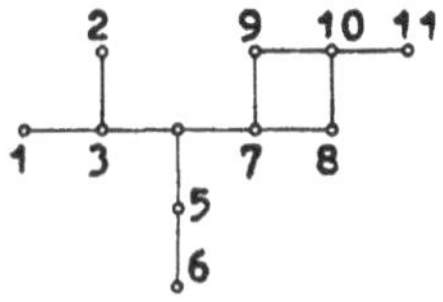

Tabelle 292 D = 32994 = $2.3^3.13.47$

-K \ W	1	2	3	4	5	6	7	8	9	10	11	S
1	196263	29596	88789	40507	13502	19231	8592	8592	6547	2455	818	414892
2		196263	88789	40507	13502	19231	8592	8592	6547	2455	818	414892
3			266366	121522	40507	57692	25777	25777	19640	7365	2455	744679
4				283552	94517	134615	60147	60147	45827	17185	5728	904254
5					198172	44872	20049	20049	15276	5728	1909	468083
6						301282	134615	13461	102564	38462	12821	1000000
7							255183	88516	130933	49100	16367	797871
8								255183	130933	49100	16367	797871
9									290235	108837	36279	893618
10										228314	76105	585106
11											192035	361702

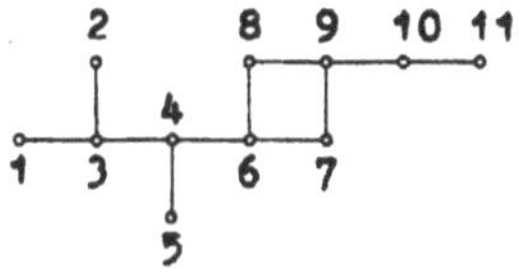

Tabelle 293

D = 32961 = 3.10987

-K \ W	1	2	3	4	5	6	7	8	9	10	11	S
1	196581	29914	89742	42732	17976	11195	3732	11878	3959	20479	6826	435014
2		196581	89742	42732	17976	11195	3732	11878	3959	20479	6826	435014
3			269227	128197	53927	33585	11195	35633	11878	61436	20479	805041
4				299126	125831	78365	26122	83144	27715	143351	47784	1045099
5					248885	120825	40275	73314	24438	74679	24893	823019
6						284108	94703	136798	45599	80686	26895	923954
7							198234	45599	15200	26895	8965	474652
8								291481	97160	140484	46828	974197
9									199053	46828	15609	491398
10										293938	97979	1007234
11											199326	502410

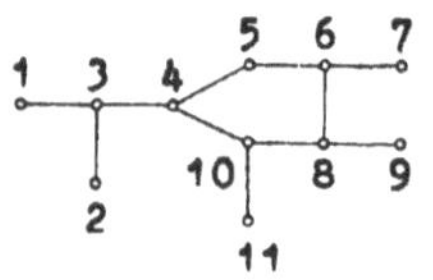

Tabelle 294

D = 32940 = $2^3.3^3.5.61$

-K \ W	1	2	3	4	5	6	7	8	9	10	11	S
1	191803	75410	34426	11475	16393	7377	7377	5738	2459	820	820	354098
2		226230	103279	34426	49180	22131	22131	17213	7377	2459	2459	562295
3			275410	91803	131148	59016	59016	45902	19672	6557	6557	832786
4				197268	43716	19672	19672	15301	6557	2186	2186	444263
5					300546	135246	135246	105191	45082	15027	15027	991802
6						256694	90027	134836	57787	19262	19262	821310
7							256694	134836	57787	19262	19262	821310
8								299317	128279	42760	42760	972133
9									269262	89754	89754	773770
10										196585	29918	424590
11											196585	424590

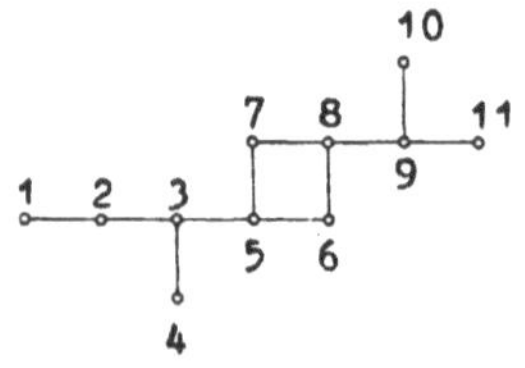

Tabelle 295

D = 32913 = $3^3.23.53$

-K \ W	1	2	3	4	5	6	7	8	9	10	11	S
1	196746	30079	90238	43888	20509	6836	10801	11895	3965	20919	6973	442849
2		196746	90238	43888	20509	6836	10801	11895	3965	20919	6973	442849
3			270714	131665	61526	20509	32404	35685	11895	62756	20919	828549
4				307219	143560	47853	75608	83265	27755	146432	48811	1099944
5					286710	95570	121001	76292	25431	82445	27482	961035
6						198523	40334	25431	8477	27482	9161	487012
7							247060	120180	40060	73421	24474	796144
8								284249	94750	137818	45939	927399
9									198250	45939	15313	475800
10										294095	98031	1010257
11											199344	503420

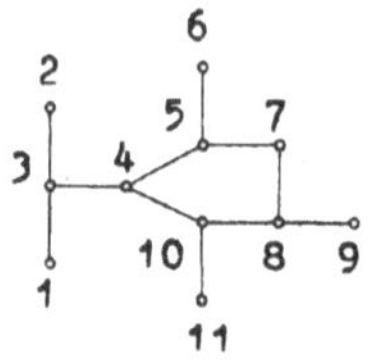

Tabelle 296

D = 32877 = $3^2.13.281$

-K \ W	1	2	3	4	5	6	7	8	9	10	11	S
1	191760	75281	34082	11361	15604	5201	7528	3285	2327	3696	1232	351357
2		225842	102245	34082	46811	15604	22584	9855	6981	11087	3696	554068
3			272653	90884	124829	41610	60224	26280	18615	29565	9855	810842
4				196961	41610	13870	20075	8760	6205	9855	3285	436948
5					286066	95355	138014	60224	42659	67753	22584	941509
6						198452	46005	20075	14220	22584	7528	480504
7							307814	134319	95142	151109	50370	1033184
8								249521	114244	93211	31070	750844
9									247589	128524	42841	719347
10										292362	97454	907200
11											199151	469066

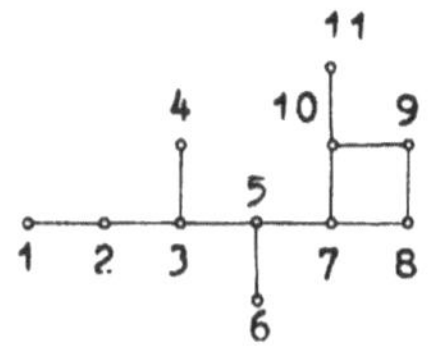

Tabelle 297 D = 32853 = 3.47.233

-K \ W	1	2	3	4	5	6	7	8	9	10	11	S
1	195172	28506	85517	32874	13104	6438	2922	2329	776	3287	1096	372021
2		195172	85517	32874	13104	6438	2922	2329	776	3287	1096	372021
3			256552	98621	39311	19313	8766	6986	2329	9862	3287	616061
4				230116	91727	45064	20455	16300	5433	23012	7671	604147
5					235869	115880	52598	41914	13971	59173	19724	696375
6						302575	137339	109442	36481	154506	51502	984978
7							257374	134782	44927	102045	34015	798145
8								294905	98302	151630	50543	909462
9									199434	50543	16848	469820
10										302301	100767	960413
11											200256	486805

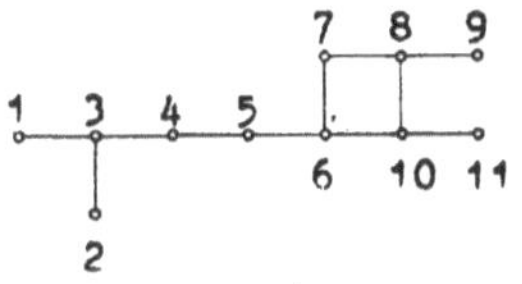

Tabelle 298 D = 32832 = $2^6.3^3.19$

-K \ W	1	2	3	4	5	6	7	8	9	10	11	S
1	195175	28509	85526	32895	13158	6579	3289	1096	2193	1096	3289	372805
2		195175	85526	32895	13158	6579	3289	1096	2193	1096	3289	372805
3			256579	98684	39474	19737	9868	3289	6579	3289	9868	618419
4				230263	92105	46053	23026	7675	15351	7675	23026	609648
5					236842	118421	59211	19737	39474	19737	59211	710528
6						309211	154605	51535	103070	51535	154605	1021930
7							296053	98684	134868	36184	108553	927630
8								199561	44956	12061	36184	475874
9									256579	44956	134868	785087
10										199561	98684	475874
11											296053	927630

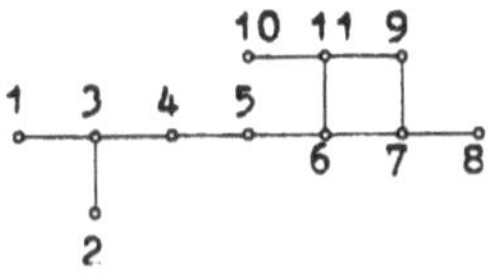

Tabelle 299 D = 32826 = 2.3.5471

-K \ W	1	2	3	4	5	6	7	8	9	10	11	S
1	196430	29763	89289	41674	15628	5209	20106	8774	6215	9870	3290	426248
2		196430	89289	41674	15628	5209	20106	8774	6215	9870	3290	426248
3			267867	125023	46884	15628	60318	26321	18644	29611	9870	778744
4				291720	109395	36465	140742	61415	43502	69092	23031	983733
5					228523	76174	52778	23031	16313	25909	8636	618899
6						192058	17593	7677	5438	8636	2879	372966
7							309130	134893	95549	151755	50585	1053555
8								249772	114421	93493	31164	759735
9									247715	128724	42908	725644
10										292680	97560	917200
11											199187	472400

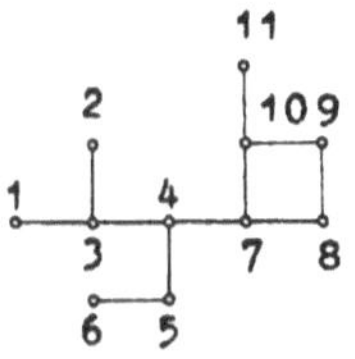

Tabelle 300 D = 32805 = $3^8.5$

-K \ W	1	2	3	4	5	6	7	8	9	10	11	S
1	192181	76543	37449	16461	11934	19342	8642	2881	3704	1235	1235	371607
2		229630	112346	49383	35802	58025	25926	8642	11111	3704	3704	614816
3			299588	131687	95473	154733	69136	23045	29630	9877	9877	972841
4				248971	115226	96708	43210	14403	18519	6173	6173	746914
5					250206	135391	60494	20165	25925	8642	8642	767900
6						309465	138272	46091	59259	19753	19753	1056792
7							285185	95062	122222	40741	40741	929631
8								198354	40741	13580	13580	476544
9									266667	88889	88889	755556
10										196296	29630	418520
11											196296	418520

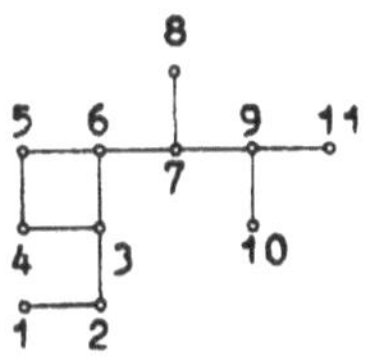

Tabelle 301 $D = 32724 = 2^2.3^4.101$

-K \ W	1	2	3	4	5	6	7	8	9	10	11	S
1	191832	75495	34653	11551	16914	7426	5363	8663	3713	1238	1238	358086
2		226485	103960	34653	50743	22277	16089	25990	11139	3713	3713	574257
3			277228	92409	135314	59406	42904	69307	29703	9901	9901	864686
4				197470	45105	19802	14301	23102	9901	3300	3300	454894
5					310094	136139	98322	158828	68069	22690	22690	1064908
6						250825	116337	98185	42079	14026	14026	780528
7							250698	135726	58168	19389	19389	776676
8								308993	132426	44142	44142	1049504
9									271040	90347	90347	806932
10										196782	30116	435644
11											196782	435644

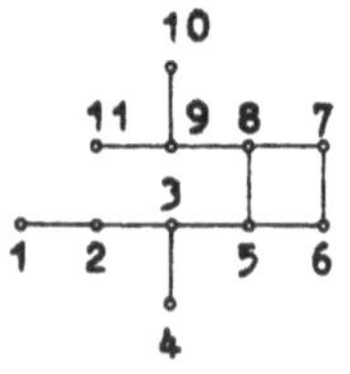

Tabelle 302 $D = 32712 = 2^3.3.29.47$

-K \ W	1	2	3	4	5	6	7	8	9	10	11	S
1	191626	74881	33015	11005	13160	6466	2935	2339	780	3302	1101	340610
2		224642	99046	33015	39481	19397	8804	7016	2339	9905	3302	512828
3			264123	88041	105282	51724	23478	18709	6236	26412	8804	724870
4				196014	35094	17241	7826	6236	2079	8804	2935	408290
5					241272	118534	53803	42874	14291	60528	20176	744495
6						303879	137931	109914	36638	155172	51724	1008620
7							257642	134996	44999	102348	34116	808878
8								295075	98358	151871	50624	918012
9									199453	50624	16875	472672
10										302641	100880	972487
11											200293	490830

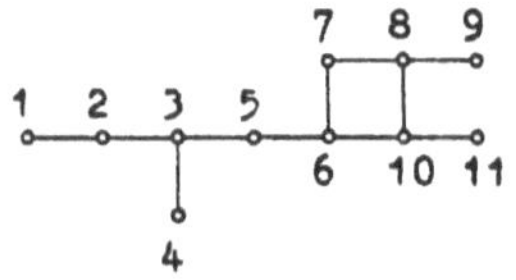

Tabelle 303 $D = 32688 = 2^4.3^2.227$

-K \ W	1	2	3	4	5	6	7	8	9	10	11	S
1	191630	74890	33040	11013	13216	6608	3304	1101	2203	1101	3304	341410
2		224670	99119	33040	39648	19824	9912	3304	6608	3304	9912	524231
3			264317	88106	105727	52863	26432	8811	17621	8811	26432	731279
4				196035	35242	17621	8811	2937	5874	2937	8811	410427
5					242291	121145	60573	20191	40382	20191	60573	759179
6						310573	155286	51762	103524	51762	155286	1046254
7							296393	98798	135095	36298	108893	939795
8								199599	45032	12099	36298	479932
9									256730	45032	135095	793196
10										199599	98798	479932
11											296393	939795

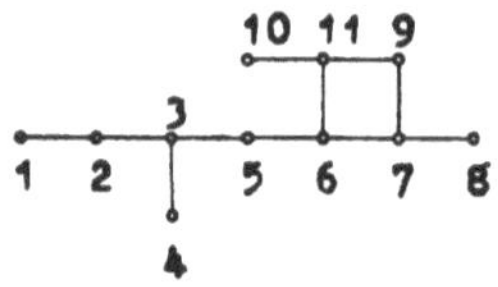

Tabelle 304 $D = 32610 = 2.3.5.1087$

-K \ W	1	2	3	4	5	6	7	8	9	10	11	S
1	195385	28718	86155	34361	16927	7728	6256	2346	782	8694	2898	390250
2		195385	86155	34361	16927	7728	6256	2346	782	8694	2898	390250
3			258464	103082	50782	23183	18767	7038	2346	26081	8694	670747
4				240524	118491	54094	43790	16421	5474	60856	20285	731739
5					304692	139098	112603	42226	14075	156486	52162	1024469
6						259154	138362	51886	17295	104048	34683	837259
7							302484	113431	37810	155658	51886	978303
8								230037	76679	58372	19457	620239
9									192226	19457	6486	373412
10										304554	101518	1004118
11											200506	501473

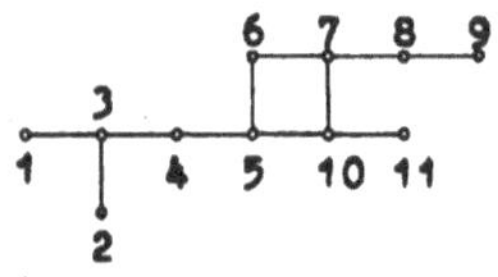

Tabelle 305 D = 32589 = 3^3.17.71

-K \ W	1	2	3	4	5	6	7	8	9	10	11	S
1	195388	28721	86164	34383	16984	7733	6214	2071	8837	3314	1105	390914
2		195388	86164	34383	16984	7733	6214	2071	8837	3314	1105	390914
3			258492	103148	50953	23198	18641	6214	26512	9942	3314	672742
4				240679	118890	54129	43496	14499	61861	23198	7733	736399
5					305717	139188	111848	37283	159072	59652	19884	1036455
6						258492	136288	45429	104943	39354	13118	829605
7							297017	99006	155758	58409	19470	952361
8								199669	51919	19470	6490	484121
9									310411	116404	38801	1043355
10										231152	77051	641260
11											192350	380421

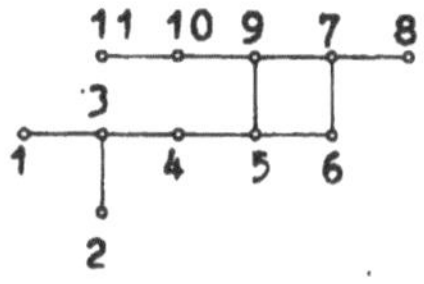

Tabelle 306 D = 32583 = 3.10861

-K \ W	1	2	3	4	5	6	7	8	9	10	11	S
1	195409	28742	86226	34527	17356	8839	3315	1105	5847	8701	2900	392967
2		195409	86226	34527	17356	8839	3315	1105	5847	8701	2900	392967
3			258678	103582	52067	26517	9944	3315	17540	26103	8701	678899
4				241690	121490	61873	23202	7734	40926	60906	20302	750759
5					312402	159101	59663	19888	105239	156615	52205	1073382
6						303839	113940	37980	138477	111592	37197	1008194
7							230227	76742	51929	41847	13949	628073
8								192247	17310	13949	4650	376025
9									258264	136313	45438	823130
10										297348	99116	961191
11											199705	487063

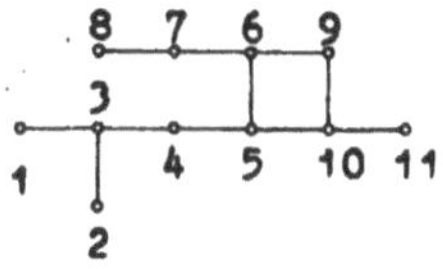

Tabelle 307 D = 32469 = 3.79.137

-K \ W	1	2	3	4	5	6	7	8	9	10	11	S
1	192214	76642	37713	18248	6083	10949	3650	3650	10949	6083	18248	384429
2		229927	113139	54745	18248	32847	10949	10949	32847	18248	54745	653286
3			301703	145985	48662	87592	29197	29197	87591	48662	145985	1075426
4				296036	98679	143445	47815	28827	86482	29058	87175	1036495
5					199560	47815	15938	9609	28827	9686	29058	512165
6						294927	98309	47676	143029	28827	86482	1021898
7							199436	15892	47676	9609	28827	507298
8								199436	98309	15938	47815	507298
9									294927	47815	143445	1021898
10										199560	98679	512165
11											296036	1036495

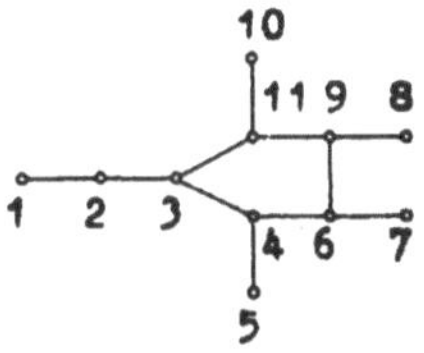

Tabelle 308 D = 32445 = 3^2.5.7.103

-K \ W	1	2	3	4	5	6	7	8	9	10	11	S
1	191108	73324	28864	13269	4423	6519	2959	2358	786	3329	1110	328049
2		219972	86593	39806	13269	19556	8877	7074	2358	9986	3329	484144
3			230914	106149	35383	52150	23671	18863	6288	26630	8877	624382
4				278641	92880	136893	62136	49515	16505	69903	23301	888998
5					197627	45631	20712	16505	5502	23301	7767	463000
6						312899	142025	113176	37725	159778	53259	1079611
7							259501	136477	45492	104438	34813	841101
8								296255	98752	153537	51179	943691
9									199584	51179	17060	481231
10										304993	101664	1008738
11											200555	502914

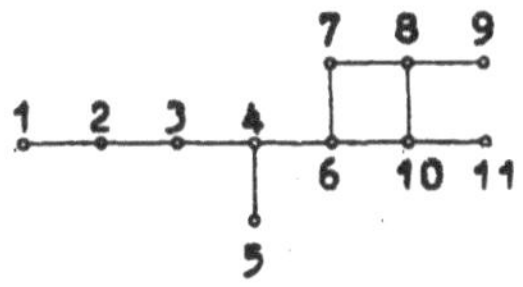

Tabelle 309

D = 32400 = $2^4.3^4.5^2$

W / -K	1	2	3	4	5	6	7	8	9	10	11	S
1	191111	73333	28889	13333	4444	6667	3333	1111	2222	1111	3333	328887
2		220000	86667	40000	13333	20000	10000	3333	6667	3333	10000	486666
3			231111	106667	35556	53333	26667	8889	17778	8889	26667	631113
4				280000	93333	140000	70000	23333	46667	23333	70000	906666
5					197778	46667	23333	7778	15556	7778	23333	468889
6						320000	160000	53333	106667	53333	160000	1120000
7							298750	99583	136667	37083	111250	976666
8								199861	45556	12361	37083	492221
9									257778	45556	136667	817781
10										199861	99583	492221
11											298750	976666

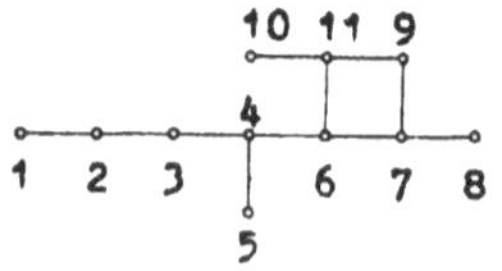

Tabelle 310

D = 32367 = 3.10789

W / -K	1	2	3	4	5	6	7	8	9	10	11	S
1	196852	30185	90555	44629	20391	16545	6303	2364	788	22940	7647	439199
2		196852	90555	44629	20391	16545	6303	2364	788	22940	7647	439199
3			271666	133886	61173	49634	18908	7091	2364	68820	22940	817592
4				312402	142738	115812	44119	16545	5515	160580	53527	1074382
5					260960	140143	53388	20020	6673	106080	35360	867317
6						304616	116044	43517	14506	157661	52554	1027577
7							234683	88006	29335	60061	20020	677170
8								220502	73501	22523	7508	503941
9									191167	7508	2503	334648
10										306840	102280	1038233
11											200760	512746

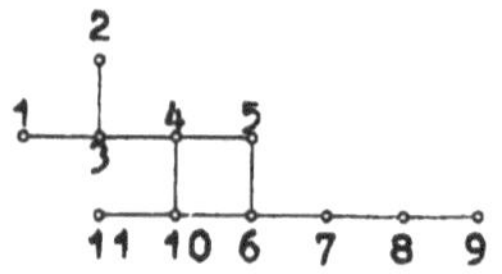

Tabelle 311

D = 32340 = $2^2.3.5.7^2.11$

W / -K	1	2	3	4	5	6	7	8	9	10	11	S
1	196877	30210	90631	44805	20408	16419	5473	23377	8905	3340	1113	441558
2		196877	90631	44805	20408	16419	5473	23377	8905	3340	1113	441558
3			271892	134416	61224	49258	16419	70130	26716	10019	3340	824676
4				313636	142857	114935	38312	163636	62338	23377	7792	1090909
5					260204	137755	45918	107143	40816	15306	5102	857141
6						298330	99443	157792	60111	22542	7514	980518
7							199814	52597	20037	7514	2505	493505
8								313636	119481	44805	14935	1090909
9									235993	88497	29499	701298
10										220686	73562	512988
11											191187	337662

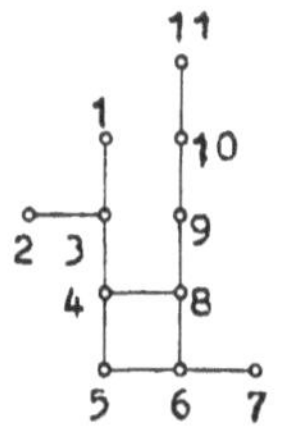

Tabelle 312

D = 32319 = $3^5.7.19$

W / -K	1	2	3	4	5	6	7	8	9	10	11	S
1	197020	30354	91061	45809	22974	7658	15455	23392	8911	3342	1114	447090
2		197020	91061	45809	22974	7658	15455	23392	8911	3342	1114	447090
3			273182	137427	68922	22974	46366	70175	26734	10025	3342	841269
4				320663	160819	53606	108187	163743	62378	23392	7797	1129630
5					299499	99833	137845	114035	43442	16291	5430	992064
6						199944	45948	38012	14481	5430	1810	497354
7							259398	140351	53467	20050	6683	849205
8								307018	116959	43860	14620	1055557
9									235032	88137	29379	687831
10										220551	73517	507937
11											191172	335978

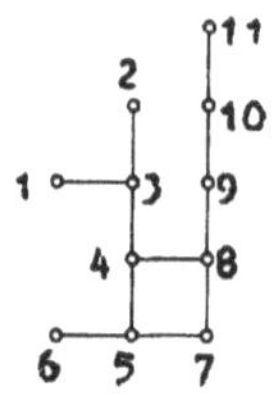

Tabelle 313 $D = 32304 = 2^4.3.673$

-K \ W	1	2	3	4	5	6	7	8	9	10	11	S
1	191942	75827	35537	13327	4442	17459	7925	6315	2105	8915	2972	366766
2		227480	106612	39980	13327	52377	23774	18945	6315	26746	8915	600298
3			284299	106612	35537	139673	63398	50520	16840	71322	23774	934124
4				227480	75827	52377	23774	18945	6315	26746	8915	600298
5					191942	17459	7925	6315	2105	8915	2972	366766
6						314264	142645	113670	37890	160475	53492	1101781
7							259782	136701	45567	104755	34918	851164
8								296434	98811	153789	51263	951708
9									199604	51263	17088	483903
10										305349	101783	1020058
11											200594	506686

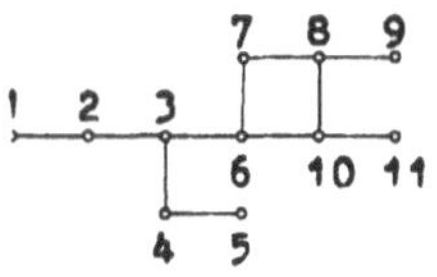

Tabelle 314 $D = 32256 = 2^9.3^2.7$

-K \ W	1	2	3	4	5	6	7	8	9	10	11	S
1	191964	75893	35714	13393	4464	17857	8929	2976	5952	2976	8929	369047
2		227679	107143	40179	13393	53571	26786	8929	17857	8929	26786	607145
3			285714	107143	35714	142857	71429	23810	47619	23810	71429	952382
4				227679	75893	53571	26786	8929	17857	8929	26786	607145
5					191964	17857	8929	2976	5952	2976	8929	369047
6						321429	160714	53571	107143	53571	160714	1142855
7							299107	99702	136905	37202	111607	988096
8								199901	45635	12401	37202	496032
9									257937	45635	136905	825397
10										199901	99702	496032
11											299107	988096

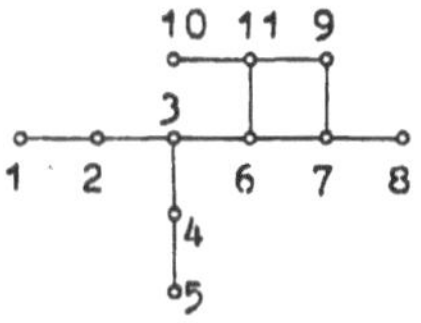

Tabelle 315 $D = 32253 = 3.13.827$

-K \ W	1	2	3	4	5	6	7	8	9	10	11	S
1	191843	75528	34741	11580	17115	7813	6325	2372	791	8790	2930	359828
2		226584	104223	34741	51344	23440	18975	7116	2372	26370	8790	579483
3			277928	92643	136917	62506	50600	18975	6325	70319	23440	878617
4				197548	45639	20835	16867	6325	2108	23440	7813	459539
5					313769	143243	115958	43484	14495	161148	53716	1096828
6						261045	139894	52460	17487	106176	35392	870291
7							303724	113896	37965	157381	52460	1014045
8								230211	76737	59018	19673	630267
9									192246	19673	6558	376757
10										306948	102316	1041579
11											200772	513860

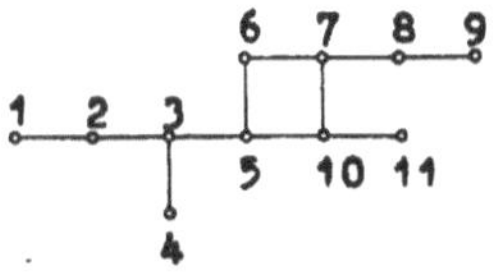

Tabelle 316 $D = 32229 = 3^2.3581$

-K \ W	1	2	3	4	5	6	7	8	9	10	11	S
1	191846	75538	34767	11589	17174	7819	6283	2094	8936	3351	1117	360514
2		226613	104300	34767	51522	23457	18849	6283	26808	10053	3351	581341
3			278135	92712	137392	62552	50265	16755	71488	26808	8936	884110
4				197571	45797	20851	16755	5585	23829	8936	2979	461371
5					314856	143349	115191	38397	163828	61435	20478	1109419
6						260387	137811	45937	107109	40166	13389	862824
7							298241	99414	157498	59062	19687	979056
8								199805	52499	19687	6562	493018
9									312886	117332	39111	1081324
10										231500	77167	655497
11											192389	385166

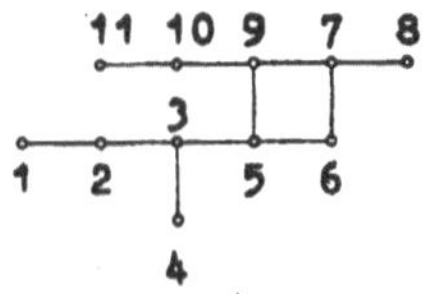

Tabelle 317

D = 32202 = $2.3^2.1789$

-K \ W	1	2	3	4	5	6	7	8	9	10	11	S
1	191867	75601	34936	11645	17561	8804	2935	5916	8944	3354	1118	362681
2		226803	104807	34936	52683	26411	8804	17747	26831	10061	3354	588039
3			279486	93162	140488	70430	23477	47326	71548	26831	8944	901435
4				197721	46829	23477	7826	15775	23849	8944	2981	467145
5					321952	161403	53801	108456	163965	61487	20496	1149121
6						299748	99916	137926	114030	42761	14254	999160
7							199972	45975	38010	14254	4751	499721
8								259347	140116	52543	17514	848641
9									306316	114869	38290	1046768
10										230576	76859	642539
11											192286	580847

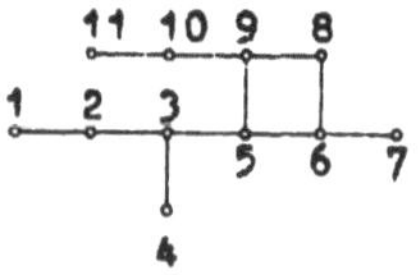

Tabelle 318

D = 32157 = $3^4.397$

-K \ W	1	2	3	4	5	6	7	8	9	10	11	S
1	196893	30227	90680	44920	20571	16793	6297	2099	23510	8816	2939	443745
2		196893	90680	44920	20571	16793	6297	2099	23510	8816	2939	443745
3			272040	134761	61713	50378	18891	6297	70529	26448	8816	831233
4				314442	143997	117548	44081	14694	164568	61713	20571	1106215
5					261685	141058	52897	17632	108592	40722	13574	883012
6						305626	114610	38203	161209	60453	20151	1042822
7							230479	76826	60453	22670	7557	641058
8								192275	20151	7557	2519	380352
9									314582	117968	39323	1104395
10										231738	77246	664147
11											192415	383050

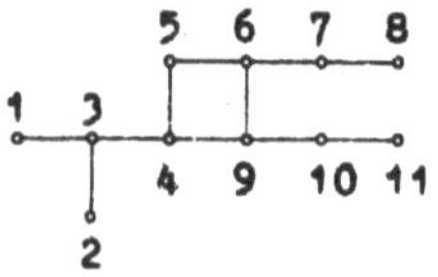

Tabelle 319

D = 32130 = $2.3^3.5.7.17$

-K \ W	1	2	3	4	5	6	7	8	9	10	11	S
1	197059	30392	91176	46078	23529	8824	2941	15686	2941	8824	23529	450979
2		197059	91176	46078	23529	8824	2941	15686	2941	8824	23529	450979
3			273529	138235	70588	26471	8824	47059	8824	26471	70588	852941
4				322549	164706	61765	20588	109804	20588	61765	164706	1156862
5					307003	115126	38375	141176	14566	43697	116527	1058822
6						230672	76891	52941	5462	16387	43697	647060
7							192297	17647	1821	5462	14566	382353
8								260784	17647	52941	141176	872547
9									192297	76891	38375	382353
10										230672	115126	647060
11											307003	1058822

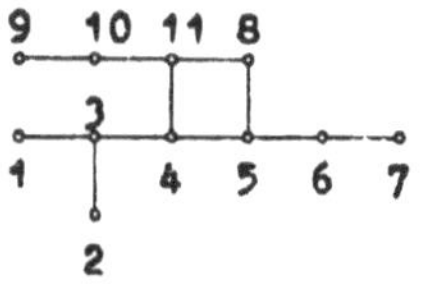

Tabelle 320

D = 31872 = $2^7.3.83$

-K \ W	1	2	3	4	5	6	7	8	9	10	11	S
1	191014	73042	28112	11295	5773	3012	1004	2259	753	1004	3012	320280
2		219127	84337	33886	17319	9036	3012	6777	2259	3012	9036	460843
3			224900	90361	46185	24096	8032	18072	6024	8032	24096	562247
4				237199	121235	63253	21084	47440	15813	21084	63253	725903
5					317520	165663	55221	124247	41416	55221	165663	1115463
6						310617	103539	162651	54217	41039	123117	1060240
7							201180	54217	18072	13680	41039	520080
8								309488	103163	54217	162651	1045182
9									201054	18072	54217	515060
10										201180	103539	520080
11											310617	1060240

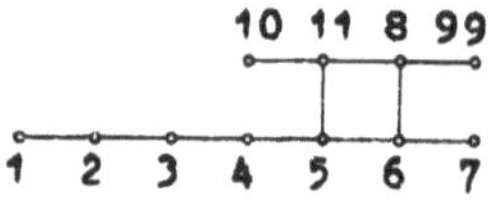

Tabelle 321 D = 31632 = $2^4.3.659$

-K \ W	1	2	3	4	5	6	7	8	9	10	11	S
1	191199	73596	29590	15175	7967	2656	6070	2276	759	2656	7967	339911
2		220789	88771	45524	23900	7967	18209	6829	2276	7967	23900	519728
3			236722	121396	63733	21244	48558	18209	6070	21244	63733	719270
4				318665	167299	55766	127466	47800	15933	55766	167299	1138089
5					312832	104277	166920	62595	20865	41777	125332	1097497
6						201426	55640	20865	6955	13926	41777	532499
7							317653	119120	39707	55640	166920	1121903
8								232170	77390	20865	62595	670714
9									192463	6955	20865	390238
10										201426	104277	532499
11											312832	1097497

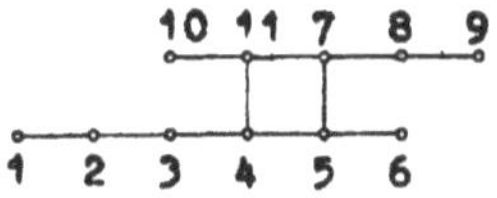

Tabelle 322 D = 31629 = 3.13.811

-K \ W	1	2	3	4	5	6	7	8	9	10	11	S
1	191201	73603	29609	15223	7967	2656	6023	2008	8094	3035	1012	340431
2		220810	88827	45670	23902	7967	18069	6023	24282	9106	3035	521294
4			236871	121787	63739	21246	48184	16061	64751	24282	8094	723451
4				319691	167315	55772	126482	42161	169971	63739	21246	1149057
5					311866	103955	164327	54776	126340	47377	15792	1087356
6						201318	54776	18259	42113	15792	5264	529118
7							311723	103908	166935	62601	20867	1083895
8								201303	55645	20867	6956	527967
9									318821	119558	39853	1136363
10										232334	77445	676136
11											192482	392046

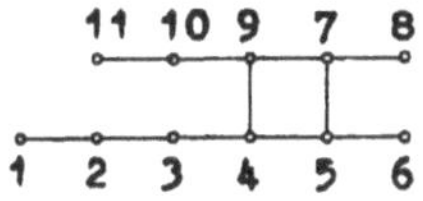

Tabelle 323 D = 31584 = $2^5.3.7.47$

-K \ W	1	2	3	4	5	6	7	8	9	10	11	S
1	196318	29651	88953	40891	13630	20089	9119	7266	2422	10258	3419	422016
2		196318	88953	40891	13630	20089	9119	7266	2422	10258	3419	422016
3			266860	122673	40891	60268	27356	21799	7266	30775	10258	766052
4				286237	95412	140625	63830	50864	16955	71809	23936	954123
5					198471	46875	21277	16955	5652	23936	7979	484708
6						314732	142857	113839	37946	160714	53571	1111605
7							259878	136778	45593	104863	34954	855624
8								296495	98832	153875	51292	955261
9									199611	51292	17097	485088
10										305471	101824	1025075
11											200608	508357

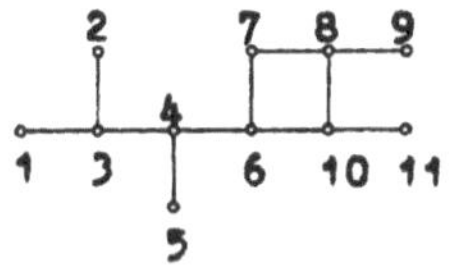

Tabelle 324 D = 31536 = $2^4.3^3.73$

-K \ W	1	2	3	4	5	6	7	8	9	10	11	S
1	196347	29680	89041	41096	13699	20548	10274	3425	6849	3425	10274	424658
2		196347	89041	41096	13699	20548	10274	3425	6849	3425	10274	424658
3			267123	123288	41096	61644	30822	10274	20548	10274	30822	773973
4				287671	95890	143836	71918	23973	47945	23973	71918	972604
5					198630	47945	23973	7991	15982	7991	23973	490869
6						321918	160959	53653	107306	53653	160959	1152969
7							299229	99743	136986	37243	111729	993150
8								199914	45662	12414	37243	497717
9									257991	45662	136986	828766
10										199914	99743	497717
11											299229	993150

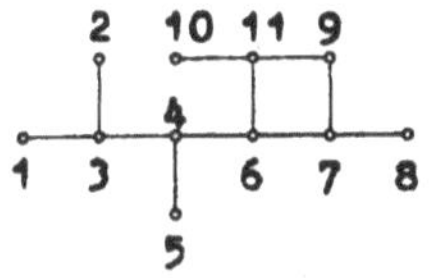

Tabelle 325 $D = 31428 = 2^2.3^4.97$

-K \ W	1	2	3	4	5	6	7	8	9	10	11	S
1	201031	103093	54124	23196	7732	7732	36082	7732	7732	23196	54124	525774
2		309278	162371	69588	23196	23196	108247	23196	23196	69588	162371	1077320
3			313717	134450	44817	44817	144330	17039	17039	51117	119273	1103094
4				271907	90636	90636	61856	7302	7302	21907	51117	829897
5					196879	30212	20619	2434	2434	7302	17039	443300
6						196879	20619	2434	2434	7302	17039	443300
7							262887	20619	20619	61856	144330	902064
8								196879	30212	90636	44817	443300
9									196879	90636	44817	443300
10										271907	134450	829897
11											313717	1103094

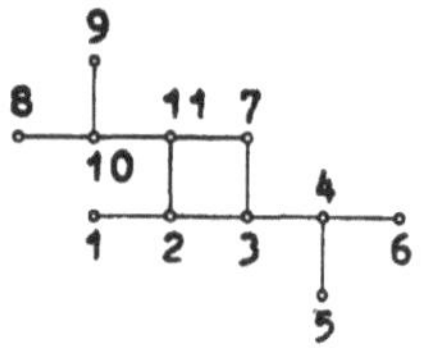

Tabelle 326 $D = 31416 = 2^3.3.7.11.17$

-K \ W	1	2	3	4	5	6	7	8	9	10	11	S
1	192513	77540	40107	21390	8021	2674	16043	5348	2674	8021	21390	395721
2		232620	120321	64171	24064	8021	48128	16043	8021	24064	64171	687164
3			320856	171123	64171	21390	128342	42781	21390	64171	171123	1165775
4				319837	119939	39980	168449	56150	16170	48510	129361	1155080
5					232477	77492	63168	21056	6064	18191	48510	683153
6						192497	21056	7019	2021	6064	16170	394384
7							313837	104612	21056	63168	168449	1116308
8								201537	7019	21056	56150	538771
9									192497	77492	39980	394384
10										232477	119939	683153
11											319837	1155080

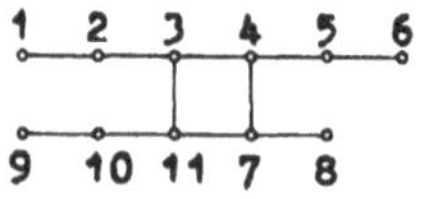

Tabelle 327 $D = 31374 = 2.3^3.7.83$

-K \ W	1	2	3	4	5	6	7	8	9	10	11	S
1	196931	30264	90792	45181	20654	16781	5594	24096	10327	3442	3442	447504
2		196931	90792	45181	20654	16781	5594	24096	10327	3442	3442	447504
3			272375	135542	61962	50344	16781	72289	30981	10327	10327	842512
4				316265	144578	117470	39157	168675	72289	24096	24096	1132530
5					261331	139415	46472	110442	47332	15777	15777	884394
6						300775	100258	162651	69707	23236	23236	1020654
7							200086	54217	23236	7745	7745	506885
8								323293	138554	46185	46185	1170683
9									273666	91222	91222	858863
10										197074	30407	452953
11											197074	452953

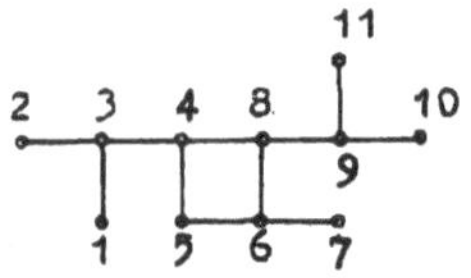

Tabelle 328 $D = 31283 = 7.41.109$

-K \ W	1	2	3	4	5	6	7	8	9	10	11	S
1	283077	110443	48253	34316	54694	129767	51530	24822	22936	43986	109021	912845
2		234073	91775	41252	31982	54694	21657	10277	9174	17246	42563	665136
3			227072	89442	41252	34316	13442	6010	4587	7752	18668	582569
4				227072	91775	48253	18668	7752	4587	6010	13442	582569
5					234073	110443	42563	17246	9174	10277	21657	665136
6						283077	109021	43986	22936	24822	51530	912845
7							232970	89889	36697	20203	23911	660551
8								225682	87156	35786	20203	568809
9									224771	87156	36697	545871
10										225682	89889	568809
11											232970	660551

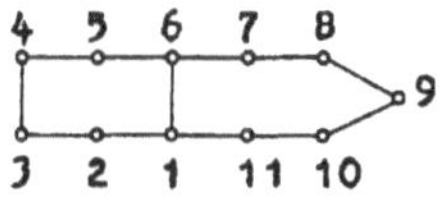

Tabelle 329 $D = 31152 = 2^{4}.3.11.59$

-K \ W	1	2	3	4	5	6	7	8	9	10	11	S
1	195429	28762	86287	34669	17720	9245	3082	6934	2311	3082	9245	396766
2		195429	86287	34669	17720	9245	3082	6934	2311	3082	9245	396766
3			258860	104006	53159	27735	9245	20801	6934	9245	27735	690294
4				242681	124037	64715	21572	48536	16179	21572	64715	777351
5					318952	166410	55470	124807	41602	55470	166410	1141757
6						311007	103669	162943	54314	41169	123507	1073959
7							201223	54314	18105	13723	41169	524654
8								309707	103236	54314	162943	1055469
9									201079	18105	54314	518490
10										201223	103669	524654
11											311007	1073959

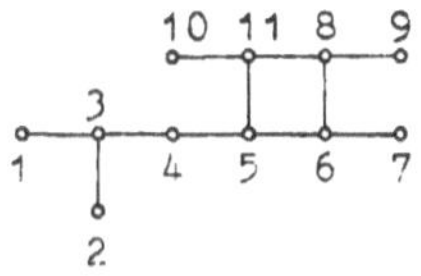

Tabelle 330 $D = 30888 = 2^{3}.3^{3}.11.13$

-K \ W	1	2	3	4	5	6	7	8	9	10	11	S
1	286697	115627	60185	64928	134599	52172	21918	13581	18826	42897	109865	921295
2		237617	97222	54050	64928	25107	10392	6070	7819	17385	44338	680555
3			231481	97222	60185	23148	9259	4630	4630	9259	23148	620369
4				237617	115627	44338	17385	7819	6070	10392	25107	680555
5					286697	109865	42897	18826	13581	21918	52172	921295
6						233084	89387	35078	15848	12464	21546	662037
7							225265	86409	33961	15475	12464	564812
8								224149	86037	33961	15848	532408
9									224149	86409	35078	532408
10										225265	89387	564812
11											233084	662037

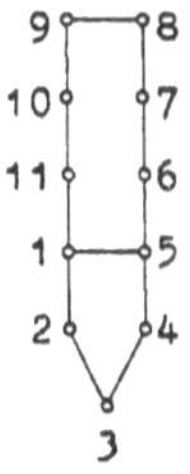

Tabelle 331 $D = 30800 = 2^{4}.5^{2}.7.11$

-K \ W	1	2	3	4	5	6	7	8	9	10	11	S
1	236623	95584	50130	54805	114286	51429	20000	8571	5714	8571	20000	665713
2		229610	93247	50130	57143	25714	10000	4286	2857	4286	10000	582857
3			229610	95584	57143	25714	10000	4286	2857	4286	10000	582857
4				236623	114286	51429	20000	8571	5714	8571	20000	665713
5					285714	128571	50000	21429	14286	21429	50000	914287
6						282857	110000	47143	31429	47143	110000	911429
7							233750	91250	40000	28750	46250	660000
8								226607	88571	39107	28750	568571
9									225714	88571	40000	545713
10										226607	91250	568571
11											233750	660000

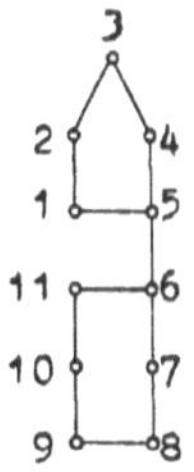

Tabelle 332 $D = 30768 = 2^{4}.3.641$

-K \ W	1	2	3	4	5	6	7	8	9	10	11	S
1	191888	75663	35101	11700	17941	9360	3120	7020	2340	3120	9360	366613
2		226989	105304	35101	53822	28081	9360	21061	7020	9360	28081	599842
3			280811	93604	143526	74883	24961	56162	18721	24961	74883	932917
4				197868	47842	24961	8320	18721	6240	8320	24961	477638
5					328913	171607	57202	128705	42902	57202	171607	1221269
6						313719	104573	164977	54992	42073	126219	1115445
7							201524	54992	18331	14024	42073	538480
8								311232	103744	54992	164977	1086583
9									201248	18331	54992	528861
10										201524	104573	538480
11											313719	1115445

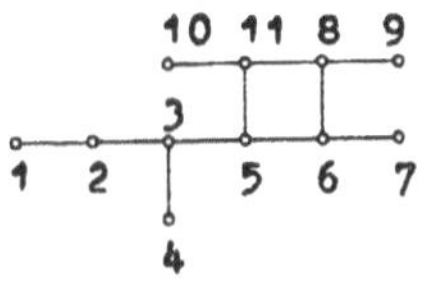

Tabelle 333 — D = 30672 = $2^4 \cdot 3^3 \cdot 71$

-K \ W	1	2	3	4	5	6	7	8	9	10	11	S
1	197183	30516	91549	46948	24648	8216	18779	7042	2347	8216	24648	460092
2		197183	91549	46948	24648	8216	18779	7042	2347	8216	24648	460092
3			274648	140845	73944	24648	56338	21127	7042	24648	73944	880282
4				328639	172535	57512	131455	49296	16432	57512	172535	1220657
5					315581	105194	169014	63380	21127	42694	128081	1140846
6						201731	56338	21127	7042	14231	42694	546949
7							319249	119718	39906	56338	169014	1154928
8								232394	77465	21127	63380	683098
9									192488	7042	21127	394365
10										201731	105194	546949
11											315581	1140846

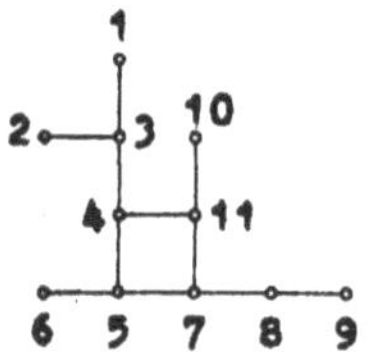

Tabelle 334 — D = 30666 = 2.3.19.269

-K \ W	1	2	3	4	5	6	7	8	9	10	11	S
1	197205	30539	91616	47104	24653	8218	18636	6212	25044	9392	3131	461750
2		197205	91616	47104	24653	8218	18636	6212	25044	9392	3131	461750
3			274848	141313	73958	24653	55909	18636	75132	28175	9392	885248
4				329730	172569	57523	130454	43485	175308	65741	21914	1232245
5					314616	104872	166406	55469	129133	48425	16142	1130894
6						201624	55469	18490	43044	16142	5381	543634
7							313295	104432	169047	63393	21131	1116808
8								201477	56349	21131	7044	538937
9									321659	120622	40207	1180589
10										232733	77578	692724
11											192526	397577

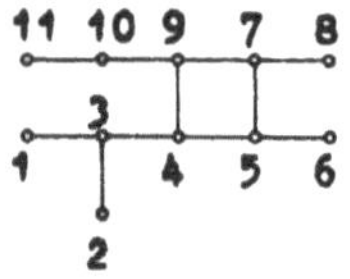

Tabelle 335 — D = 30613 = $11^3 \cdot 23$

-K \ W	1	2	3	4	5	6	7	8	9	10	11	S
1	235178	94862	49407	53360	110672	43478	19763	7905	3953	3953	7905	630436
2		229249	92885	49407	55336	21739	9881	3953	1976	1976	3953	565217
3			229249	94862	55336	21739	9881	3953	1976	1976	3953	565217
4				235178	110672	43478	19763	7905	3953	3953	7905	630436
5					276680	108696	49407	19763	9881	9881	19763	826087
6						239130	108696	43478	21739	21739	43478	717390
7							276680	110672	55336	55336	110672	826087
8								235178	94862	49407	53360	630436
9									229249	92885	49407	565217
10										229249	94862	565217
11											235178	630436

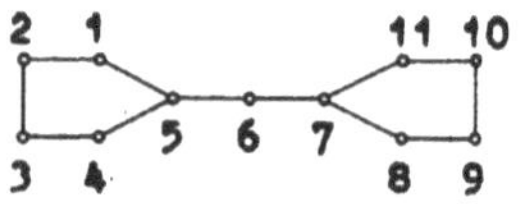

Tabelle 336 — D = 30243 = 3.17.593

-K \ W	1	2	3	4	5	6	7	8	9	10	11	S
1	196409	89227	35165	16268	13640	5555	3025	3521	7539	19095	36108	425552
2		267682	105495	48805	40919	16665	9076	10564	22617	57286	108323	776659
3			233442	94832	51053	20186	9506	8333	15491	38141	47879	659523
4				235691	112241	43894	19443	14433	23857	57137	35314	701915
5					285669	111497	48821	34967	56079	133271	58063	946220
6						234501	92005	41514	32536	56096	24254	678703
7							227193	89574	41530	35016	14698	589887
8								227210	92054	48953	19839	590962
9									234633	111844	44820	683000
10										286579	114622	958040
11											240981	744901

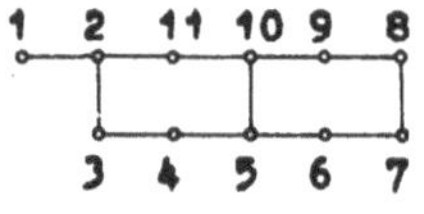

Tabelle 337 D = 30072 = $2^3.3.7.179$

-K \ W	1	2	3	4	5	6	7	8	9	10	11	S
1	197526	92578	43895	17159	7582	5587	9178	21947	12769	16361	36313	460895
2		277733	131684	51476	22745	16760	27534	65842	38308	49082	108939	882681
3			294477	114924	50296	35964	57595	136822	58393	38358	56681	1019089
4				235834	92578	41899	33121	57462	24342	15563	22346	706704
5					227437	89735	41766	35565	14632	8330	10358	601024
6						227304	92178	49232	19553	9427	8729	596368
7							234770	112131	44028	19952	15829	688082
8								287161	112530	50429	38757	967878
9									235169	92977	43762	696463
10										228502	92528	621509
11											233822	668064

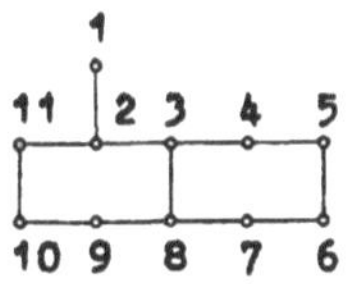

Tabelle 338 D = 30020 = $2^2.5.19.79$

-K \ W	1	2	3	4	5	6	7	8	9	10	11	S
1	196053	88158	34211	14474	9211	3947	2632	3947	9211	14474	34211	410526
2		264474	102632	43421	27632	11842	7895	11842	27632	43421	102632	731581
3			231779	92705	46336	18954	10526	12625	27348	23085	41905	642106
4				234694	111376	45020	23684	26033	54414	25833	23085	694739
5					287791	116106	60526	65473	135893	54414	27348	942106
6						237825	97368	54280	65473	26033	12625	689473
7							231579	97368	60526	23684	10526	626314
8								237825	116106	45020	18954	689473
9									287791	111376	46336	942106
10										234694	92705	694739
11											231779	642106

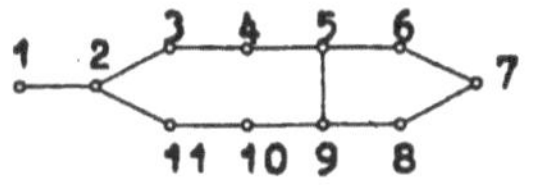

Tabelle 339 D = 30000 = $2^4.3.5^4$

-K \ W	1	2	3	4	5	6	7	8	9	10	11	S
1	237600	106400	81600	32000	14400	5600	2400	1600	2400	5600	106400	596000
2		242933	122400	48000	21600	8400	3600	2400	3600	8400	76267	644000
3			285600	112000	50400	19600	8400	5600	8400	19600	122400	836000
4				240000	108000	42000	18000	12000	18000	42000	48000	720000
5					273600	106400	45600	30400	45600	106400	21600	824000
6						232350	90650	39600	28150	44850	8400	626000
7							226350	88400	38850	28150	3600	554000
8								225583	88400	39600	2400	535983
9									226350	90650	3600	554000
10										232350	8400	626000
11											242933	644000

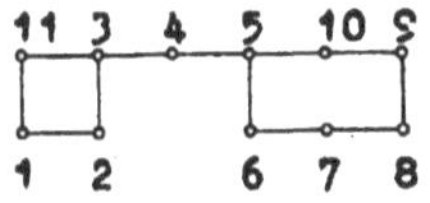

Tabelle 340 D = 29997 = $3^2.11.101$

-K \ W	1	2	3	4	5	6	7	8	9	10	11	S
1	196203	88609	34237	14101	8067	10101	4684	3950	7167	17552	35387	420058
2		265827	102710	42304	24202	30303	14051	11851	21502	52655	106161	760175
3			230806	89709	38320	25253	10884	7401	11318	26553	43088	620279
4				226823	90759	45455	18602	10351	12451	27003	23102	600600
5					233957	111111	44921	23652	26036	54455	26219	681699
6						287879	116162	60606	65657	136364	55556	944447
7							237857	97410	54372	65707	26586	691236
8								231623	97460	60756	24202	629262
9									238007	116562	46021	696553
10										288929	113861	960397
11											240008	740191

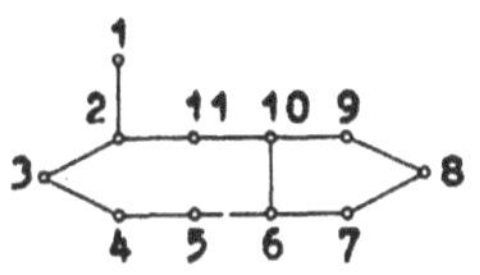

Tabelle 341 D = 29928 = $2^3 \cdot 3 \cdot 29 \cdot 43$

-K \ W	1	2	3	4	5	6	7	8	9	10	11	S
1	244671	107558	78004	126453	56686	21802	8721	4360	4360	8721	21802	683138
2		238372	107558	84302	37791	14535	5814	2907	2907	5814	14535	622093
3			244671	126453	56686	21802	8721	4360	4360	8721	21802	683138
4				295058	132267	50872	20349	10174	10174	20349	50872	927323
5					283430	109012	43605	21802	21802	43605	109012	915698
6						232909	89715	36237	18996	20750	43254	659884
7							225541	86909	35184	18645	20750	563954
8								224489	86558	35184	18996	531976
9									224489	86909	36237	531976
10										225541	89715	563954
11											232909	659884

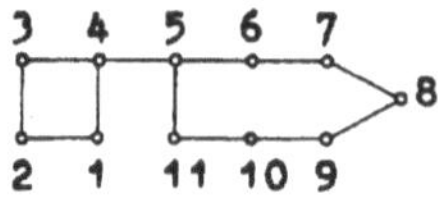

Tabelle 342 D = 29862 = $2 \cdot 3^3 \cdot 7 \cdot 79$

-K \ W	1	2	3	4	5	6	7	8	9	10	11	S
1	197090	91270	38360	23810	9259	3968	2646	3968	9259	23810	38360	441800
2		273810	115079	71429	27778	11905	7937	11905	27778	71429	115079	825399
3			245211	120555	46531	19038	10582	12708	27543	69922	61667	767196
4				290235	111814	45208	23810	26221	54852	138336	69922	976192
5					234060	90366	37037	20745	25199	54852	27543	685184
6						225889	87302	36016	20745	26221	12708	579366
7							224868	87302	37037	23810	10582	552913
8								225889	90366	45208	19038	579366
9									234060	111814	46531	685184
10										290235	120555	976192
11											245211	767196

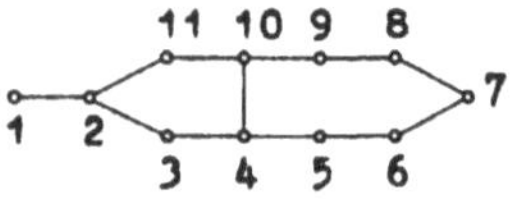

Tabelle 343 D = 29813 = 7.4259

-K \ W	1	2	3	4	5	6	7	8	9	10	11	S
1	197414	92242	35605	14574	8117	9778	21216	10163	9274	17660	43706	459749
2		276725	106816	43723	24352	29333	63647	30490	27823	52980	131117	879248
3			232231	89877	37400	22322	29568	13769	11740	21450	52611	653389
4				225908	87848	37635	25056	10817	7396	11371	26717	580922
5					226143	90581	45601	18683	10448	12662	27538	589373
6						234109	111747	45232	23949	26616	55898	687200
7							289639	117013	61399	67185	140157	972228
8								238269	97793	55110	67537	704876
9									231979	98145	62456	642402
10										239325	119830	722334
11											297035	1024602

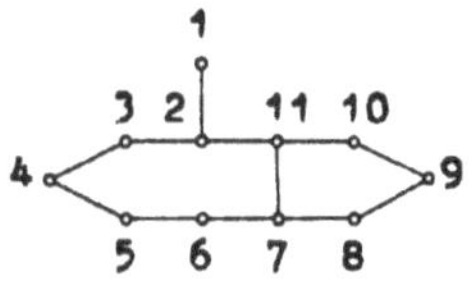

Tabelle 344 D = 29716 = $2^2 \cdot 17 \cdot 19 \cdot 23$

-K \ W	1	2	3	4	5	6	7	8	9	10	11	S
1	198058	94175	38548	21470	25861	10197	4728	3988	7235	17718	45918	467896
2		282525	115645	64410	77584	30590	14184	11963	21705	53153	137754	903688
3			239046	101494	65436	25474	10987	7488	11475	26938	69340	711871
4				240073	118724	45834	18778	10499	12720	27662	70265	731929
5					290735	112027	45346	24011	26686	56047	141456	983913
6						234150	90423	37118	20931	25676	56098	688518
7							225922	87344	36108	20982	26837	581639
8								224913	87394	37269	24414	556401
9									226073	90826	46406	587559
10										235210	114803	706284
11											298004	1031295

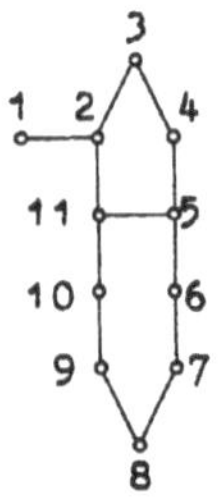

Tabelle 345 D = 29715 = 3.5.7.283

-K \ W	1	2	3	4	5	6	7	8	9	10	11	S
1	248090	130456	49924	19317	8026	4762	6259	14016	35790	93354	113815	723809
2		298014	113983	43934	17819	9524	10752	22733	57446	149605	93354	947620
3			234579	89753	34679	14286	8178	10247	22564	57446	35790	671429
4				225324	86219	33333	13781	8009	10247	22733	14016	566666
5					223978	85714	33165	13781	8178	10752	6259	528570
6						223810	85714	33333	14286	9524	4762	519048
7							223978	86219	34679	17819	8026	528570
8								225324	89753	43934	19317	566666
9									234579	113983	49924	671429
10										298014	130456	947620
11											248090	723809

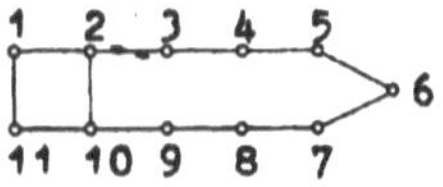

Tabelle 346 D = 29667 = 3.11.29.31

-K \ W	1	2	3	4	5	6	7	8	9	10	11	S
1	237486	106229	81201	31146	12236	5562	2225	1112	1112	2225	106229	586763
2		242677	121802	46719	18354	8343	3337	1669	1669	3337	76010	630146
3			284205	109010	42825	19466	7786	3893	3893	7786	121802	803669
4				233593	91769	41713	16685	8343	8343	16685	46719	650725
5					232481	105673	42269	21135	21135	42269	18354	648500
6						275306	110122	55061	55061	110122	8343	794772
7							234958	94752	49297	53140	3337	617908
8								229194	92830	49297	1669	558955
9									229194	94752	1669	558955
10										234958	3337	617908
11											242677	630146

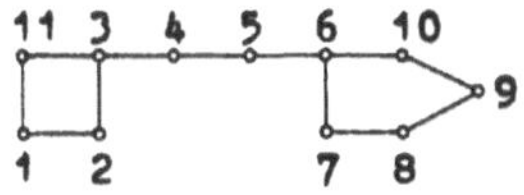

Tabelle 347 D = 29656 = 2^3.11.337

-K \ W	1	2	3	4	5	6	7	8	9	10	11	S
1	191782	75347	34260	13522	6306	5395	2411	1838	3102	7469	13909	355341
2		226042	102779	40566	18917	16186	7233	5513	9307	22407	41728	566025
3			274076	108174	50445	43162	19288	14702	24818	59752	111276	842732
4				234624	95697	52468	21884	13185	17669	39823	49332	686944
5					236647	114243	46365	24852	28190	59718	36721	718101
6						290262	117211	61370	66900	139331	60831	967359
7							238316	97737	54896	66951	28746	701038
8								231842	97788	61522	25408	635757
9									238468	117615	47478	706231
10										291324	117025	982937
11											242767	775221

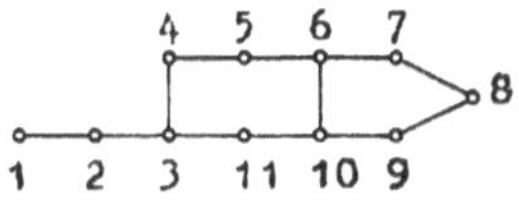

Tabelle 348 D = 29539 = 109.271

-K \ W	1	2	3	4	5	6	7	8	9	10	11	S
1	191882	75646	35055	14760	9225	3690	1845	1845	3690	9225	14760	362623
2		226937	105166	44280	27675	11070	5535	5535	11070	27675	44280	584869
3			280443	118081	73801	29520	14760	14760	29520	73801	118081	892988
4				246725	122093	47920	21666	17079	29571	71634	63238	797047
5					292478	114239	50239	36477	59193	141102	71634	998156
6						235604	92573	42114	33769	59193	29571	699263
7							227479	89864	42114	36477	17079	599631
8								227479	92573	50239	21666	599631
9									235604	114239	47920	699263
10										292478	122093	998156
11											246725	797047

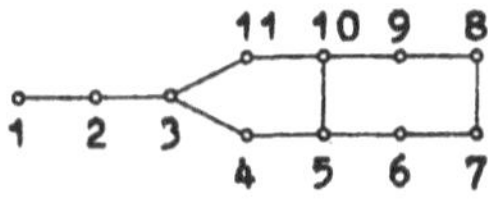

Tabelle 349

D = 29513 = 11.2683

-K \ W	1	2	3	4	5	6	7	8	9	10	11	S
1	196795	90384	36713	19754	22549	37644	10250	4100	2050	2050	4100	426389
2		271152	110138	59262	67648	112933	30749	12300	6150	6150	12300	779166
3			236489	99329	61498	57212	27954	11182	5591	5591	11182	662879
4				238725	116847	58703	53112	21245	10622	10622	21245	709466
5					289042	118897	131383	52553	26277	26277	52553	965524
6						243943	54044	21618	10809	10809	21618	749230
7							286992	114797	57398	57398	114797	938874
8								236828	95687	50232	55010	675552
9									229662	93298	50232	587776
10										229662	95687	587776
11											236828	675552

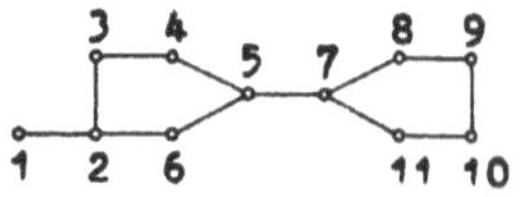

Tabelle 350

D = 29449 = 7^2.601

-K \ W	1	2	3	4	5	6	7	8	9	10	11	S
1	191959	75877	35672	14007	6350	5043	8778	4160	3701	6944	17131	369622
2		227631	107016	42022	19050	15128	26334	12479	11104	20833	51394	608868
3			285375	112058	50800	40341	70223	33278	29611	55554	137050	956978
4				235101	93246	44636	40664	18303	14245	24432	59051	697765
5					228938	93569	51767	21631	13124	17743	40103	636321
6						236069	114639	46589	25128	28796	61258	711196
7							292149	118136	62260	68644	143672	997226
8								238769	98170	55740	69052	716307
9									232249	98577	63483	651662
10										239991	121396	738650
11											300706	1064296

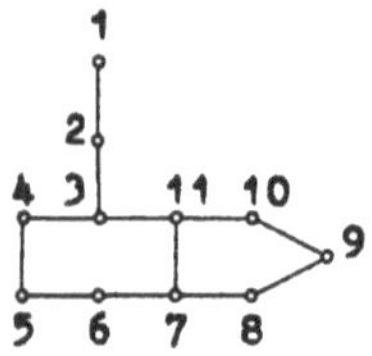

Tabelle 351

D = 29368 = 2^3.3671

-K \ W	1	2	3	4	5	6	7	8	9	10	11	S
1	192029	76086	36230	14846	8308	10079	4171	2435	3133	6963	17757	372037
2		228259	108690	44538	24925	30237	12514	7304	9398	20890	53272	616113
3			289839	118769	66467	80632	33370	19477	25061	55707	142059	976301
4				240398	102424	66876	26831	13620	14029	28466	71370	742167
5					240806	119995	47126	21384	17025	29692	72051	750203
6						293108	114546	50531	37047	60610	144783	1008444
7							235750	92703	42359	34374	60763	704507
8								227578	90030	42512	37507	605081
9									227731	93163	51757	610733
10										236976	117764	727117
11											301536	1070619

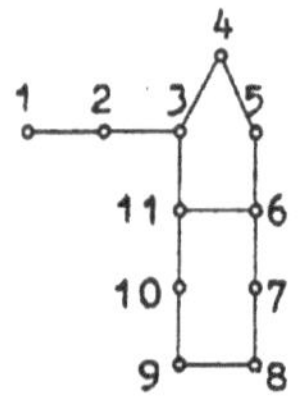

Tabelle 352

D = 29348 = 2^2.11.23.29

-K \ W	1	2	3	4	5	6	7	8	9	10	11	S
1	197902	93703	37856	19865	21739	45352	20615	8246	4123	4123	8246	461770
2		281109	113568	59595	65217	136057	61844	24738	12369	12369	24738	885307
3			236882	97076	54348	65967	29985	11994	5997	5997	11994	671664
4				231634	97826	61844	28111	11244	5622	5622	11244	629683
5					239130	119565	54348	21739	10870	10870	21739	717391
6						296852	134933	53973	26987	26987	53973	1022490
7							288606	115442	57721	57721	115442	964768
8								237086	95816	50361	55268	685907
9									229726	93362	50361	592954
10										229726	95816	592954
11											237086	685907

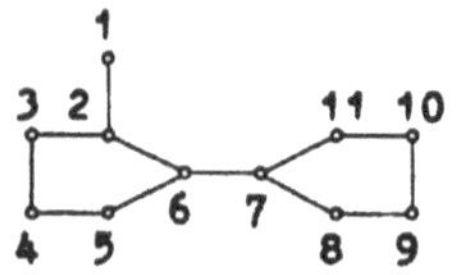

Tabelle 353 D = 29040 = $2^4.3.5.11^2$

-K \ W	1	2	3	4	5	6	7	8	9	10	11	S
1	191116	73347	28926	13430	5682	3616	1550	1033	1550	3616	5682	329548
2		220041	86777	40289	17045	10847	4649	3099	4649	10847	17045	488635
3			231405	107438	45455	28926	12397	8264	12397	28926	45455	636366
4				282025	119318	75930	32541	21694	32541	75930	119318	920454
5					247917	124432	50947	28409	34280	74432	64583	812500
6						297366	120300	63533	70300	147366	74432	1017048
7							239652	98657	56319	70300	34280	721592
8								232438	98657	63533	28409	647726
9									239652	120300	50947	721592
10										297366	124432	1017048
11											247917	812500

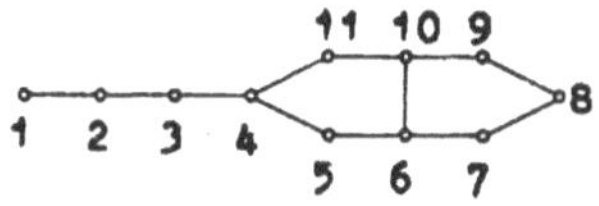

Tabelle 354 D = 28992 = $2^6.3.151$

-K \ W	1	2	3	4	5	6	7	8	9	10	11	S
1	196192	88576	34768	15728	12417	5795	2483	1656	2483	15728	34768	410594
2		265728	104305	47185	37252	17384	7450	4967	7450	47185	104305	731787
3			232823	94164	49669	23179	9934	6623	9934	31664	45323	642386
4				235306	111755	52152	22351	14901	22351	47806	31664	695363
5					285596	133278	57119	38079	57119	111755	49669	943708
6						295530	126656	84437	126656	52152	23179	940396
7							244757	107616	78091	22351	9934	688742
8								238411	107616	14901	6623	625830
9									244757	22351	8834	688742
10										235306	94164	695363
11											232823	642386

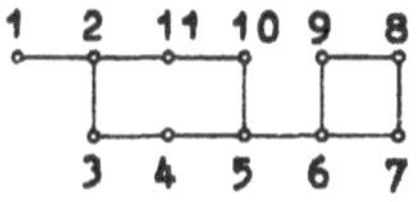

Tabelle 355 D = 28971 = $3^3.29.37$

-K \ W	1	2	3	4	5	6	7	8	9	10	11	S
1	196334	89003	34793	15377	11339	18639	8698	3728	2485	3728	35881	420005
2		267008	104380	46132	34017	55918	26095	11184	7456	11184	107642	760019
3			231904	91333	42094	34949	16309	6990	4660	6990	46443	620845
4				227866	92265	48928	22833	9786	6524	9786	31687	602517
5					234700	111836	52190	22367	14911	22367	48618	686704
6						286580	133737	57316	38211	57316	114166	957596
7							295744	126747	84498	126747	53277	946875
8								244797	107642	78130	22833	691520
9									238428	107642	15222	627679
10										244797	22833	691520
11											240603	739205

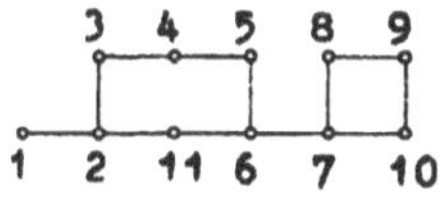

Tabelle 356 D = 28932 = $2^2.3.2411$

-K \ W	1	2	3	4	5	6	7	8	9	10	11	S
1	248237	130755	50394	20427	10888	8606	14932	36188	93633	113957	3629	731646
2		298614	114890	46056	23279	16020	24782	58326	150197	93651	7760	964330
3			235794	92493	41684	18664	14309	24264	58482	36292	13895	701161
4				231422	101773	39973	18146	14465	25249	15225	33924	639153
5					263635	101255	40129	19131	17265	9384	87878	716301
6						230039	88864	36551	20790	9799	33752	604313
7							226462	90523	45106	20012	13376	596641
8								235017	114527	50238	6377	685607
9									298476	130703	5755	960183
10										248220	3128	730609
11											195959	405433

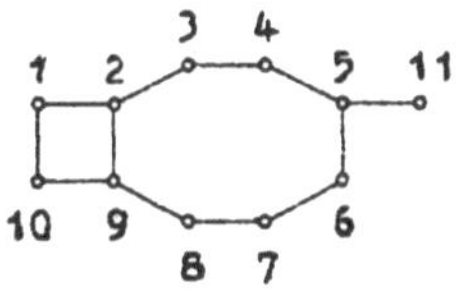

Tabelle 357

D = 28902 = 2.3.4817

-K \ W	1	2	3	4	5	6	7	8	9	10	11	S
1	196163	88489	33960	13390	6211	5242	9515	5761	7768	17542	35344	419385
2		265466	101879	40170	18632	15726	28545	17283	23303	52626	106031	758150
3			230105	88437	35205	17179	16331	8979	10605	22836	41572	607088
4				225140	86984	35811	20448	9653	8512	15881	18684	563110
5					225746	90253	45014	19981	14930	24808	14480	582244
6						234949	114594	50291	36278	58543	24756	683622
7							298768	130891	93904	150820	59788	968618
8								248339	114127	94042	37108	736455
9									248478	131306	51536	740747
10										299875	117501	985780
11											241177	747977

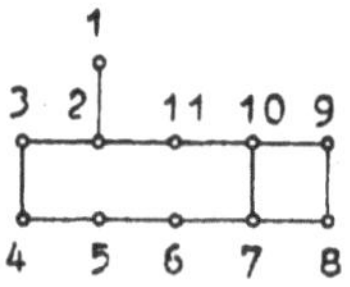

Tabelle 358

D = 28856 = 2^3.3607

-K \ W	1	2	3	4	5	6	7	8	9	10	11	S
1	191139	73416	29110	13914	5718	3240	4003	1854	1559	2824	6914	333691
2		220249	87330	41742	17154	9721	12008	5562	4678	8473	20741	501074
3			232881	111311	45744	25922	32021	14832	12476	22595	55309	669531
4				292192	120079	68045	84055	38935	32749	59312	145186	1007520
5					241128	103306	68790	29699	20308	31224	73364	756514
6						241873	122314	50163	28174	34360	74906	762024
7							298153	120789	64215	71857	151355	1029560
8								239933	99009	57094	72273	730143
9									232811	99425	65463	660867
10										241180	124116	752460
11											306886	1096513

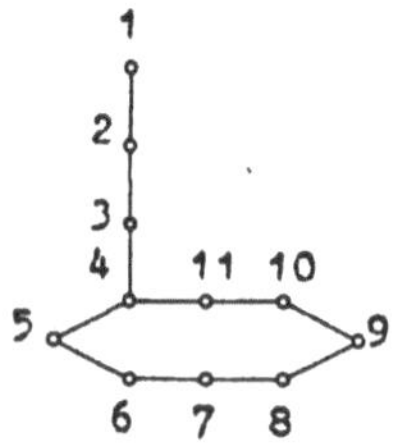

Tabelle 359

D = 28851 = 3.59.163

-K \ W	1	2	3	4	5	6	7	8	9	10	11	S
1	197134	91401	38526	24176	9774	5147	5667	1889	9965	24228	38543	446450
2		274202	115577	72528	29323	15441	17001	5667	29895	72684	115629	839348
3			245815	121868	48196	22720	19965	6655	30519	71592	62390	783823
4				293075	115265	52719	42893	14298	61662	142092	71540	1012116
5					236924	95508	49600	16533	36758	60674	29999	728554
6						233805	105906	35302	48612	39929	18457	673546
7							268119	89373	109078	59114	25372	792088
8								196458	36359	19705	8457	430696
9									242262	117708	49201	772019
10										294011	122231	1023968
11											245953	787772

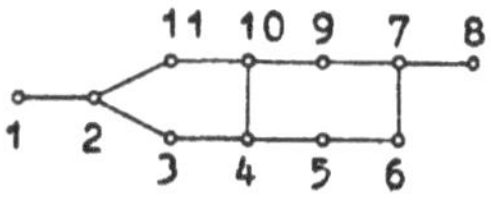

Tabelle 360

D = 28809 = 3^3.11.97

-K \ W	1	2	3	4	5	6	7	8	9	10	11	S
1	197421	92263	37610	20566	8574	5155	6890	15516	19091	41758	13919	458763
2		276788	112829	61699	25721	15464	20671	46548	57274	125273	41758	876288
3			243604	117984	47919	25773	29401	62428	39901	57274	19091	793814
4				292252	118036	61856	67531	140737	62428	46548	15516	1005153
5					238658	97938	55156	67531	29401	20671	6890	716495
6						231959	97938	61856	25773	15464	5155	644331
7							238658	118036	47919	25721	8574	716495
8								292252	117984	61699	20566	1005153
9									243604	112829	37610	793814
10										276788	92263	876288
11											197421	458763

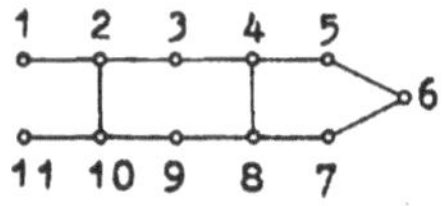

Tabelle 361 D = 28803 = 3.9601

-K \ W	1	2	3	4	5	6	7	8	9	10	11	S
1	197479	92438	36090	15832	11405	18384	43745	20415	8749	5833	8749	459120
2		277315	108270	47495	34215	55151	131236	61244	26247	17498	26247	877356
3			233257	91501	41246	32236	55463	25883	11093	7395	11093	653527
4				227008	89522	41558	35153	16405	7031	4687	7031	583223
5					227320	92438	49995	23331	9999	6666	9999	596136
6						235757	114832	53588	22966	15311	22966	705187
7							294501	137434	58900	39267	58900	1019426
8								297469	127487	84991	127487	975734
9									245113	107853	78447	703885
10										238569	107853	635923
11											245113	703885

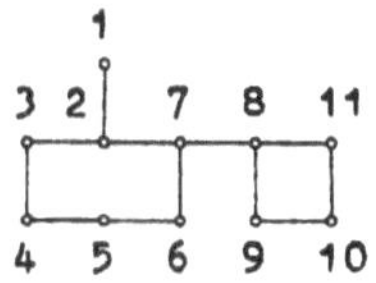

Tabelle 362 D = 28767 = 3.43.223

-K \ W	1	2	3	4	5	6	7	8	9	10	11	S
1	196736	90208	36552	19449	21796	37334	8604	4015	1721	1147	1721	419283
2		270623	109657	58348	65387	112003	25811	12045	5162	3441	5162	757847
3			236052	98498	59443	56367	23464	10950	4693	3129	4693	643498
4				237147	112942	57097	44582	20805	8916	5944	8916	672644
5					279383	114923	110283	51465	22057	14704	22057	874440
6						242309	45364	21170	9073	6049	9073	710762
7							240901	112420	48180	32120	48180	739909
8								285796	122484	81656	122484	845290
9									242969	106424	76303	647982
10										237616	106424	598654
11											242969	647982

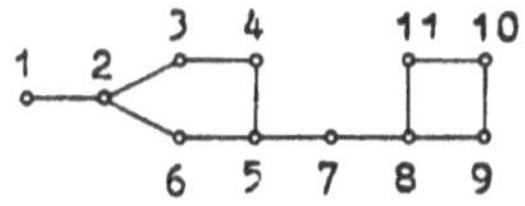

Tabelle 363 D = 28746 = $2.3^2.1597$

-K \ W	1	2	3	4	5	6	7	8	9	10	11	S
1	196653	89960	36492	19516	6505	15550	6888	5114	8453	20246	36736	442113
2		269881	109476	58547	19516	46650	20664	15341	25360	60739	110207	826341
3			240851	113076	37692	60687	25204	14924	19568	43780	51085	752835
4				280683	93561	135410	54947	29430	33344	70601	43049	932164
5					197854	45137	18316	9810	11115	23534	14350	477390
6						300407	121321	63557	69349	144490	63713	1066271
7							239981	98622	55886	69036	29900	740765
8								232311	98309	62617	25986	656021
9									239042	118817	48059	727302
10										293832	118190	1025882
11											242799	784074

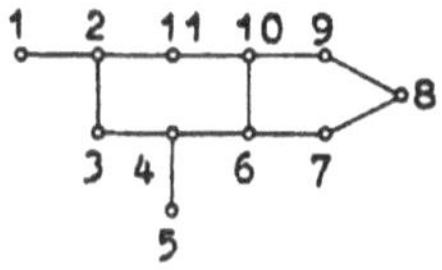

Tabelle 364 D = 28728 = $2^3.3^3.7.19$

-K \ W	1	2	3	4	5	6	7	8	9	10	11	S
1	237469	106203	106203	81140	31015	11905	4699	2193	940	940	627	583334
2		242638	75971	121711	46523	17857	7049	3289	1410	1410	940	625001
3			242638	121711	46523	17857	7049	3289	1410	1410	940	625001
4				283991	108553	41667	16447	7675	3289	3289	2193	791666
5					232613	89286	35244	16447	7049	7049	4699	625001
6						226190	89286	41667	17857	17857	11905	583334
7							232613	108553	46523	46523	31015	625001
8								283991	121711	121711	81140	791666
9									242638	75971	106203	625001
10										242638	106203	625001
11											237469	583334

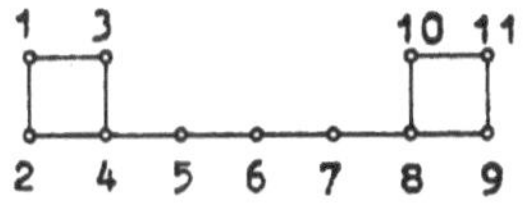

Tabelle 365

D = 28728 = $2^3.3^3.7.19$

W / -K	1	2	3	4	5	6	7	8	9	10	11	S
1	191729	75188	33835	13158	5639	3759	1880	1880	3759	5639	13158	349624
2		225564	101504	39474	16917	11278	5639	5639	11278	16917	39474	548872
3			270677	105263	45113	30075	15038	15038	30075	45113	105263	796994
4				233065	93933	48733	22052	17422	30214	24488	43250	671032
5					236685	116124	51117	37228	60568	28352	24488	716164
6						299638	131300	94263	151490	60568	30214	977442
7							248521	114261	94263	37228	17422	738721
8								248521	131300	51117	22052	738721
9									299638	116124	48733	977442
10										236685	93933	716164
11											233065	671052

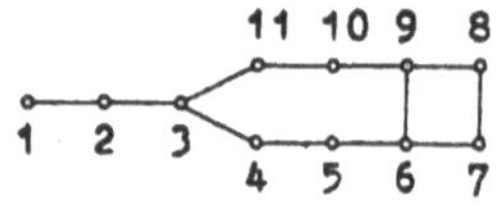

Tabelle 366

D = 28704 = $2^5.3.13.23$

W / -K	1	2	3	4'	5	6	7	8	9	10	11	S
1	239392	102007	66628	27487	15834	14737	28376	70391	116168	38723	5278	725021
2		240803	120401	48495	25084	18395	30100	71906	65217	21739	8361	752508
3			294576	117997	59417	40447	61925	145328	79484	26495	19806	1032504
4				242405	109218	48843	37312	63092	33967	11322	36406	776544
5					268238	106083	50010	43949	22418	7473	89413	797137
6						234044	96049	54104	25815	8605	35361	682483
7							238138	118363	55027	18342	16670	750312
8								300986	139266	46422	14650	1068457
9									283288	94429	7473	922552
10										198143	2491	474184
11											196471	432380

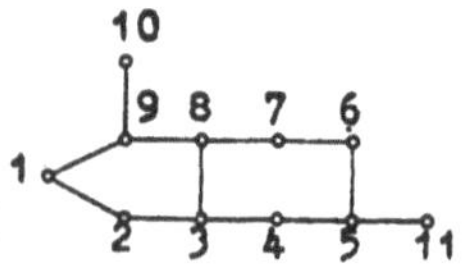

Tabelle 367

D = 28704 = $2^5.3.13.23$

W / -K	1	2	3	4	5	6	7	8	9	10	11	S
1	198161	94482	42642	33445	15050	5853	2508	1672	2508	5853	42642	444816
2		283445	127926	100334	45151	17559	7525	5017	7525	17559	127926	834449
3			253902	133779	60201	23411	10033	6689	10033	23411	87235	779262
4				301003	135452	52676	22575	15050	22575	52676	133779	1003344
5					285953	111204	47659	31773	47659	111204	60201	951507
6						234218	91451	40134	28951	46718	23411	675586
7							226693	88629	39193	28951	10033	575250
8								225753	88629	40134	6689	550169
9									226693	91451	10033	575250
10										234218	23411	675586
11											253902	779262

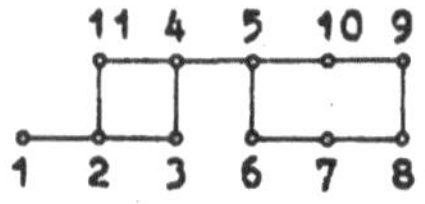

Tabelle 368

D = 28701 = $3^3.1063$

W / -K	1	2	3	4	5	6	7	8	9	10	11	S
1	239399	101965	66496	26968	14407	16254	28936	70555	116233	38744	5418	725375
2		240671	120048	47507	22473	19912	30626	71966	65224	21741	6637	748770
3			293648	115553	53012	43483	62942	145343	79440	26480	14494	1020939
4				237065	95641	49859	37316	62088	33396	11132	16620	733145
5					233912	106094	49005	40922	20748	6916	35365	678495
6						268423	109700	60677	28849	9616	89474	802341
7							243528	120884	56183	18728	36567	794415
8								301976	139699	46566	20226	1080902
9									283474	94491	9616	927353
10										198164	3205	475783
11											196491	434113

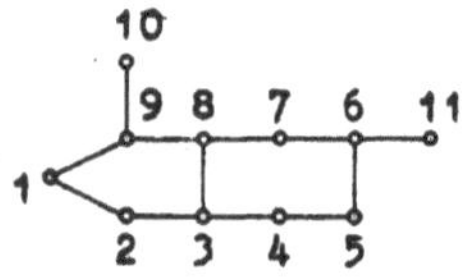

Tabelle 369 D = 28698 = 2.3.4783

-K \ W	1	2	3	4	5	6	7	8	9	10	11	S
1	191756	75267	34044	13172	5471	3241	4251	2474	3171	7039	13694	353580
2		225800	102133	39515	16412	9722	12754	7422	9513	21116	41083	560737
3			272353	105373	43766	25925	34009	19792	25368	56311	109555	828629
4				231915	90372	39201	27232	13799	14165	28695	44690	648129
5					227350	91679	47686	21604	17127	29776	24514	615757
6						235835	115827	51014	37215	60631	28852	699142
7							299794	131438	94519	152119	62043	981672
8								248624	114433	94676	38156	743432
9									248780	131908	52425	748624
10										301049	119120	1002440
11											242891	777023

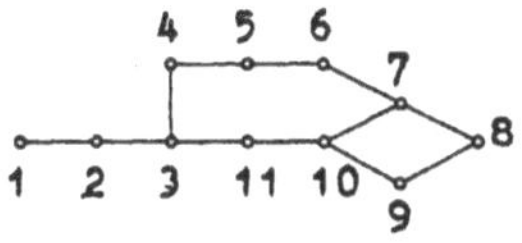

Tabelle 370 D = 28692 = $2^2.3^2.797$

-K \ W	1	2	3	4	5	6	7	8	9	10	11	S
1	197599	92796	35602	14011	6430	5280	9410	22951	14255	19814	45187	463335
2		278388	106807	42033	19291	15841	28231	68852	42765	59442	135560	890006
3			231964	89084	35289	16782	15056	28388	17252	23369	52854	652447
4				225220	86575	34504	16939	16311	8992	10665	23003	567337
5					224435	86731	35759	20546	9724	8626	16154	549560
6						225690	90339	45326	20180	15213	25460	581346
7							235257	115433	50816	37014	60226	694480
8								300972	132267	95828	155217	1002091
9									249198	115328	96787	757564
10										250157	135142	770598
11											308640	1054230

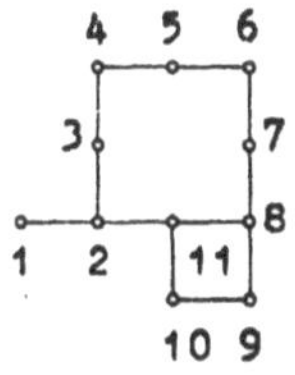

Tabelle 371 D = 28668 = $2^2.3.2389$

-K \ W	1	2	3	4	5	6	7	8	9	10	11	S
1	197712	93135	36591	16639	13325	23336	11581	11406	3802	18836	45103	471466
2		279406	109774	49916	39975	70009	34743	34219	11406	56509	135308	914400
3			234233	92926	44544	40707	19081	16534	5511	25010	58497	683408
4				228861	93658	52114	22499	15383	5128	18522	40184	635830
5					236431	115634	48416	29615	9872	30557	62055	724082
6						294789	122750	73462	24487	73148	145982	1036418
7							246268	116053	38684	63206	73566	796847
8								274697	91566	116471	74717	854123
9									197189	38824	24906	451375
10										247384	125680	814147
11											302323	1088321

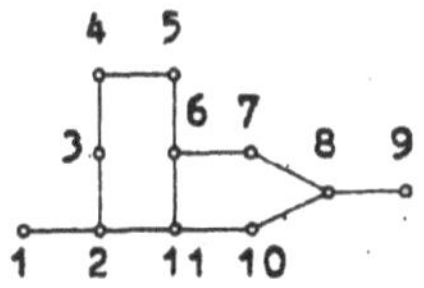

Tabelle 372 D = 28632 = $2^3.3.1193$

-K \ W	1	2	3	4	5	6	7	8	9	10	11	S
1	197663	92990	37510	19541	21113	43797	17288	8068	3458	2305	3458	447191
2		278971	112531	58623	63338	131391	51865	24204	10373	6915	10373	841574
3			236379	96605	53437	63705	25147	11735	5029	3353	5029	650460
4				231192	96972	59723	23575	11002	4715	3143	4715	609806
5					237479	115465	45578	21270	9116	6077	9116	678961
6						286672	113160	52808	22632	15088	22632	927073
7							242037	112950	48407	32272	48407	760686
8								286044	122590	81727	122590	854988
9									243015	106454	76348	652137
10										237636	106454	601424
11											243015	652137

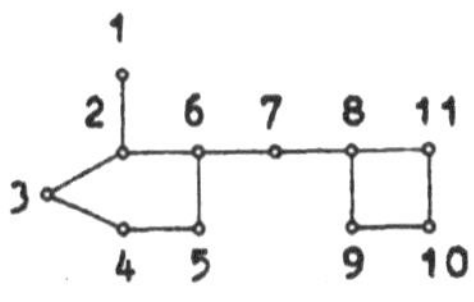

Tabelle 373

D = 28625 = 5^3.229

-K \ W	1	2	3	4	5	6	7	8	9	10	11	S
1	197485	92454	36646	17485	15808	7109	5520	9450	22830	43231	14410	462428
2		277362	109939	52454	47424	21328	16559	28349	68489	129694	43231	887283
3			235528	96646	54410	22812	14026	19266	43773	57642	19214	709902
4				237485	115808	47109	25520	29450	62830	43231	14410	742428
5					293013	118515	62533	69083	144716	72052	24017	1017379
6						238934	98288	55930	69502	34061	11354	724942
7							232332	98707	63790	30131	10044	657450
8								240192	121869	56331	18777	747404
9									301817	138865	46288	1084769
10										288210	96070	989518
11											198690	496505

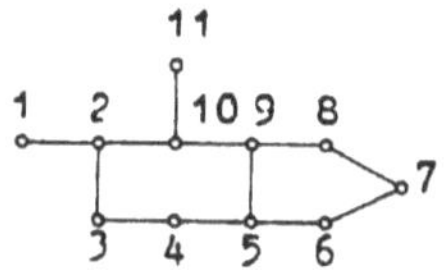

Tabelle 374

D = 28583 = 101.283

-K \ W	1	2	3	4	5	6	7	8	9	10	11	S
1	232673	99010	64356	29703	9901	14851	14851	9901	29703	64356	99010	668315
2		240388	122153	55155	18385	24927	19627	11318	33954	70916	56642	752475
3			302103	135763	45254	59931	44030	24053	72158	148392	70916	1089109
4				279974	93325	110835	52531	15586	46759	72158	33954	925743
5					197775	36945	17510	5195	15586	24053	11318	475247
6						235630	96054	17510	52531	44030	19627	712871
7							235630	36945	110835	59931	24927	712871
8								197775	93325	45254	18385	475247
9									279974	135763	55155	925743
10										302103	122153	1089109
11											240388	752475

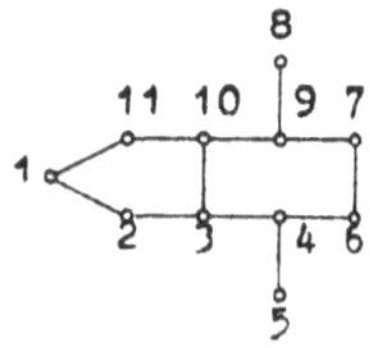

Tabelle 375

D = 28578 = 2.3.11.433

-K \ W	1	2	3	4	5	6	7	8	9	10	11	S
1	198037	94111	42148	32333	12702	5774	2309	1155	1155	2309	42148	434181
2		282333	126443	96998	38106	17321	6928	3464	3464	6928	126443	802539
3			251925	129330	50808	23095	9238	4619	4619	9238	85258	736721
4				290993	114319	51963	20785	10393	10393	20785	129330	907622
5					241339	109700	43880	21940	21940	43880	50808	749422
6						277136	110855	55427	55427	110855	23095	840648
7							235251	94898	49444	53433	9238	636259
8								229267	92904	49444	4619	568130
9									229267	94898	4619	568130
10										235251	9238	636259
11											251925	736721

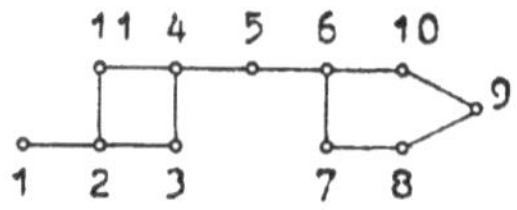

Tabelle 376

D = 28560 = 2^4.3.5.7.17

-K \ W	1	2	3	4	5	6	7	8	9	10	11	S
1	119160	97479	42857	31092	50420	22689	8824	3782	2521	3782	8824	471430
2		292437	128571	93277	151261	68067	26471	11345	7563	11345	26471	914287
3			247620	114286	95238	42857	16667	7143	4762	7143	16667	723811
4				249580	134454	60504	23529	10084	6723	10084	23529	757142
5					308123	138655	53922	23109	15406	23109	53922	1047619
6						287395	111765	47899	31933	47899	111765	971428
7							234436	91544	40196	29044	46936	683334
8								226733	88655	39233	29044	578571
9									225770	88655	40196	552380
10										226733	91544	578571
11											234436	683334

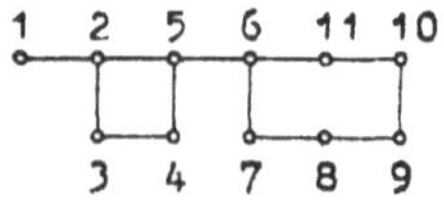

Tabelle 377 $D = 28521 = 3^2.3169$

-K \ W	1	2	3	4	5	6	7	8	9	10	11	S
1	197731	93194	36640	16725	13534	23877	12885	4295	10484	18565	45212	473142
2		279583	109919	50174	40602	71631	38656	12885	31451	55696	135637	919428
3			234336	93089	44932	41706	21405	7135	15375	24719	58781	688037
4				229094	94194	53486	25560	8520	14673	18460	40707	664682
5					237649	118755	55275	18425	28646	30662	63339	746013
6						302777	140265	46755	71263	73525	149311	1093351
7							283843	94614	116651	66109	81677	936940
8								198205	38884	22036	27226	478980
9									239806	102766	68493	738492
10										242190	123804	778492
11											302917	1097104

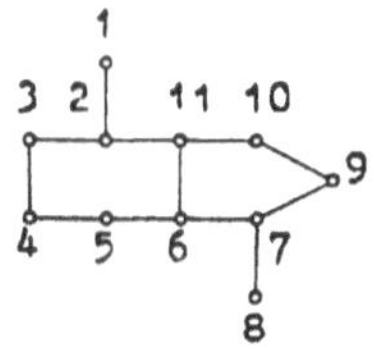

Rabelle 378 $D = 28512 = 2^5.3^4.11$

-K \ W	1	2	3	4	5	6	7	8	9	10	11	S
1	238426	107639	84491	38194	12731	17361	6944	3472	3472	6944	107639	627313
2		244792	126736	57292	19097	26042	10417	5208	5208	10417	78125	690973
3			295718	133680	44561	60764	24306	12153	12153	24306	126736	945604
4				286458	95486	130208	52084	26042	26042	52084	57292	954862
5					198495	43403	17361	8681	8681	17361	19097	484954
6						286458	114583	57292	57292	114583	26042	934028
7							236742	95644	50189	54924	10417	673611
8								229640	93279	50189	5208	586808
9									229640	95644	5208	586808
10										236742	10417	673611
11											244792	690973

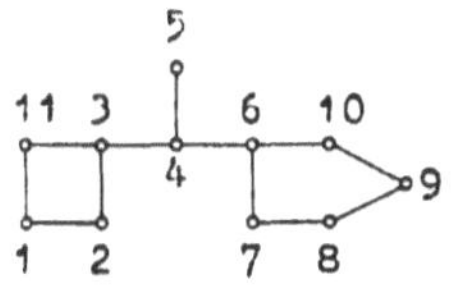

Tabelle 379 $D = 28497 = 3.7.23.59$

-K \ W	1	2	3	4	5	6	7	8	9	10	11	S
1	197898	93694	36828	16791	13545	23845	11633	11054	21529	7176	46356	480349
2		281082	110486	50374	40636	71534	34898	33161	64586	21529	139067	941047
3			234533	93115	44812	41320	19055	15844	28477	9492	60095	694057
4				228971	93799	52427	22266	14370	20844	6948	41215	641122
5					236586	115960	47742	27266	34056	11352	63551	729305
6						295452	120960	67428	81324	27108	149437	1046795
7							241131	102432	66165	22055	74008	762345
8								239867	117170	39057	72587	740236
9									285346	95115	143752	956364
10										198372	47917	486121
11											310752	1148734

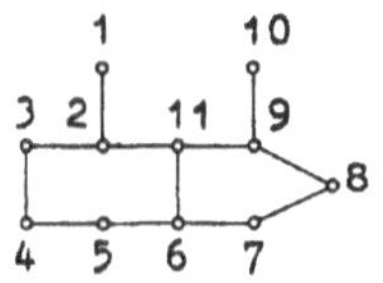

Tabelle 330 $D = 28458 = 2.3^3.17.31$

-K \ W	1	2	3	4	5	6	7	8	9	10	11	S
1	191967	75901	35737	13810	5693	3268	4111	9066	5587	7696	17499	370335
2		227704	107211	41429	17078	9804	12334	27198	16762	23087	52498	611006
3			285895	110479	45541	26144	32891	72528	44697	61564	139996	962683
4				233695	90607	38126	23772	33189	19485	25265	56311	686168
5					226281	88235	38425	27040	13757	14231	28937	595825
6						226580	91503	47930	21786	17429	30501	601306
7							236085	116751	51602	38056	62566	708096
8								302323	133071	96739	157197	1022982
9									249613	115820	97846	769976
10										250720	136341	786948
11											311178	1090870

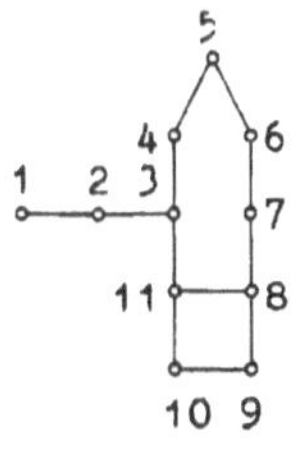

Tabelle 381

D = 28457 = 11.13.199

-K \ W	1	2	3	4	5	6	7	8	9	10	11	S
1	198879	96637	42327	30344	48705	19134	8697	3479	1739	1739	3479	455159
2		289911	126981	91032	146115	57402	26092	10437	5218	5218	10437	865480
3			246618	112872	91998	36142	16428	6571	3286	3286	6571	693080
4				247584	129880	51024	23193	9277	4639	4639	9277	713761
5					297642	116931	53150	21260	10630	10630	21260	948201
6						242366	110166	44066	22033	22033	44066	765363
7							277348	110939	55470	55470	110939	847892
8								235285	94915	49461	53467	639157
9									229276	92912	49461	569579
10										229276	94915	569579
11											235285	639157

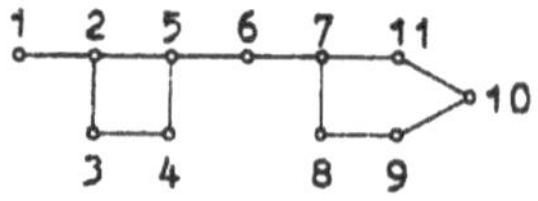

Tabelle 382

D = 28443 = 3.19.499

-K \ W	1	2	3	4	5	6	7	8	9	10	11	S
1	191102	73305	28812	13132	5203	2479	2233	1213	1406	3006	5379	327270
2		219914	86436	39395	15610	7436	6698	3639	4219	9018	16138	481808
3			230496	105052	41627	19829	17860	9704	11251	24048	43033	618148
4				275762	109271	52051	46883	25472	29533	63126	112963	872640
5					235401	96931	55391	26158	23081	43086	50786	702545
6						238741	119291	53001	39711	66132	39395	734997
7							302482	132845	96052	155311	67398	1002444
8								249341	115178	96192	40555	753298
9									249481	133267	54266	757445
10										303607	122244	1019037
11											245069	797226

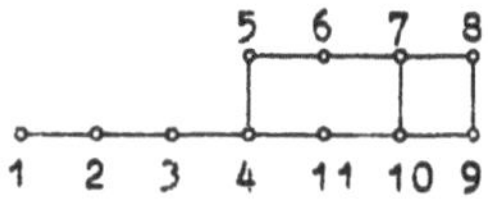

Tabelle 383

D = 28440 = $2^3.3^2.5.79$

-K \ W	1	2	3	4	5	6	7	8	9	10	11	S
1	198295	94884	40366	26213	10513	5327	5468	11076	27760	45992	15331	481225
2		284652	121097	78639	31540	15981	16403	33228	83281	137975	45992	943672
3			248664	124895	49086	22363	18003	31646	76934	74262	24754	832070
4				296044	115717	51108	37605	61709	147521	84810	28270	1052531
5					236217	92932	42581	34810	61850	35021	11674	721941
6						227690	90137	42722	38027	20253	6751	613291
7							227831	93354	52233	25738	8579	617932
8								237342	118671	56962	18987	740507
9									303780	145148	48383	1103588
10										293671	97890	1017722
11											199297	505908

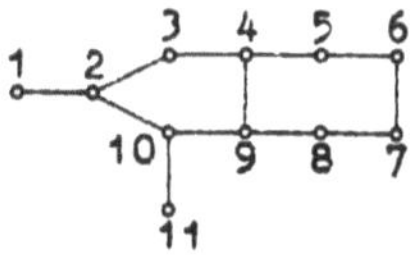

Tabelle 384

D = 28413 = $3^2.7.11.41$

-K \ W	1	2	3	4	5	6	7	8	9	10	11	S
1	247475	121212	40404	75758	30303	15152	15152	30303	75758	40404	121212	813133
2		286348	95449	142382	55908	25341	20114	35002	84891	25763	77289	969699
3			198483	47461	18636	8447	6705	11667	28297	8588	25763	489900
4				303928	118784	52423	38486	63035	150618	28297	84891	1106063
5					237409	93443	42920	35318	63035	11667	35002	742425
6						227906	90276	42920	38486	6705	20114	621213
7							227906	93443	52423	8447	25341	621213
8								237409	118784	18636	55908	742425
9									303928	47461	142382	1106063
10										198483	96449	489900
11											286348	969699

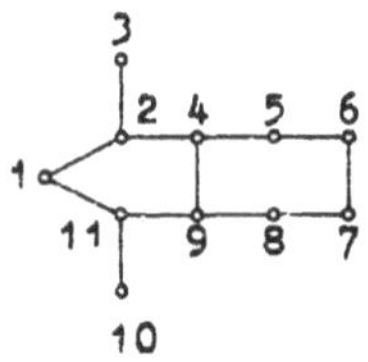

Tabelle 385 D = 28407 = 3.17.557

-K \ W	1	2	3	4	5	6	7	8	9	10	11	S
1	191837	75510	34692	14099	7604	8713	14468	4066	1743	1162	1743	355637
2		226529	104076	42296	22811	26138	43405	12198	5228	3485	5228	566904
3			277537	112789	60830	69701	115746	32527	13940	9293	13940	845071
4				237618	100063	62573	58454	29201	12515	8343	12515	690466
5					239360	118017	59616	55074	23603	15736	23603	726317
6						291477	120393	136023	58295	38864	58295	988489
7							245380	56183	24079	16052	24079	777855
8								296811	127205	84803	127205	961296
9									244992	107773	78326	697699
10										238515	107773	631799
11											244992	697699

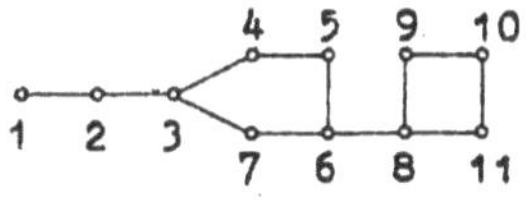

Tabelle 386 D = 28389 = 3.9463

-K \ W	1	2	3	4	5	6	7	8	9	10	11	S
1	199708	99123	45493	37356	14407	5865	3188	3699	7908	20025	52168	488940
2		297369	136479	112068	43221	17595	9564	11096	23724	60076	156504	966819
3			258533	139121	53419	21135	9986	8824	16485	40632	105411	835518
4				305294	117035	45810	20395	15376	25732	61820	159727	1039734
5					235848	90510	35683	16538	13931	25256	61837	707685
6						225721	86653	34239	16063	13949	25785	583325
7							224277	86178	34256	16591	15517	542288
8								224295	86706	35824	20765	543540
9									225862	90880	46779	588326
10										236817	119571	721441
11											311934	1075998

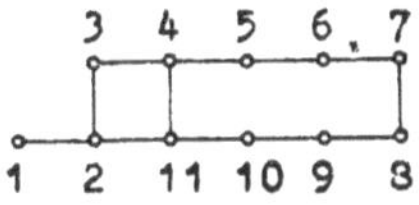

Tabelle 387 D = 28260 = $2^2.3^2.5.157$

-K \ W	1	2	3	4	5	6	7	8	9	10	11	S
1	196391	29724	89172	41401	17516	11146	4777	3185	4777	11146	17516	426751
2		196391	89172	41401	17516	11146	4777	3185	4777	11146	17516	426751
3			267516	124204	52548	33439	14331	9554	14331	33439	52548	780254
4				289809	122611	78025	33439	22293	33439	78025	122611	987258
5					249310	125318	51327	28662	34660	75318	65977	840763
6						297930	120541	63694	70541	147930	75318	1035028
7							239756	98726	56423	70541	34660	729298
8								232484	98726	63694	28662	652865
9									239756	120541	51327	729298
10										297930	125318	1035028
11											249310	840763

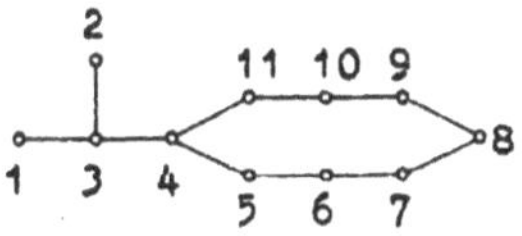

Tabelle 388 D = 28218 = 2.3.4703

-K \ W	1	2	3	4	5	6	7	8	9	10	11	S
1	192005	76015	36041	14565	7655	8399	17542	8186	3508	2339	3508	369763
2		228046	108122	43695	22964	25197	52626	24559	10525	7017	10525	609291
3			288327	116521	61238	67191	140336	65490	28067	18711	28067	958111
4				238093	97757	55178	67776	31629	13555	9037	13555	701361
5					232033	98341	62992	29396	12598	8399	12598	645971
6						239847	121199	56560	24240	16160	24240	736552
7							300606	140233	60121	40081	60121	1063685
8								298799	128057	85371	128057	996387
9									245358	108016	78691	712736
10										238677	108016	641824
11											245358	712736

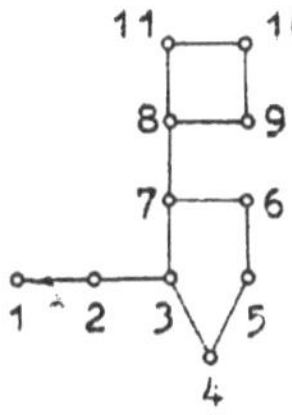

Tabelle 389

D = 28203 = 3.7.17.79

-K \ W	1	2	3	4	5	6	7	8	9	10	11	S
1	191132	73396	29057	13775	5425	2500	2074	3723	2252	3032	6843	333209
2		220189	87172	41325	16275	7499	6223	11169	6755	9095	20530	499628
3			232458	110201	43400	19998	16594	29784	18012	24253	54746	665675
4				289278	113924	52494	43559	78183	47282	63663	143708	997392
5					235986	94033	46112	44304	24412	28933	62387	715191
6						229603	94777	54728	25955	23136	43453	648178
7							238219	119881	53452	40474	67971	729336
8								304914	134401	98287	160462	1039836
9									250328	116583	99422	778854
10										251463	137804	796723
11											313991	1111317

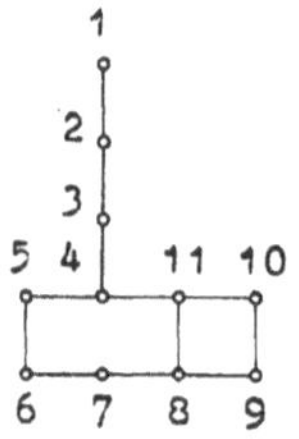

Tabelle 390

D = 28182 = 2.3.7.11.61

-K \ W	1	2	3	4	5	6	7	8	9	10	11	S
1	192037	76112	36300	16393	12881	16393	5855	2342	1171	1171	2342	362997
2		228337	108899	49180	38642	49180	17564	7026	3513	3513	7026	588992
3			290398	131148	103044	131148	46838	18735	9368	9368	18735	903981
4				255464	135246	88798	61475	24590	12295	12295	24590	811474
5					302693	135246	137588	55035	27518	27518	55035	1030446
6						255464	61475	24590	12295	12295	24590	811474
7							289813	115925	57963	57963	115925	968384
8								237279	95912	50458	55461	687353
9									229774	93411	50458	593678
10										229774	95912	593678
11											237279	687353

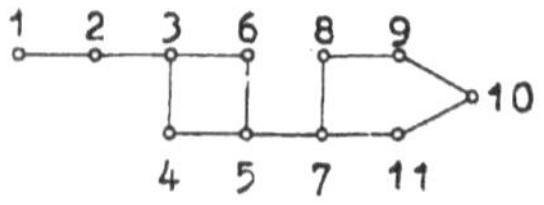

Tabelle 391

D = 28140 = 2^2.3.5.7.67

-K \ W	1	2	3	4	5	6	7	8	9	10	11	S
1	191398	75693	35181	14925	9595	4264	3198	1066	4264	9595	14925	364604
2		227078	105544	44776	28785	12793	9595	3198	12793	28785	44776	593816
3			281450	119403	76759	34115	25586	8529	34115	76759	119403	916844
4				248383	125746	53109	33582	11194	36443	75746	65050	828357
5					300480	125213	75160	25053	75213	150480	75746	1068230
6						247317	116738	38913	63984	75213	36443	808102
7							275053	91684	116738	75160	33582	856076
8								197228	38913	25053	11194	452025
9									247317	125213	53109	808102
10										300480	125746	1068230
11											248383	828357

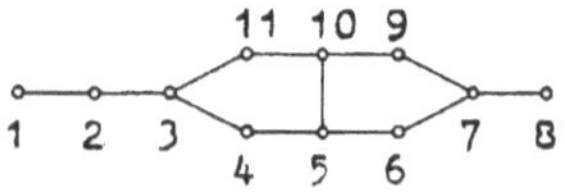

Tabelle 392

D = 28122 = 2.3.43.109

-K \ W	1	2	3	4	5	6	7	8	9	10	11	S
1	192269	76808	38155	17531	14437	5654	2525	1920	3236	7787	20127	380449
2		230425	114466	52592	43311	16962	7574	5761	9708	23362	60380	641349
3			305241	140246	115497	45231	20198	15362	25887	62300	161013	1043596
4				260383	140904	54566	22794	13815	18651	42138	107763	871383
5					307215	118466	48183	26083	30065	64114	162275	1070550
6						236665	91530	37924	22242	28803	64167	722210
7							226406	87689	36662	22296	30225	596082
8								225144	87743	38084	26509	566034
9									226566	91956	49303	602019
10										237785	121400	740025
11											314896	1118058

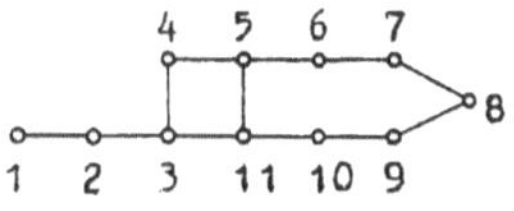

Tabelle 393 D = 28053 = $3^3 \cdot 1039$

W / -K	1	2	3	4	5	6	7	8	9	10	11	S
1	196610	29943	89830	42937	17645	9999	12352	5721	4812	8716	21335	439900
2		196610	89830	42937	17645	9999	12352	5721	4812	8716	21335	439900
3			269490	128810	52936	29997	37055	17164	14437	26147	64004	819700
4				300556	123516	69993	86461	40049	33686	61010	149342	1079297
5					242541	104107	69779	30157	20693	31922	75072	786013
6						242327	122875	50422	28393	34756	75874	778742
7							298845	121110	64485	72345	152551	1050210
8								240081	99134	57320	72826	739705
9									232916	99615	65929	668912
10										241525	124960	767032
11											308951	1132179

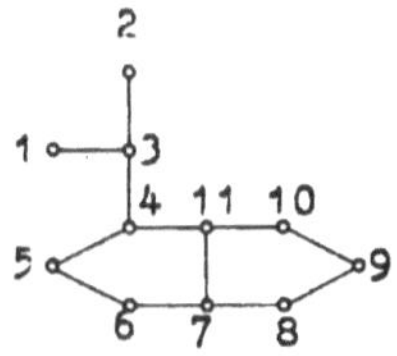

Tabelle 394 D = 28017 = $3^2 \cdot 11 \cdot 283$

W / -K	1	2	3	4	5	6	7	8	9	10	11	S
1	192187	76561	37495	16490	11975	19435	8834	3534	1767	1767	3534	373579
2		229682	112485	49470	35925	58304	26502	10601	5300	5300	10601	620731
3			299961	131920	95799	155477	70671	28269	14134	14134	28269	988614
4				249117	115430	97173	44170	17668	8834	8834	17668	756774
5					250491	136042	61837	24735	12367	12367	24735	781703
6						310954	141343	56537	28269	28269	56537	1088340
7							291519	116608	58304	58304	116608	994700
8								237552	96049	50594	55734	697881
9									229843	93479	50594	598940
10										229843	96049	598940
11											237552	697881

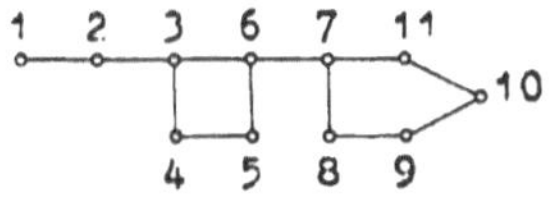

Tabelle 395 D = 28017 = $3^2 \cdot 11 \cdot 283$

W / -K	1	2	3	4	5	6	7	8	9	10	11	S
1	196416	89249	35978	18685	8459	6692	11618	9476	16811	5604	35354	434342
2		267748	107934	56055	25377	20077	34854	28429	50434	16811	106061	803029
3			242371	119178	52522	38387	62641	30357	28429	9476	45455	772728
4				301478	132188	95085	153068	62641	34854	11618	30303	1015153
5					248956	114680	95085	38387	20077	6692	15152	757575
6						248956	132188	52522	25377	8459	15152	757575
7							301478	119178	56055	18685	30303	1015153
8								242371	107934	35978	45455	772728
9									267748	89249	106061	803029
10										196416	35354	434342
11											237374	702024

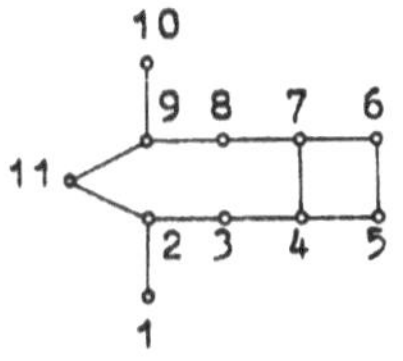

Tabelle 396 D = 27980 = $2^2 \cdot 5 \cdot 1399$

W / -K	1	2	3	4	5	6	7	8	9	10	11	S
1	191905	75715	35239	14975	9685	4235	3020	4825	1608	9846	15029	366082
2		227144	105718	44925	29056	12706	9060	14475	4825	29539	45086	598249
3			281916	119800	77484	33881	24160	38599	12866	78771	120229	928663
4				248677	126233	52430	31058	40743	13581	77591	65797	835810
5					301215	123410	69014	83631	27877	154003	77162	1078770
6						242155	103056	67012	22337	75643	36508	773373
7							240154	117405	39135	72927	32362	741351
8								285204	95068	143138	60579	950679
9									198356	47713	20193	483559
10										308774	129182	1127127
11											249803	851930

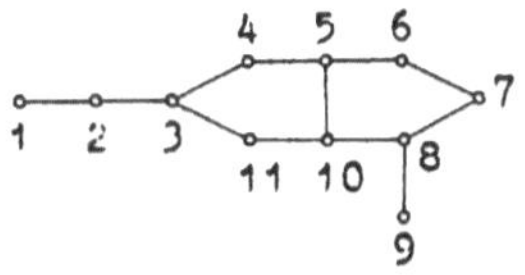

Tabelle 397

D = 27957 = 3.9319

-K \ W	1	2	3	4	5	6	7	8	9	10	11	S
1	192063	76188	36502	15023	8567	10677	5169	4829	1610	7708	18296	376632
2		228565	109507	45069	25700	32031	15506	114487	4829	23125	54888	629895
3			292020	120185	68534	85417	41349	38631	12877	61666	146368	1013056
4				241281	103659	69696	31227	23983	7994	32729	74203	765049
5					242444	123672	52330	33319	11106	36520	76242	782093
6						301320	125765	75974	25325	76832	154523	1081232
7							247648	117180	39060	64832	77315	817381
8								275566	91855	117663	77422	870909
9									197285	39221	25807	456969
10										248936	129145	838377
11											310012	1144221

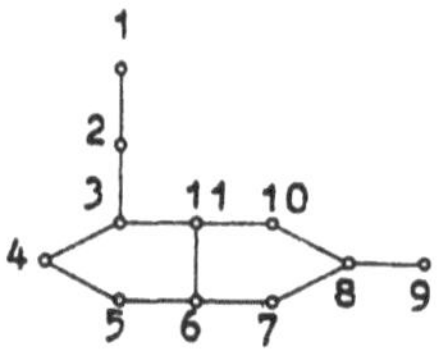

Tabelle 398

D = 27933 = 3.9311

-K \ W	1	2	3	4	5	6	7	8	9	10	11	S
1	197007	91021	35460	15358	10615	5370	5495	11116	17238	40597	13532	442809
2		273064	106380	46075	31844	16110	16486	33348	51713	121791	40597	828429
3			233577	94351	49475	22500	18025	31576	27226	50102	16701	685373
4				236978	116583	51391	37590	61379	29965	28515	9505	727690
5					300272	131672	94745	152561	62668	35442	11814	997691
6						248738	114542	94888	38449	20460	6820	750940
7							248881	132102	52680	25937	8646	755129
8								301418	119590	57352	19117	1014447
9									243422	110676	36892	790515
10										274675	91558	857105
11											197186	452368

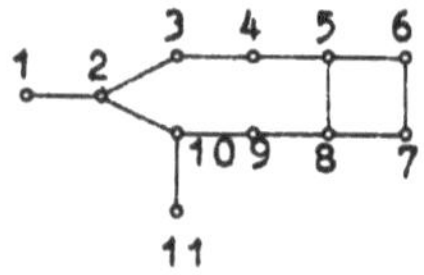

Tabelle 399

D = 27891 = 3^3.1033

-K \ W	1	2	3	4	5	6	7	8	9	10	11	S
1	191173	73518	29382	14628	6741	5593	2277	1237	1434	3066	7762	336811
2		220555	88147	43885	20222	16780	6830	3711	4302	9197	23287	510434
3			235058	117027	53924	44746	18214	9896	11473	24524	62099	694490
4				307196	141551	117457	47811	25976	30117	64376	163010	1073034
5					261303	142358	56344	26675	23681	44369	109426	886594
6						309616	121222	54050	40927	68732	165268	1086749
7							238446	94116	43903	37593	68875	735631
8								228299	90782	44046	41357	620145
9									228443	94547	55197	624806
10										239593	124234	754277
11											317504	1138019

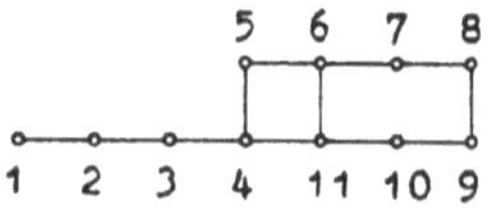

Tabelle 400

D = 27837 = 3^3.1031

-K \ W	1	2	3	4	5	6	7	8	9	10	11	S
1	129250	88749	34594	15034	10508	5335	5496	11154	17459	5820	35403	348802
2		266246	103783	45102	31523	16004	16489	33463	52376	17459	106208	777402
3			232622	94083	49628	22632	18267	32169	28613	9538	44132	670061
4				237148	117362	51891	38312	63046	33463	11154	26188	732785
5					302457	133042	96670	156967	71775	23925	34433	1028290
6						249596	115745	97640	44132	14711	20045	770773
7							250566	135952	60621	20207	25703	784028
8								310217	137731	45910	57064	1081313
9									280795	93598	111057	931620
10										197866	37019	477207
11											239088	736340

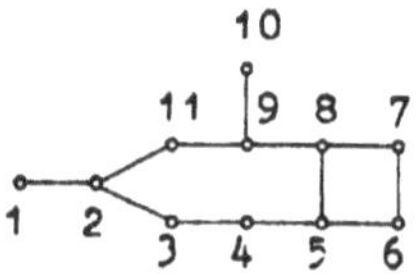

Tabelle 401 D = 27828 = $2^2.3^2.773$

-K \ W	1	2	3	4	5	6	7	8	9	10	11	S
1	196313	88939	34605	14877	10026	3342	11859	6792	8517	18758	35899	429927
2		266818	103816	44631	30078	10026	35576	20375	25550	56274	107697	789780
3			232212	92820	46248	15416	30509	15201	15093	30078	44631	660629
4				233829	108668	36223	55951	25226	19728	33959	26197	692109
5					279754	93251	137344	60479	44092	71798	33959	915697
6						197750	45781	20160	14697	23933	11320	471899
7							310299	136050	97851	157503	64360	1083083
8								250647	115890	97025	39133	786978
9									249820	133571	53040	777849
10										303687	119987	1046573
11											242561	778784

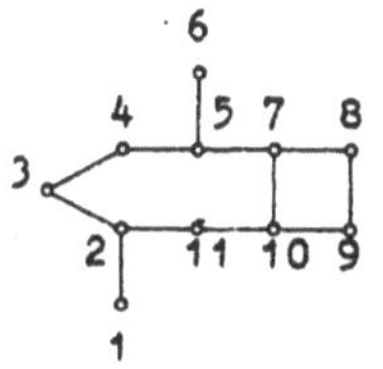

Tabelle 402 D = 27800 = $2^3.5^2.139$

-K \ W	1	2	3	4	5	6	7	8	9	10	11	S
1	192068	76205	36547	15629	10342	4460	3040	4658	10935	17806	5935	377625
2		228615	109640	46888	31025	13381	9119	13975	32806	53417	17806	632877
3			292374	125036	82734	35683	24317	37266	87482	142446	47482	1021007
4				251061	128147	52662	29838	36853	80719	77158	25719	869710
5					301708	122302	65198	73291	154676	89029	29676	1088128
6						240576	99424	57698	73669	41007	13669	754531
7							233076	99802	66331	33993	11331	675469
8								241709	125324	60971	20324	771871
9									309640	148921	49640	1140143
10										296763	98921	1060432
11											199640	520143

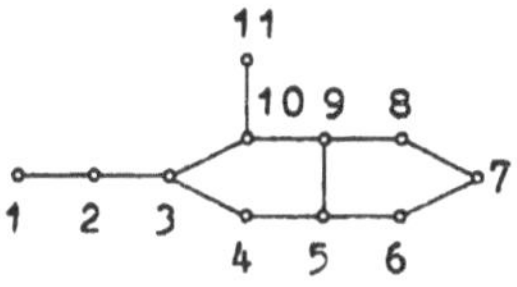

Tabelle 403 D = 27800 = $2^3.5^2.139$

-K \ W	1	2	3	4	5	6	7	8	9	10	11	S
1	192068	76205	36547	15072	8669	10935	5773	1924	4460	7608	18363	377624
2		228615	109640	45216	26007	32806	17320	5773	13381	22824	55090	632877
3			292374	120576	69353	87482	46187	15396	35683	60863	146906	1021007
4				241655	104388	71511	35288	11763	22590	32482	74856	775397
5					243813	127050	59676	19892	32086	36583	77662	805179
6						309640	143741	47914	73669	77266	158130	1140144
7							285594	95198	117842	67932	85953	960504
8								198399	39281	22644	28651	486835
9									240576	103885	71079	754532
10										243723	127284	803094
11											310773	1154747

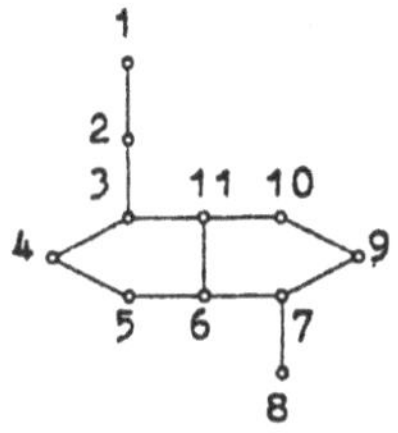

Tabelle 404 D = 27798 = 2.3.41.113

-K \ W	1	2	3	4	5	6	7	8	9	10	11	S
1	191003	73009	28024	11062	5162	2212	1475	737	737	1475	2212	317108
2		219027	84071	33186	15487	6637	4425	2212	2212	4425	6637	451328
3			224189	88496	41298	17699	11799	5900	5900	11799	17699	536874
4				232300	108408	46460	30973	15487	15487	30973	46460	659292
5					283923	121681	81121	40560	40560	81121	121681	941002
6						250755	130585	59195	47000	81804	67829	831857
7							310634	137024	100439	164292	81804	1054571
8								251439	117293	100439	47000	777286
9									251439	137024	59195	777286
10										310634	130585	1054571
11											250755	831857

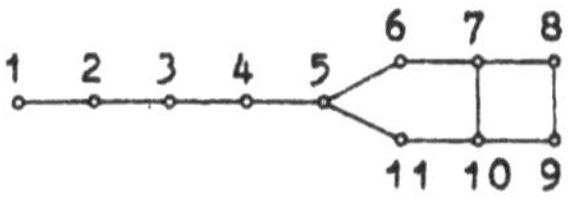

Tabelle 405

D = 27783 = $3^4 \cdot 7^3$

-K \ W	1	2	3	4	5	6	7	8	9	10	11	S
1	238257	107386	107386	83900	36929	12310	14577	6803	2915	2915	1944	615322
2		244412	77746	125850	55394	18465	21866	10204	4373	4373	2915	672984
3			244412	125850	55394	18465	21866	10204	4373	4373	2915	672984
4				293651	129252	43084	51020	23810	10204	10204	6803	903628
5					276968	92323	109329	51020	21866	21866	14577	864918
6						197441	36443	17007	7289	7289	4859	454975
7							240525	112245	48105	48105	32070	736151
8								285714	122449	122449	81633	843538
9									242954	76288	106414	647230
10										242954	106414	647230
11											237609	598153

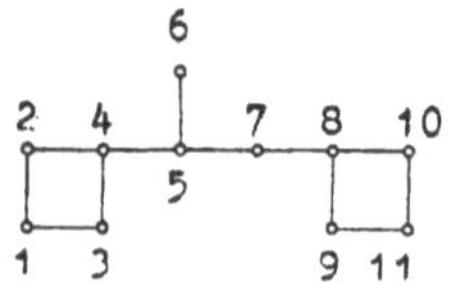

Tabelle 406

D = 27777 = 3.47.197

-K \ W	1	2	3	4	5	6	7	8	9	10	11	S
1	192227	76682	37819	18955	7758	4320	5202	11286	9702	17820	5940	387711
2		230046	113457	56864	23275	12960	15606	33859	29107	53461	17820	663137
3			302552	151636	62066	34561	41617	90291	77618	142564	47521	1101702
4				310887	125824	66584	73928	155200	80786	87158	29053	1156875
5					241909	99903	57800	73496	36865	37099	12366	778361
6						233125	99471	65288	29809	24139	8046	678206
7							240613	122367	52561	35317	11772	756254
8								301814	127876	81812	27271	1090560
9									250279	122961	40987	858551
10										287072	95691	985094
11											198564	495031

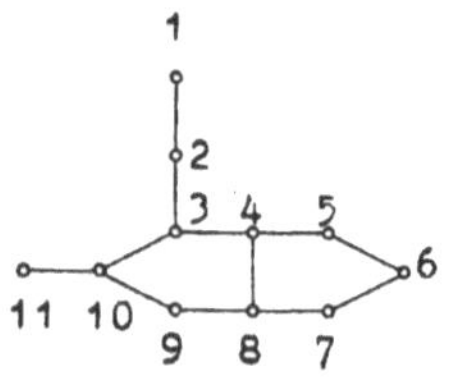

Tabelle 407

D = 27773 = P

-K \ W	1	2	3	4	5	6	7	8	9	10	11	S
1	192093	76279	36744	15141	8677	10892	5185	4663	8804	2935	18813	380226
2		228837	110233	45422	26032	32676	15555	13988	26411	8804	56440	640677
3			293955	121125	69420	87135	41479	37302	70428	23476	150506	1041803
4				241728	104058	70446	31055	22720	37104	12368	76225	777392
5					242754	124203	51687	30857	40885	13628	78169	790370
6						302164	124005	69852	85551	28517	158283	1093724
7							242502	103500	67998	22666	77828	783460
8								240647	118442	39481	75199	756651
9									287329	95776	147769	986497
10										198592	49256	495499
11											318853	1207341

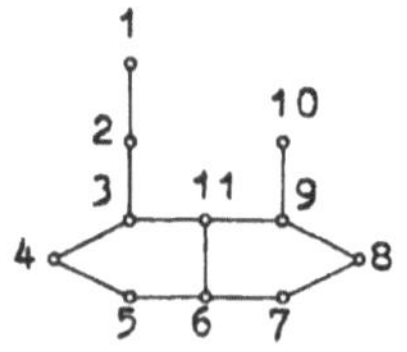

Tabelle 408

D = 27758 = 2.13879

-K \ W	1	2	3	4	5	6	7	8	9	10	11	S
1	192107	76320	36854	15653	10105	3368	11294	5188	4269	7619	18590	381367
2		228961	110563	46959	30316	10105	33882	15563	12807	22858	55768	644102
3			294834	125225	80842	26947	90352	41502	34152	60955	148714	1050940
4				249424	123046	41015	78698	33756	22570	33954	79292	849592
5					288295	96098	145742	59766	33558	40907	89163	997838
6						198699	48581	19922	11186	13636	29721	499278
7							309947	125621	66918	75131	158477	1144643
8								241912	100115	58434	75186	776965
9									233428	100169	67080	686252
10										242074	126054	781793
11											311081	1115126

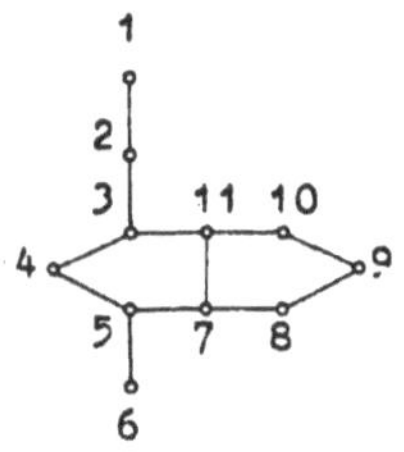

Tabelle 409 D = 27702 = $2.3^6.19$

-K \ W	1	2	3	4	5	6	7	8	9	10	11	S
1	198018	94055	42073	42073	32164	12346	4873	2274	975	975	650	430476
2		282164	126218	126218	96491	37037	14620	6823	2924	2924	1949	791423
3			251624	84958	128655	49383	19493	9097	3899	3899	2599	721898
4				251624	128655	49383	19493	9097	3899	3899	2599	721898
5					289474	111111	43860	20468	8772	8772	5848	874270
6						234568	92593	43210	18519	18519	12346	679015
7							233918	109162	46784	46784	31189	662769
8								284275	121832	121832	81222	809292
9									242690	76024	106238	632556
10										242690	106238	632556
11											237492	588370

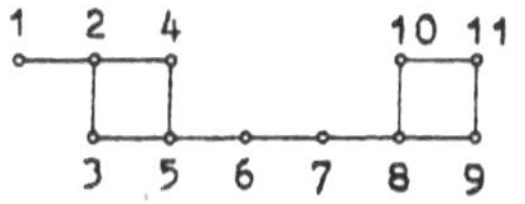

Tabelle 410 D = 27696 = $2^4.3.577$

-K \ W	1	2	3	4	5	6	7	8	9	10	11	S
1	196256	29589	88767	40457	16031	7636	6878	3737	4333	9261	16573	419518
2		196256	88767	40457	16031	7636	6878	3737	4333	9261	16573	419518
3			266302	121371	48094	22909	20635	11211	12998	27784	49718	758556
4				283200	112218	53455	48148	26159	30329	64829	116010	936633
5					236568	97487	55893	26430	23397	43761	51993	727903
6						239006	119530	53130	39861	66454	39970	747074
7							302697	132961	96187	155600	67916	1013323
8								249404	115251	96350	40836	759206
9									249567	133449	54593	764298
10										303997	122942	1033688
11											246317	823441

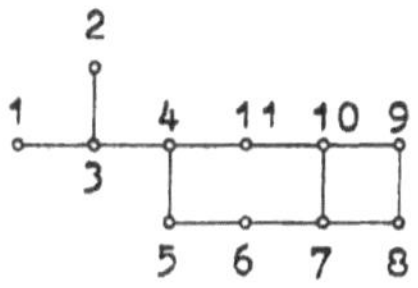

Tabelle 411 D = 27693 = $3^2.17.181$

-K \ W	1	2	3	4	5	6	7	8	9	10	11	S
1	197270	91810	35586	14950	9262	12837	7529	9750	21720	42574	14191	457479
2		275431	106759	44849	27787	38512	22587	29249	65161	127722	42574	872441
3			232532	90835	39974	29087	14950	15762	32337	52161	17387	667370
4				227657	92135	48749	22262	18037	31849	28762	9587	629672
5					236432	117160	51836	38349	63211	34124	11375	721645
6						302730	133247	97010	157784	73611	24537	1035264
7							249738	115968	98166	45282	15094	776659
8								250894	136713	62236	20745	794713
9									311974	141426	47142	1107483
10										288430	96143	992471
11											198714	497489

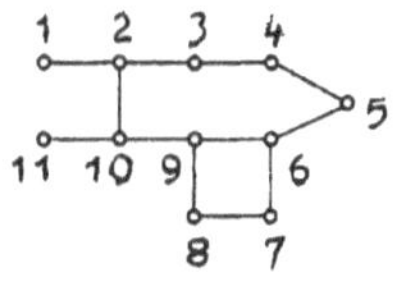

Tabelle 412 D = 27621 = $3^4.11.31$

-K \ W	1	2	3	4	5	6	7	8	9	10	11	S
1	227273	90909	45455	15152	30303	15152	15152	30303	15152	45455	90909	621215
2		233138	108504	36168	56207	25415	20039	34702	9286	27859	39589	681816
3			280059	93353	138319	61095	44966	73803	12708	38123	27859	924244
4				197784	46106	20365	14989	24601	4236	12708	9286	474748
5					312643	137504	99870	162105	24601	73803	34702	1116163
6						251548	117139	99870	14989	44966	20039	808082
7							251548	137504	20365	61095	25415	808082
8								312643	46106	138319	56207	1116163
9									197784	93353	36168	474748
10										280059	108504	924244
11											233138	681816

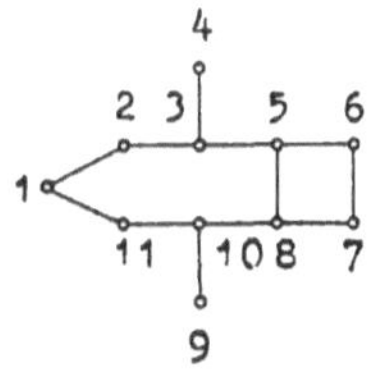

Tabelle 413 D = 27588 = $2^2.3.11^2.19$

-K \ W	1	2	3	4	5	6	7	8	9	10	11	S
1	191007	73021	28056	11146	5383	2229	1305	1686	979	1251	2773	318836
2		219063	84167	33438	16148	6688	3915	5057	2936	3752	8318	456503
3			224445	89169	43062	17834	10439	13484	7829	10004	22184	550673
4				234069	113038	46814	27403	35396	20552	26261	58232	695518
5					296053	122608	71770	92703	53828	68780	152511	1035884
6						242696	105481	73746	37444	38586	78313	772439
7							244672	128534	58504	46977	82427	781427
8								311857	138067	102345	168968	1071843
9									252211	118566	103487	794403
10										253353	141493	811368
11											320991	1139697

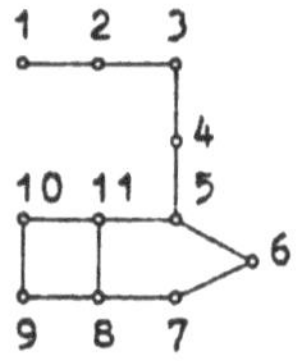

Tabelle 414 D = 27588 = $2^2.3.11^2.19$

-K \ W	1	2	3	4	5	6	7	8	9	10	11	S
1	198836	96509	42247	30231	48445	18595	7340	3425	1468	1468	979	449543
2		289528	126740	90692	145335	55785	22020	10276	4404	4404	2936	848629
3			246466	112658	91507	35124	13865	6470	2773	2773	1849	682472
4				247281	129187	49587	19574	9134	3915	3915	2610	698784
5					296053	113636	44857	20933	8971	8971	5981	913876
6						235537	92975	43388	18595	18595	12397	694214
7							234069	109232	46814	46814	31209	668769
8								284308	121846	121846	81231	812089
9									242696	76029	106242	633753
10										242696	106242	633753
11											237495	589171

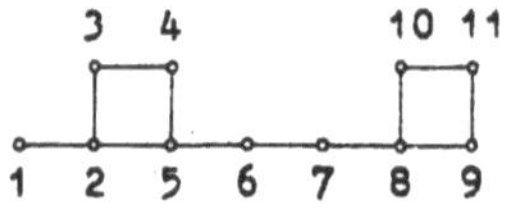

Tabelle 415 D = 27573 = 3.7.13.101

-K \ W	1	2	3	4	5	6	7	8	9	10	11	S
1	196098	88293	34381	14851	10173	5349	5875	1958	10318	14906	34400	416602
2		264879	103144	44554	30519	16048	17626	5875	30954	44718	103199	749809
3			232401	94059	49777	23501	20727	6909	31770	24807	42650	664126
4				237624	118812	54455	44554	14851	64356	29703	24752	742571
5					306659	139865	112937	37646	161299	64302	31607	1063596
6						258931	136927	45642	106209	41834	19294	848055
7							297846	99282	157328	61201	26276	980579
8								199761	52443	20400	8759	493526
9									313332	121369	50774	1100152
10										238603	94440	756283
11											232546	668697

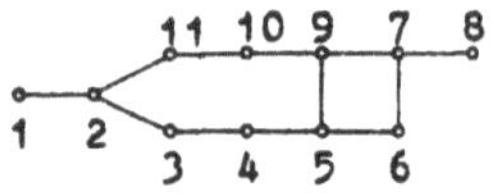

Tabelle 416 D = 27546 = 2.3.4591

-K \ W	1	2	3	4	5	6	7	8	9	10	11	S
1	231159	103245	44162	29242	15193	16336	28371	39534	90231	34415	5445	637333
2		266609	107711	56524	26574	23198	35286	26138	43128	88870	7733	785016
3			243066	121488	55671	45524	65726	30168	24777	35904	15175	789372
4				307939	140438	113374	161893	64365	31202	18841	37791	1083097
5					259185	137116	106458	41821	19005	8858	45705	856024
6						297974	157482	61098	25811	7733	99325	984971
7							313494	121107	49826	11762	52494	1103899
8								237857	92464	8713	20366	743631
9									227565	14376	8604	626989
10										196290	2578	428340
11											199775	494991

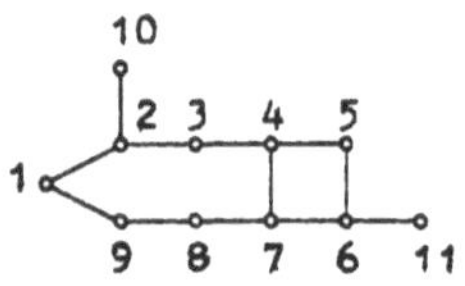

Tabelle 417

D = 27543 = 3.9181

-K \ W	1	2	3	4	5	6	7	8	9	10	11	S
1	196311	88934	34437	14378	8695	11709	7207	9912	3304	19224	36053	430164
2		266801	103311	43133	26086	35127	21621	29735	9912	57673	108158	790491
3			231166	90186	39393	27993	14904	16719	5573	29681	44331	637694
4				227426	92092	48851	23091	20423	6808	31369	24834	622591
5					236884	118560	54370	44549	14850	64427	30171	730077
6						306829	140017	113223	37741	161910	65679	1067639
7							259049	137131	45710	106633	42751	852484
8								298170	99390	157989	62575	989816
9									199797	52663	20858	496606
10										314672	124115	1120356
11											244091	803616

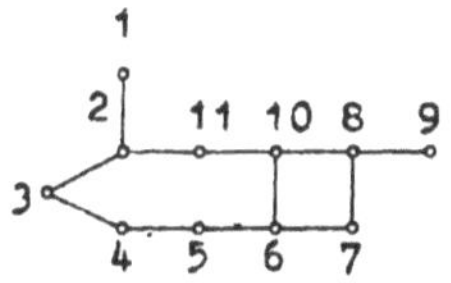

Tabelle 418

D = 27540 = $2^2.3^4.5.17$

-K \ W	1	2	3	4	5	6	7	8	9	10	11	S
1	197876	93627	39379	24510	11438	4902	3268	4902	22712	43627	14542	460783
2		280882	118137	73529	34314	14706	9804	14706	68137	130882	43627	882351
3			246895	122549	57190	24510	16340	24510	63562	68137	22712	803921
4				294118	137255	58824	39216	58824	122549	73529	24510	1029413
5					297386	127451	84967	127451	57190	34314	11438	980394
6						245098	107843	78432	24510	14706	4902	705834
7							238562	107843	16340	9804	3268	637255
8								245098	24510	14706	4902	705834
9									246895	118137	39379	803921
10										280882	93627	882351
11											197876	460783

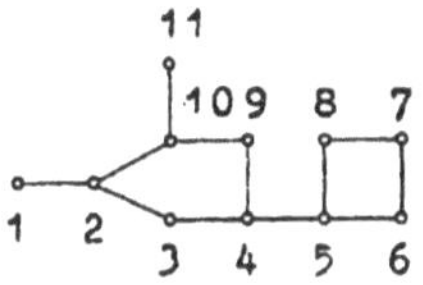

Tabelle 419

D = 27513 = $3^3.1019$

-K \ W	1	2	3	4	5	6	7	8	9	10	11	S
1	192018	76055	36147	16192	16192	12430	4907	2290	981	981	654	358847
2		228165	108440	48577	48577	37291	14720	6369	2944	2944	1963	576545
3			289172	129539	129539	99444	39254	18319	7851	7851	5234	870790
4				253353	86686	130520	51521	24043	10304	10304	6869	767908
5					253353	130520	51521	24043	10304	10304	6869	767908
6						292118	115309	53811	23062	23062	15375	932942
7							242885	113348	48577	48577	32385	763004
8								286229	122669	122669	81780	856070
9									243049	76382	106477	652600
10										243049	106477	652600
11											237651	601734

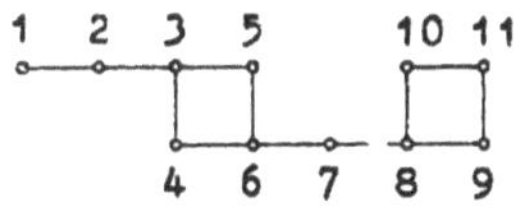

Tabelle 420

D = 27498 = 2.3.4583

-K \ W	1	2	3	4	5	6	7	8	9	10	11	S
1	198178	94534	42712	33602	42712	15383	6219	3273	3600	1200	6328	447741
2		283802	128137	100807	128137	46149	18656	9819	10801	3600	18983	843225
3			254182	134410	87515	61532	24875	13092	14401	4800	25311	790967
4				302422	134410	138446	55968	29457	32402	10801	56950	1029675
5					254182	61532	24875	13092	14401	4800	25311	790967
6						292276	118154	62186	68405	22802	120227	1007092
7							239254	99607	59568	19856	59241	726273
8								236635	110299	36766	57495	671721
9									271329	90443	113243	788892
10										196814	37748	429630
11											244491	765328

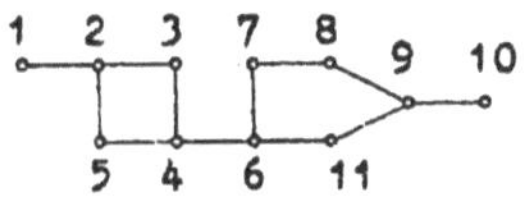

Tabelle 421

D = 27498 = 2.3.4583

-K \ W	1	2	3	4	5	6	7	8	9	10	11	S
1	191941	75824	35530	14619	8328	3928	3455	6437	7528	16147	5382	369119
2		227471	106590	43858	24984	11783	10364	19310	22583	48440	16147	607354
3			284239	116954	66623	31420	27639	51495	60223	129173	43058	952944
4				246945	123883	55149	41567	69551	43203	60059	20020	835807
5					305022	134027	97062	157157	69387	51004	17001	1054478
6						249891	115645	97043	41458	27329	9110	776783
7							249873	133973	54986	30984	10328	775876
8								304877	123500	65623	21874	1050840
9									246127	114881	38294	822170
10										279020	93007	915667
11											197669	471889

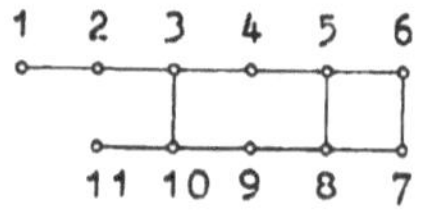

Tabelle 422

D = 27486 = $2.3^3.509$

-K \ W	1	2	3	4	5	6	7	8	9	10	11	S
1	198265	94794	39456	23576	7859	23412	46660	21775	9332	9332	6221	480682
2		284381	118369	70727	23576	70236	139980	65324	27996	27996	18664	942043
3			244434	114931	38310	62050	71218	33235	14244	14244	9496	759987
4				274067	91356	115914	73674	34381	14735	14735	9823	837919
5					197119	38638	24558	11460	4912	4912	3274	445974
6						247053	125246	58448	25049	25049	16699	807794
7							302063	140963	60413	60413	40275	1085463
8								299116	128193	128193	85462	1006550
9									245416	78749	108055	717094
10										245416	108055	717094
11											238703	644727

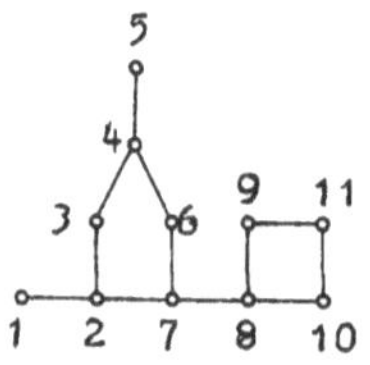

Tabelle 423

D = 27426 = 2.3.7.653

-K \ W	1	2	3	4	5	6	7	8	9	10	11	S
1	196547	29880	89641	42496	16736	7712	6399	11485	6946	9352	21111	438305
2		196547	89641	42496	16736	7712	6399	11485	6946	9352	21111	438305
3			268924	127489	50208	23135	19197	34456	20838	28057	63334	814920
4				297473	117152	53982	44793	80398	48622	65467	147779	1068147
5					237257	94618	46598	45176	24940	29643	63990	743054
6						229873	95001	55130	26198	23463	44192	661016
7							238405	120214	53653	40746	68585	739990
8								305513	134763	98775	161562	1058957
9									250547	116878	100088	790419
10										251860	138701	812294
11											316014	1146467

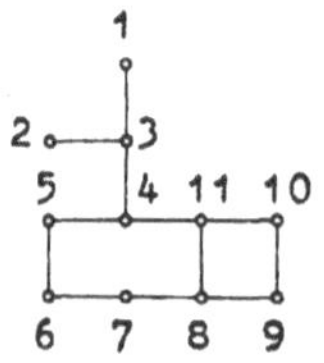

Tabelle 424

D = 27423 = $3^2.11.277$

-K \ W	1	2	3	4	5	6	7	8	9	10	11	S
1	191828	75484	34624	14276	8205	3884	3446	6454	7713	2571	14112	362597
2		226452	103873	42829	24614	11651	10338	19363	23138	7713	42337	587792
3			276994	114211	65638	31069	27568	51635	61700	20567	112898	900777
4				246144	124221	55464	42173	71053	46767	15589	53659	826386
5					307023	135324	98950	161525	78602	26201	48080	1078383
6						250720	116836	99788	47205	15735	26091	793767
7							251559	137840	63013	21004	30194	802921
8								313733	141833	47278	64490	1114992
9									283886	94629	115195	963681
10										198210	38398	487895
11											242698	788152

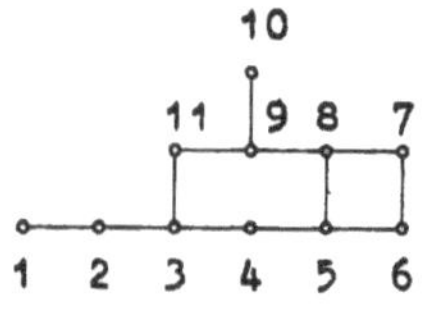

Tabelle 425

D = 27405 = $3^3.5.7.29$

-K \ W	1	2	3	4	5	6	7	8	9	10	11	S
1	192118	76355	36946	17241	7389	4926	7389	7389	4926	7389	17241	379309
2		229064	110837	51724	22167	14778	22167	22167	14778	22167	51724	637928
3			295566	137931	59113	39409	59113	59113	39409	59113	137931	1034481
4				297701	127586	85057	127586	27586	18391	27586	64368	982757
5					245156	107882	78489	11823	7882	11823	27586	706896
6						238588	107882	7882	5255	7882	18391	637932
7							245156	11823	7882	11823	27586	706896
6								245156	107882	78489	127586	706896
9									238588	107882	85057	637932
10										245156	127586	706896
11											297701	982757

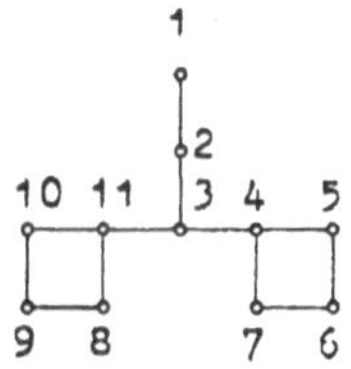

Tabelle 426

D = 27393 = 3.23.397

-K \ W	1	2	3	4	5	6	7	8	9	10	11	S
1	192038	76114	36305	14675	7721	2574	5914	10021	6023	8050	18125	377560
2		228343	108915	44026	23163	7721	17741	30062	18070	24149	54375	632679
3			290439	117402	61768	20589	47311	80166	48187	64396	145001	1020479
4				242781	110941	36980	53061	48242	26266	30555	65400	790329
5					271055	90352	111872	64560	30610	27270	51199	850511
6						196784	37291	21520	10203	9090	17066	450170
7							245263	123919	55361	42164	71131	811028
8								307195	135473	99222	162195	1082575
9									250830	117019	100226	798268
10										251834	138484	812233
11											315227	1138429

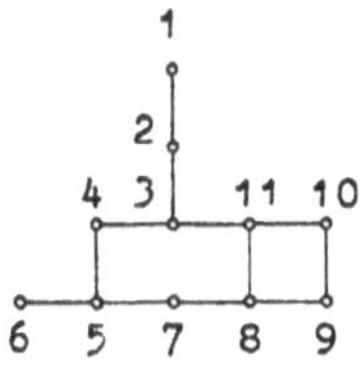

Tabelle 427

D = 27378 = $2.3^4.13^2$

-K \ W	1	2	3	4	5	6	7	8	9	10	11	S
1	192143	76430	37147	16272	11670	18738	7396	3452	1479	986	1479	367192
2		229290	111440	48817	35010	56213	22189	10355	4438	2959	4438	601579
3			297173	130178	93360	149901	59172	27613	11834	7890	11834	937542
4				248028	113905	93688	36982	17258	7396	4931	7396	724851
5					248356	131164	51775	24162	10355	6903	10355	737015
6						299303	118343	55227	23669	15779	23669	986195
7							244083	113905	48817	32544	48817	784023
8								286489	122781	81854	122781	865877
9									243097	106509	76430	656805
10										237673	106509	604537
11											243097	656805

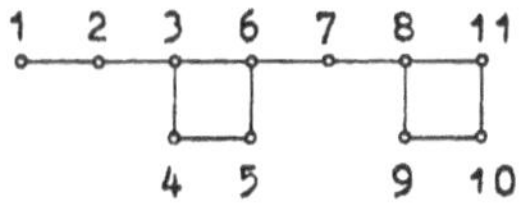

Tabelle 428

D = 27372 = $2^2.3.2281$

-K \ W	1	2	3	4	5	6	7	8	9	10	11	S
1	197939	93819	38470	21591	26304	45046	15015	12275	5261	5261	3507	464488
2		281456	115410	64774	78913	135138	45046	36826	15783	15783	10522	893470
3			239204	102203	67405	68555	22852	31457	13481	13481	13481	721505
4				241835	123301	70528	23509	57541	24660	24660	16440	771042
5					302499	143029	47676	141166	60500	60500	40333	1091626
6						291813	97271	66747	28606	28606	19071	984410
7							199090	22249	9535	9535	6357	498135
8								299211	128233	128233	85489	1009427
9									245433	78767	108067	718326
10										245433	108067	718326
11											238711	645551

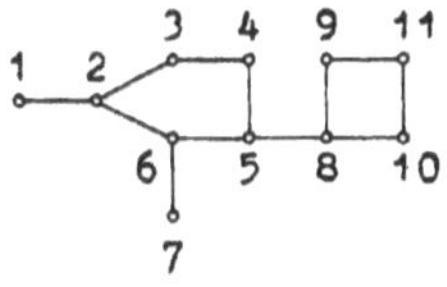

Tabelle 429

D = 27357 = 3.11.829

-K \ W	1	2	3	4	5	6	7	8	9	10	11	S
1	196823	90470	36791	19903	22919	37797	11057	4825	3418	5428	1809	431240
2		271411	110374	59710	68758	113390	33172	14475	10253	16285	5428	793726
3			236704	99737	62507	57627	30157	13159	9321	14804	4935	676116
4				239500	118763	59491	57298	25003	17710	28128	9376	734619
5					293782	120847	141737	61849	43810	69580	23193	1027745
6						244745	58303	25441	18021	28622	9541	773825
7							309610	135103	95698	151990	50663	1074788
8								249863	114486	93596	31199	768999
9									247761	128797	42932	732207
10										292795	97598	927623
11											199199	475873

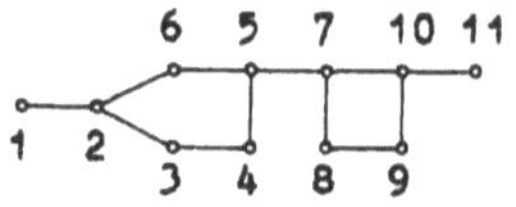

Tabelle 430

D = 27357 = 3.11.829

-K \ W	1	2	3	4	5	6	7	8	9	10	11	S
1	191011	73034	28092	11240	5629	2614	2211	987	749	1261	3034	319862
2		219103	84275	33721	16888	7841	6635	2961	2248	3783	9102	459591
3			224732	89922	45034	20909	17692	7896	5995	10089	24272	558908
4				236046	118215	54885	46442	20726	15736	26483	63713	717129
5					309610	143748	121633	54282	41214	69361	166868	1092482
5						263169	145758	60917	36992	50060	113189	900082
7							315641	128468	69763	80820	172698	1107761
8								243283	101382	60862	81204	762968
9									234382	101766	70914	681141
10										244435	131539	780459
11											323701	1160023

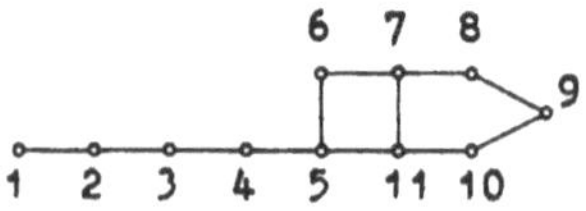

Tabelle 431

D = 27336 = 2^3.3.17.67

-K \ W	1	2	3	4	5	6	7	8	9	10	11	S
1	198200	94601	42801	42801	33802	15803	6365	3292	3512	7243	2414	450834
2		283802	128402	128402	101405	47410	19096	9877	10536	21730	7243	852504
3			254536	87869	135206	63213	25461	13169	14047	28973	9658	803335
4				254536	135206	63213	25461	13169	14047	28973	9658	803335
5					304214	142230	57287	29631	31607	65189	21730	1057507
6						300263	120939	62555	66725	137621	45874	1065846
7							239684	98112	54653	65847	21949	734854
8								231782	97234	59921	19974	639716
9									237050	113916	37972	681299
10										281826	93942	905181
11											197981	468395

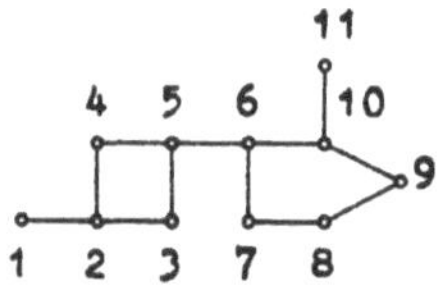

Tabelle 432

D = 27327 = 3.9109

-K \ W	1	2	3	4	5	6	7	8	9	10	11	S
1	197862	93589	36191	14985	8764	11307	25158	17455	5818	21389	46712	479231
2		280766	108574	44956	26293	33922	75475	52366	17455	64167	140136	937699
3			232993	90405	38222	24262	34563	22889	7630	26476	56537	678742
4				226260	88374	38863	28214	16303	5434	15260	29476	598530
5					226900	92326	50079	26018	8673	19303	31892	616844
6						238116	122022	61752	20584	42650	66198	752002
7							315988	159238	53079	108647	166703	1139166
8								299210	99737	138654	116753	1010375
9									199912	46218	38918	503458
10										261097	144637	888498
11											317159	1155121

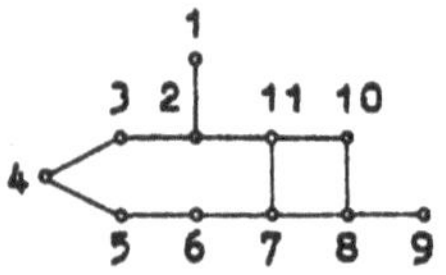

Tabelle 433

D = 27318 = 2.3.29.157

-K \ W	1	2	3	4	5	6	7	8	9	10	11	S
1	238853	108280	85987	41401	19108	6369	9554	9554	6369	19108	108280	652863
2		245754	128981	62102	28662	9554	14331	14331	9554	28662	79087	729298
3			300955	144904	66879	22293	33439	33439	22293	66879	128981	1035030
4				310510	143312	47771	71656	71656	47771	143312	62102	1146497
5					284977	94992	116626	64902	26027	78080	28662	952227
6						198331	38875	21634	8676	26027	9554	484076
7							239348	101417	21634	64902	14331	726113
8								239348	38875	116626	14331	726113
9									198331	94992	9554	484076
10										284977	28662	952227
11											245754	729298

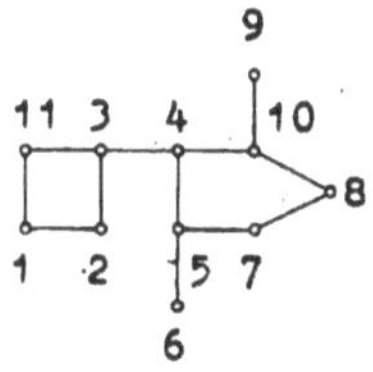

Tabelle 434

D = 27306 = $2.3^2.37.41$

-K \ W	1	2	3	4	5	6	7	8	9	10	11	S
1	198015	94045	36366	15052	8789	11316	25160	16407	24061	8020	47756	484987
2		282136	109097	45155	26368	33949	75478	49220	72182	24061	143265	954956
3			233191	90475	38233	24225	34443	21369	29664	9888	57735	684686
4				226269	88332	38728	27851	14887	16809	5603	29938	599099
5					226763	91958	49110	23293	20765	6922	32081	612614
6						237146	119479	54988	45485	15162	66304	738740
7							309328	141672	115689	38563	166831	1103604
8								260144	138761	46254	109884	876879
9									300593	100198	162821	1027027
10										200066	54274	509011
11											324306	1195195

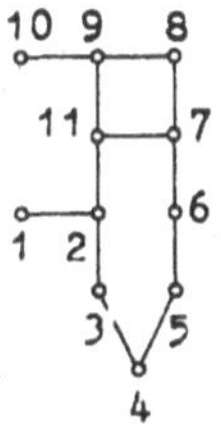

Tabelle 435

D = 27288 = $2^3.3^2.379$

-K \ W	1	2	3	4	5	6	7	8	9	10	11	S
1	191953	75858	35620	14182	6926	6596	3628	4288	9235	16821	5607	370714
2		227573	106860	42546	20778	19789	10884	12863	27704	50462	16821	612138
3			284960	113456	55409	52770	29024	34301	73879	134565	44855	965699
4				237302	98450	58047	27759	25231	47933	60521	20174	745601
5					239941	121372	54255	41392	69921	46999	15666	771109
6						306069	135004	98945	161829	80475	26825	1067721
7							250641	116920	100117	48428	16143	792803
8								251814	138522	64809	21603	810688
9									315450	145998	48666	1139254
10										292711	97571	1039360
11											199190	513121

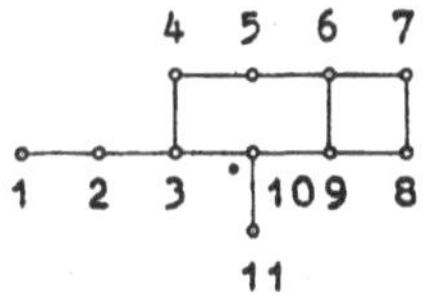

Tabelle 436

D = 27258 = 2.3.7.11.59

-K \ W	1	2	3	4	5	6	7	8	9	10	11	S
1	197758	93275	37163	18215	17481	9630	11409	24598	44904	16839	5613	476885
2		279826	111490	54645	52443	28891	34228	73795	134713	50517	16839	930662
3			236554	98173	57965	27735	25240	47986	60753	22782	7594	733435
4				239875	121451	54314	41492	70163	47546	17830	5943	769647
5					306387	135208	99237	162503	81884	30707	10236	1075520
6						250770	117103	100539	49307	18490	6163	798150
7							252073	139115	66036	24763	8254	818951
8								316806	148800	55800	18600	1158705
9									298481	111930	37310	1081664
10										229474	76491	655623
11											192164	385207

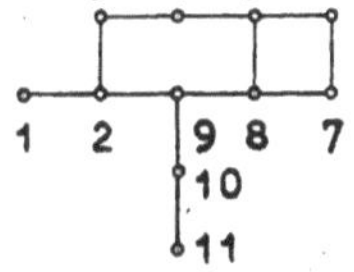

Tabelle 437

$D = 27126 = 2^4.3^5.7$

-K \ W	1	2	3	4	5	6	7	8	9	10	11	S
1	191138	73413	29101	13889	6283	6283	4960	2315	992	992	661	330027
2		220238	87302	41667	18849	18849	14881	6944	2976	2976	1984	490079
3			232804	111111	50265	50265	39683	18519	7937	7937	5291	640215
4				291667	131944	131944	104167	48611	20833	20833	13889	930555
5					256118	89451	136409	63657	27282	27282	18188	825728
6						256118	136409	63657	27282	27282	18188	825728
7							305060	142361	61012	61012	40675	1046629
8								299769	128472	128472	85648	988425
9									245536	78869	108135	709326
10										245536	108135	709326
11											238757	639551

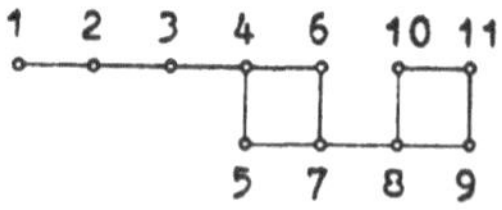

Tabelle 438

$D = 27207 = 3^2.3023$

-K \ W	1	2	3	4	5	6	7	8	9	10	11	S
1	192028	76083	36222	14390	6947	6451	2150	10255	6120	8105	18194	376945
2		228250	108667	43169	20840	19352	6451	30764	18359	24314	54582	630830
3			289778	115117	55574	51604	17201	82038	48958	64836	145551	1015546
4				237512	97420	54747	18249	48572	26298	30323	64671	750468
5					236685	112636	37545	63678	29937	26133	48462	735857
6						283162	94387	142463	63513	48076	80715	957106
7							198129	47488	21171	16025	26905	485701
8								316224	139431	102069	166777	1149759
9									252564	118260	102216	826827
10										252711	139872	830724
11											317400	1165343

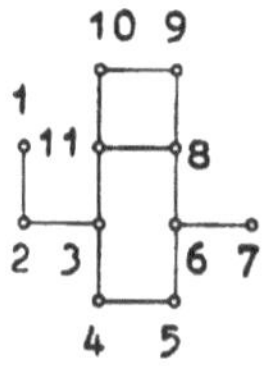

Tabelle 439

$D = 27192 = 2^3.3.11.103$

-K \ W	1	2	3	4	5	6	7	8	9	10	11	S
1	191803	75408	34422	14177	8109	3972	1269	3806	6178	6620	13680	359444
2		226225	103266	42531	24327	11915	3806	11419	18535	19859	41041	578332
3			275375	113416	64872	31774	10150	30450	49426	52957	109444	875552
4				246230	125276	57958	16200	48599	71639	41041	51486	828553
5					310955	142101	38449	115346	165490	70168	45013	1110106
6						260076	46043	138129	108267	44572	25449	870256
7							199893	99680	53104	21183	10444	500221
8								299040	159312	63548	31333	1000662
9									316564	124890	58105	1131510
10										240953	97970	783761
11											235805	719770

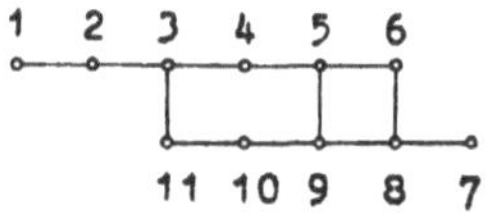

Tabelle 440

$D = 27192 = 2^3.3.11.103$

-K \ W	1	2	3	4	5	6	7	8	9	10	11	S
1	198018	94053	38026	20024	22047	46117	22249	9709	6877	10922	3641	471683
2		282160	114078	60073	66141	138350	66748	29126	20631	32767	10922	915049
3			237129	97308	54796	67079	32362	14122	10003	15887	5296	686086
4				231851	98246	62886	30340	13239	9378	14894	4965	643204
5					239942	121580	58657	25596	18130	28795	9598	743528
6						301853	145631	63548	45013	71492	23831	1087580
7							311489	135922	96278	152913	50971	1103560
8								250220	114740	93998	31333	781553
9									247941	129082	43027	741100
10										293248	97749	941747
11											199250	480583

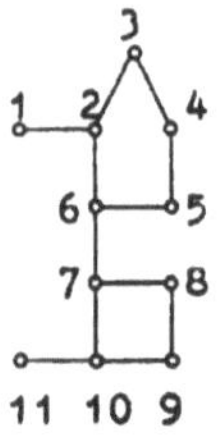

Tabelle 441 D = 27189 = 3^3.19.53

-K \ W	1	2	3	4	5	6	7	8	9	10	11	S
1	191806	75417	34444	13682	6602	6124	3512	4414	1471	8257	14234	359963
2		226250	103332	41046	19806	18371	10537	13241	4414	24771	42701	579886
3			275552	109456	52815	48990	28100	35308	11769	66056	113870	879692
4				235684	97595	57100	28247	27640	9213	45460	51639	716762
5					239968	122310	56641	47611	15871	70323	41046	770588
6						309831	141675	115194	38398	165508	71500	1095001
7							259940	138144	46048	108445	45515	866804
8								299239	99746	159826	65045	1005408
9									199915	53275	21682	501802
10										317757	127938	1147616
11											247269	842439

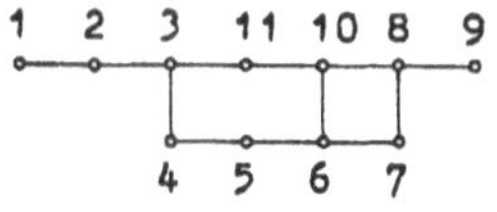

Tabelle 442 D = 2 7183 = 3.13.17.41

-K \ W	1	2	3	4	5	6	7	8	9	10	11	S
1	195324	28658	85973	33937	15837	6787	4525	2262	2262	4525	6787	386877
2		195324	85973	33937	15837	6787	4525	2262	2262	4525	6787	386877
3			257919	101810	47511	20362	13575	6787	6787	13575	20362	660634
4				237557	110860	47511	31674	15837	15837	31674	47511	708145
5					285068	122172	81448	40724	40724	81448	122172	963801
6						250966	130725	59265	47070	81945	68039	841629
7							310727	137071	100486	164386	81945	1061087
8								251462	117316	100486	47070	780542
9									251462	137071	59265	780542
10										310727	130725	1061087
11											250966	841629

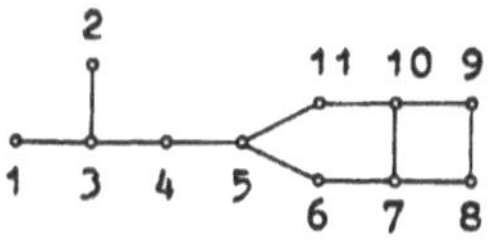

Tabelle 443 D = 27123 = 3.9041

-K \ W	1	2	3	4	5	6	7	8	9	10	11	S
1	196586	89758	35689	17310	16241	10176	3816	1272	10471	21237	55998	439554
2		269273	107068	51930	48722	30528	11448	3816	31412	63710	110994	818659
3			234911	97666	58087	31855	11946	3982	25532	44741	50603	702080
4				241068	125539	65037	24389	8130	45183	70512	40814	787578
5					318530	163256	61221	20407	110017	166796	71839	1160655
6						306603	114976	38325	141577	118129	49552	1070014
7							230616	76872	53091	44298	18582	651255
8								192291	17697	14766	6194	383752
9									261623	143292	58235	898130
10										311746	125152	1124379
11											245382	814345

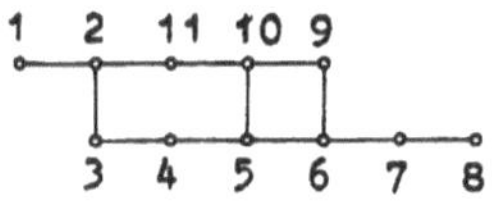

Tabelle 444 D = 27120 = 2^4.3.5.113

-K \ W	1	2	3	4	5	6	7	8	9	10	11	S
1	192294	76881	38348	17699	14749	6084	3503	4425	1475	8296	20465	384219
2		230642	115044	53097	44248	18252	10509	13274	4425	24889	61394	652655
3			306785	141593	117994	48673	28024	35398	11799	66372	163717	1073747
4				261504	142920	57080	28319	27876	9292	46018	110177	895575
5					310767	122566	56932	48230	16077	71681	166814	1112978
6						239934	97235	51770	17257	40819	70686	770356
7							234771	107080	35693	50774	45243	698083
8								269469	89823	111504	65044	823893
9									196608	37168	21681	441298
10										246571	128208	832300
11											319580	1173009

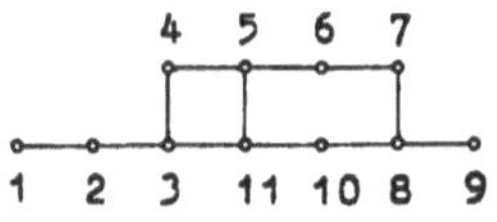

Tabelle 445 D = 27075 = $3.5^2.19^2$

-K \ W	1	2	3	4	5	6	7	8	9	10	11	S
1	196934	30268	90803	45208	20831	17285	7036	3823	4432	9474	23989	450083
2		196934	90803	45208	20831	17285	7036	3823	4432	9474	23989	450083
3			272410	135623	62493	51856	21108	11468	13296	28421	71967	850248
4				316454	145817	120997	49252	26759	31025	66316	167922	1150581
5					263269	143989	57008	27036	24100	45263	111690	922327
6						310970	121773	54349	41274	69474	167147	1116399
7							238670	94238	44044	37895	69640	747700
8								228366	90859	44211	41773	626705
9									228531	94737	55679	632409
10										240000	125263	770528
11											320111	1179170

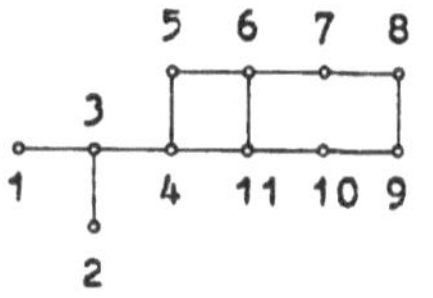

Tabelle 446 D = 27060 = $2^2.3.5.11.41$

-K \ W	1	2	3	4	5	6	7	8	9	10	11	S
1	198429	95288	40872	27328	12232	9368	3123	12749	28880	46563	15521	490353
2		285865	122616	81984	36696	28104	9368	38248	86641	139690	46563	971063
3			250480	128825	54619	35033	11678	38803	81375	76497	25499	866297
4				304490	127162	76996	25665	78160	157483	89800	29933	1127826
5					248263	117627	39209	65410	78603	43237	14412	837470
6						275887	91962	118071	78326	39911	13304	884589
7							197321	39357	26109	13304	4435	461531
8								249446	130266	63193	21064	854767
9									312472	149667	49889	1179711
10										296009	98670	1056541
11											199556	518846

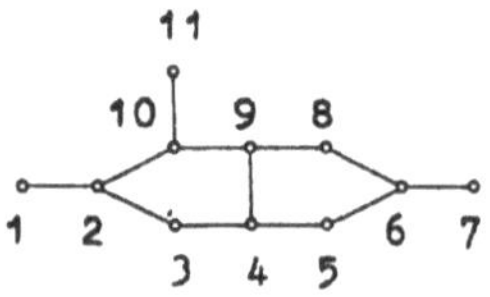

Tabelle 447 D = 27048 = $2^3.3.7^2.23$

-K \ W	1	2	3	4	5	6	7	8	9	10	11	S
1	191160	73480	29281	14363	6322	4603	7487	3494	1497	998	1497	334182
2		220441	87844	43090	18966	13809	22460	10481	4492	2995	4492	502550
3			234250	114907	50577	36823	59894	27950	11979	7986	11979	673470
4				301630	132764	96661	157220	73370	31444	20963	31444	1017856
5					249556	115905	98159	45807	19632	13088	19632	770408
6						251054	137256	64053	27451	18301	27451	793367
7							313609	146351	62722	41815	62722	1109695
8								301630	129270	86180	129270	1017856
9									245878	108363	79211	721939
10										238909	108363	647961
11											245878	721939

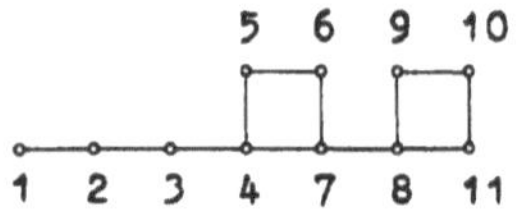

Tabelle 448 D = 27018 = $2.3^2.19.79$

-K \ W	1	2	3	4	5	6	7	8	9	10	11	S
1	197368	92105	39474	26316	13158	4386	8772	4386	13158	26316	39474	464913
2		276316	118421	78947	39474	13158	26316	13158	39474	78947	118421	894737
3			249667	130580	62125	20708	35088	14379	43138	79947	66123	859650
4				312791	146902	48967	78947	29980	89980	89940	79947	1184210
5					288641	96214	122807	26593	79780	89940	43138	1008772
6						198738	40936	8864	26593	29980	14379	502923
7							248538	40936	122807	78947	35088	839182
8								198738	96214	48967	20708	502923
9									288641	146902	62125	1008772
10										312791	130580	1184210
11											249667	859650

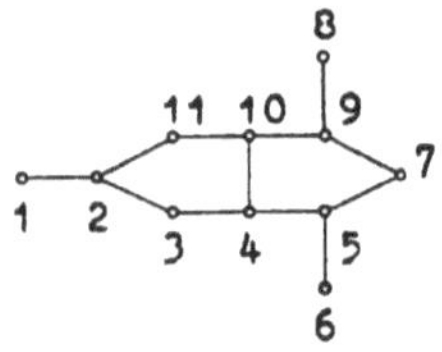

Tabelle 449 $D = 26973 = 3^6.37$

-K \ W	1	2	3	4	5	6	7	8	9	10	11	S
1	195362	28695	86086	34201	16517	6840	4004	5172	3003	3837	8509	392226
2		195362	86086	34201	16517	6840	4004	5172	3003	3837	8509	392226
3			258258	102603	49550	20521	12012	15516	9009	11512	25526	676679
4				239406	115616	47881	28028	36203	21021	26860	59560	745580
5					297297	123123	72072	93093	54054	69069	153153	1060061
6						242910	105606	73907	37538	38705	78579	782450
7							244745	128629	58559	47047	82583	787289
8								311979	138138	102436	169169	1079416
9									252252	118619	103604	798800
10										253420	141642	816984
11											321321	1152155

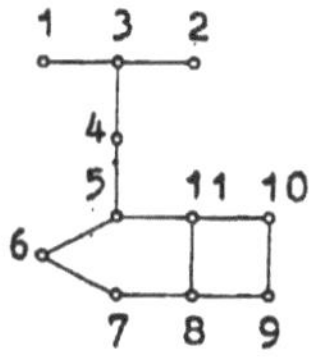

Tabelle 450 $D = 26972 = 2^2.11.613$

-K \ W	1	2	3	4	5	6	7	8	9	10	11	S
1	199633	98899	45677	38132	17333	6933	3467	3467	6933	51387	17129	488990
2		296697	137031	114396	51999	20799	10400	10400	20799	154160	51387	966967
3			260196	143556	65253	26101	13051	13051	26101	105220	35073	870310
4				316272	143760	57504	28752	28752	57504	161501	53834	1143963
5					292618	117047	58524	58524	117047	73409	22470	1019984
6						237728	96137	50682	55910	29364	9788	707993
7							229887	93523	50682	14682	4894	603999
8								229887	96137	14682	4894	603999
9									237728	29364	9788	707993
10										305873	101958	1041600
11											200653	513868

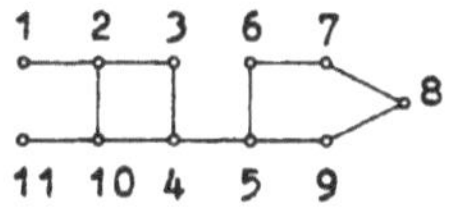

Tabelle 451 $D = 26946 = 2.3^3.499$

-K \ W	1	2	3	4	5	6	7	8	9	10	11	S
1	192032	76097	36258	14306	6661	5678	10373	7070	2357	8480	18370	377682
2		228290	108773	42919	19984	17034	31118	21209	7070	25440	55110	633044
3			290062	114451	53292	45424	82981	56558	18853	67839	146961	1021452
4				236306	94467	47094	46816	29225	9742	31118	64128	730572
5					230108	95858	57467	31118	10373	25514	45424	670266
6						240481	125585	64128	21376	45424	72144	780226
7							319287	161267	53756	110759	171009	1170418
8								300434	100145	139891	119238	1030283
9									200048	46630	39746	510096
10										262284	146961	910340
11											321643	1200734

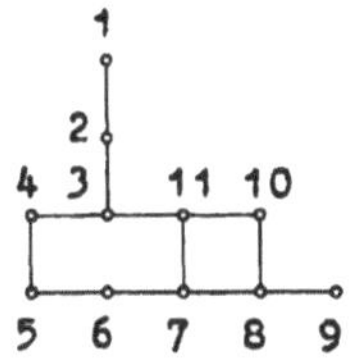

Tabelle 452 $D = 26937 = 3^2.41.73$

-K \ W	1	2	3	4	5	6	7	8	9	10	11	S
1	191781	75342	34247	11416	15982	6849	4566	2283	2283	4566	6849	356164
2		226027	102740	34247	47945	20548	13699	6849	6849	13699	20548	568493
3			273973	91324	127854	54795	36530	18265	18265	36530	54795	849318
4				197108	42618	18265	12177	6088	6088	12177	18265	449773
5					292998	125571	83714	41857	41857	83714	125571	1029681
6						252422	131696	59751	47555	82916	69495	869863
7							311375	137395	100809	165033	82916	1079910
8								251624	117478	100809	47555	789954
9									251624	137395	59751	789954
10										311375	131696	1079910
11											252422	869863

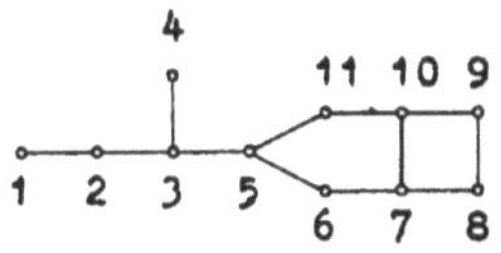

Tabelle 453

D = 26928 = $2^4.3^2.11.17$

W / -K	1	2	3	4	5	6	7	8	9	10	11	S
1	258170	137255	45752	107843	49020	19608	9804	9804	19608	45752	137255	839871
2		299632	99877	161765	73529	29412	14706	14706	29412	37377	112133	1009804
3			199959	53922	24510	9804	4902	4902	9804	12459	37377	503268
4				323529	147058	58824	29412	29412	58824	53922	161765	1186276
5					294118	117647	58824	58824	117647	24510	73529	1039216
6						237968	96257	50802	56149	9804	29412	715687
7							229947	93583	50802	4902	14706	607845
8								229947	96257	4902	14706	607845
9									237968	9804	29412	715687
10										199959	99877	503268
11											299632	1009804

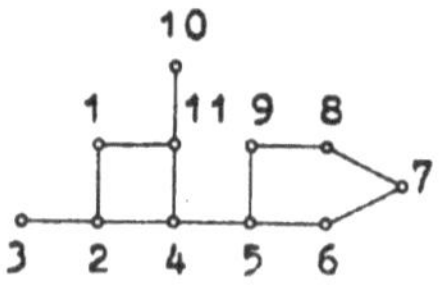

Tabelle 454

D = 26922 = 2.3.7.641

W / -K	1	2	3	4	5	6	7	8	9	10	11	S
1	192055	76164	36439	14375	6686	5683	10363	6630	9528	3176	18776	379875
2		228493	109316	43125	20058	17049	31090	19891	28583	9528	56329	639626
3			291509	114999	53488	45465	82906	53042	76220	25407	150212	1039003
4				236498	94495	46988	46468	27041	34656	11552	65374	735571
5					229998	95498	56497	28081	27747	9249	45910	667707
6						239507	123022	57202	48585	16195	72357	757551
7							312570	143526	118008	39336	171161	1134947
8								261180	140015	46672	112194	895474
9									302039	100680	165422	1051483
10										200227	55141	517163
11											328932	1241808

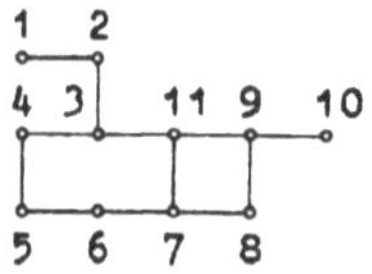

Tabelle 455

D = 26907 = 3.8969

W / -K	1	2	3	4	5	6	7	8	9	10	11	S
1	192311	76932	38484	20627	8195	3958	3679	7080	2360	15201	17895	386722
2		230795	115453	61880	24585	11874	11038	21240	7080	45602	53685	660164
3			307875	165013	65559	31665	29435	56640	18880	121604	143160	1093768
4				320939	126157	57531	46438	81782	27261	171647	112220	1191495
5					240662	95830	46828	44654	14885	72249	45936	785540
6						229959	94046	52180	17393	45100	25588	665124
7							235311	111885	37295	63051	30828	709834
8								283476	94492	144052	66897	964378
9									198164	48017	22299	499126
10										321087	147564	1195174
11											263575	929647

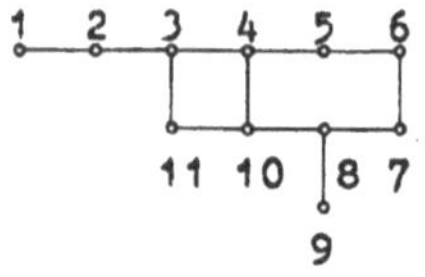

Tabelle 456

D = 26901 = $3^2.7^2.61$

W / -K	1	2	3	4	5	6	7	8	9	10	11	S
1	198487	95461	39441	22862	29144	16115	5372	13828	4609	20761	48455	494535
2		286383	118323	68585	87432	48344	16115	41485	13828	62284	145366	983606
3			240865	104271	71949	36913	12304	26486	8829	33716	74663	767760
4				244229	128415	62395	20798	37973	12658	38865	78622	819673
5					313297	150273	50091	87432	29144	82878	161202	1191257
6						296421	98807	140181	46727	77395	92004	1065575
7							199602	46727	15576	25798	30668	521858
8								286383	95461	123508	84142	983606
9									198487	41169	28047	494535
10										251961	132374	890709
11											312981	1188524

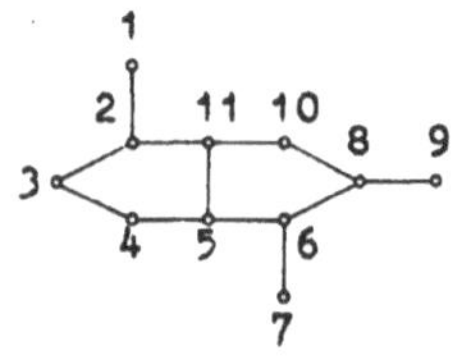

Tabelle 457 $D = 26883 = 3^2.29.103$

-K \ W	1	2	3	4	5	6	7	8	9	10	11	S
1	192333	77000	38668	17911	15065	6194	3515	4352	9541	3180	21091	388850
2		231001	116003	53733	45196	18581	10546	13057	28624	9541	63274	666656
3			309340	143288	120522	49548	28122	34818	76331	25444	168731	1110815
4				262620	144571	57583	28178	26950	52673	17558	113510	918575
5					313190	123201	56411	46033	81687	27229	171800	1144905
6						239538	95413	46702	44694	14898	72481	768833
7							229829	94074	52394	17465	45642	661589
8								235521	112487	37496	64446	715936
9									285069	95023	147696	986219
10										198341	49232	495407
11											329409	1247312

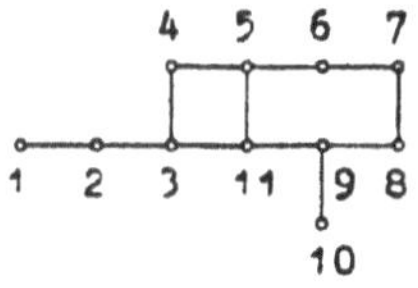

Tabelle 458 $D = 26877 = 3.17^2.31$

-K \ W	1	2	3	4	5	6	7	8	9	10	11	S
1	198497	95491	41039	27626	12167	8874	14455	4818	15645	46936	29672	495220
2		286472	123116	32878	36500	26621	43364	14455	46936	140808	89017	985658
3			250846	129423	53968	32481	43476	14492	25821	77464	83454	875580
4				305391	125405	70823	87063	29021	30528	91584	161346	1141088
5					243107	103918	68646	22882	14455	43364	79138	803550
6						240931	118875	39625	12836	38509	76069	769562
7							287978	95993	24054	72162	149068	1005134
8								198664	8018	24054	49689	501711
9									199780	99341	51308	528722
10										298024	153923	1086169
11											321446	1244185

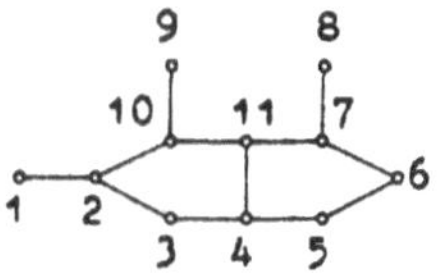

Tabelle 459 $D = 26845 = 5.7.13.59$

-K \ W	1	2	3	4	5	6	7	8	9	10	11	S
1	201416	104247	56230	21773	9089	5495	7394	16688	42671	55094	18365	538462
2		312740	168691	65319	27268	16484	22183	50065	128013	165282	55094	1115386
3			321829	124120	50531	27473	31887	68188	172676	128013	42671	1192309
4				238853	92438	38462	22947	30378	68188	50065	16688	769231
5					226783	87912	36953	22947	31887	22183	7394	615385
6						225275	87912	38462	27473	16484	5495	576927
7							226783	92438	50531	27268	9089	615385
8								238853	124120	65319	21773	769231
9									321829	168691	56230	1192309
10										312740	104247	1115386
11											201416	538462

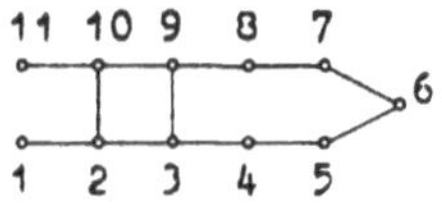

Tabelle 460 $D = 26838 = 2.3^3.7.71$

-K \ W	1	2	3	4	5	6	7	8	9	10	11	S
1	198785	96356	49184	20456	12184	16097	5366	30740	26939	8980	41098	506185
2		289068	147552	61368	36553	48290	16097	92220	80818	26939	123295	1018556
3			313716	128773	72602	89034	29678	164822	91717	30572	79756	1197406
4				244467	104628	69416	23139	80483	43260	14420	34876	825286
5					241281	119215	39738	76626	38062	12687	24871	778447
6						288229	96076	149396	70926	23642	39738	1009059
7							198692	49799	23642	7881	13246	503354
8								321764	151073	50358	81098	1248379
9									290577	96859	123798	1037671
10										198953	41266	512557
11											249031	852073

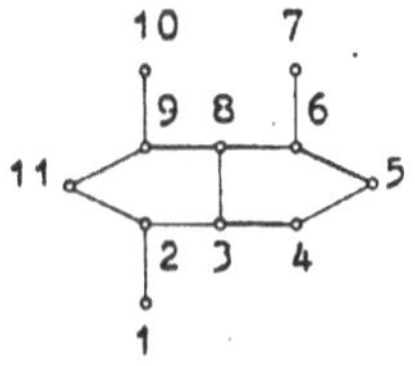

Tabelle 461

D = 26742 = 2.3.4457

-K \ W	1	2	3	4	5	6	7	8	9	10	11	S
1	195404	28738	86213	34496	17276	8021	6787	3029	2300	3870	9311	395445
2		195404	86213	34496	17276	8021	6787	3029	2300	3870	9311	395445
3			258638	103489	51829	24063	20361	9087	6899	11611	27934	686337
4				241474	120933	56148	47510	21203	16098	27092	65179	768118
5					310971	144380	122167	54521	41396	69666	167602	1118017
6						263462	146006	61028	37077	50202	113529	911937
7							315851	128562	69834	80940	172986	1117791
8								243325	101414	60915	81333	767446
9									234407	101806	71012	684543
10										244503	131703	786178
11											324097	1173997

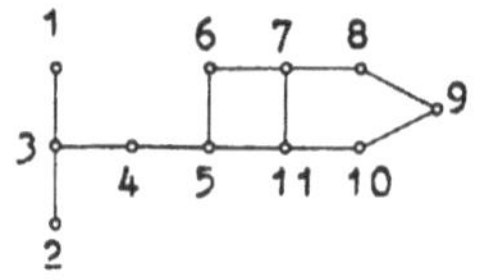

Tabelle 462

D = 26702 = $2.13^2.79$

-K \ W	1	2	3	4	5	6	7	8	9	10	11	S
1	199704	99112	48817	16272	31065	13314	8876	13314	31065	16272	48817	526628
2		297337	146450	48817	93195	39941	26627	39941	93195	48817	146450	1079882
3			299697	99899	152741	62748	35503	43761	95779	30279	90836	1106510
4				199966	50914	20916	11834	14587	31926	10093	30279	535503
5					314115	127387	68047	76755	162216	31926	95779	1204140
6						242660	100592	59115	76755	14587	43761	801776
7							233728	100592	68047	11834	35503	701183
8								242660	127387	20916	62748	801776
9									314115	50914	152741	1204140
10										199966	99899	535503
11											299697	1106510

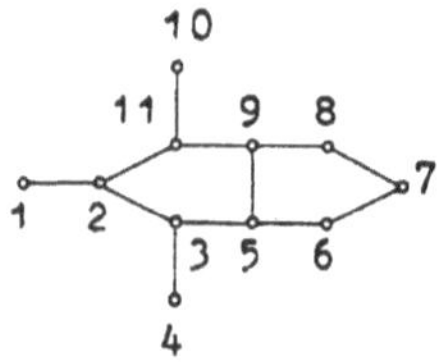

Tabelle 463

D = 26697 = 3.11.809

-K \ W	1	2	3	4	5	6	7	8	9	10	11	S
1	191819	75458	34554	11518	16687	6911	4045	5225	3034	3877	8596	361724
2		226374	103663	34554	50062	20733	12136	15676	9102	11631	25789	585178
3			276436	92145	133498	55287	32363	41802	24272	31015	68772	893807
4				197382	44499	18429	10788	13934	8091	10338	22924	464602
5					305933	126700	74166	95797	55624	71075	157602	1131643
6						244391	106473	75027	38188	39536	80421	812096
7							245252	129284	58939	47533	83661	804640
8								312825	138630	103064	170562	1101826
9									252538	118983	104412	811813
10										253886	142675	833613
11											323613	1189027

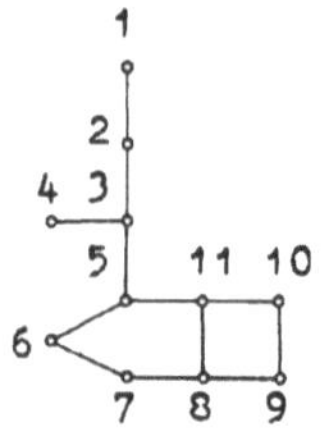

Tabelle 464

D = 26676 = $2^2.3^3.13.19$

-K \ W	1	2	3	4	5	6	7	8	9	10	11	S
1	198043	94130	42173	42173	32389	12821	6073	2699	2699	2024	675	435899
2		282389	126518	126518	97166	38462	18219	8097	8097	6073	2024	807693
3			252024	85358	129555	51282	24291	10796	10796	8097	2699	743589
4				252024	129555	51282	24291	10796	10796	8097	2699	743589
5					291498	115385	54656	24291	24291	18219	6073	923078
6						243590	115385	51282	51282	38462	12821	782054
7							291498	129555	129555	97166	32389	923078
8								252024	85358	126518	42173	743589
9									252024	126518	42173	743589
10										282389	94130	807693
11											198043	435899

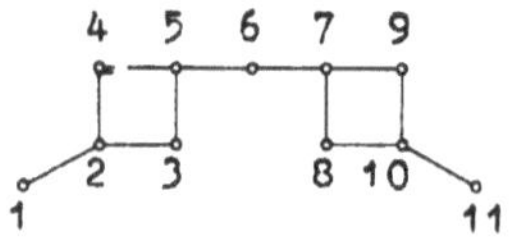

Tabelle 465 D = 26568 = $2^3.3^4.41$

-K \ W	1	2	3	4	5	6	7	8	9	10	11	S
1	198171	94512	42683	42683	33537	15244	5081	7114	3049	3049	2033	447156
2		283537	128049	128049	100610	45732	15244	21341	9146	9146	6098	841464
3			254065	87398	134146	60976	20325	28455	12195	12195	8130	788617
4				254065	134146	60976	20325	28455	12195	12195	8130	788617
5					301829	137195	45732	64024	27439	27439	18293	1024390
6						289634	96545	135163	57927	57927	38618	995937
7							198848	45054	19309	19309	12873	498645
8								296409	127033	127033	84688	964769
9									244919	78252	107724	699188
10										244919	107724	699183
11											238482	632793

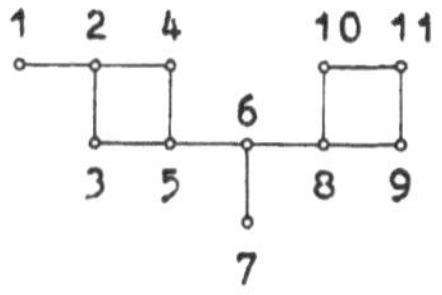

Tabelle 466 D = 26562 = 2.3.19.233

-K \ W	1	2	3	4	5	6	7	8	9	10	11	S
1	198046	94138	42184	42184	32415	12876	6212	2711	1920	3049	1016	436751
2		282415	126553	126553	97244	38627	18636	8132	5760	9148	3049	810255
3			252071	85404	129659	51502	24848	10843	7680	12198	4066	747008
4				252071	129659	51502	24848	10843	7680	12198	4066	747008
5					291733	115880	55907	24396	17280	27445	9148	930766
6						244635	118026	51502	36481	57940	19313	798284
7							298170	130111	92162	146375	48792	964087
8								247685	112943	91145	30382	720693
9									246668	127061	42354	696989
10										290038	96679	873276
11											198893	457758

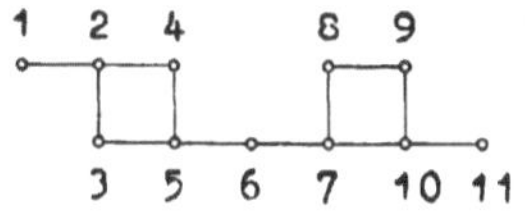

Tabelle 467 D = 26532 = $2^2.3^2.11.67$

-K \ W	1	2	3	4	5	6	7	8	9	10	11	S
1	191147	73440	29172	14077	6106	4240	2148	2205	4466	6954	2318	336273
2		220319	87517	42232	18318	12720	6445	6615	13399	20862	6954	508821
3			233379	112619	48846	33921	17187	17639	35730	55631	18544	690185
4				295624	128223	89043	45115	46303	93792	146031	48677	1061736
5					254410	135007	61737	50204	88874	81411	27137	900273
6						315979	140095	104308	172829	98202	32734	1139078
7							253204	119516	105344	56422	18807	826020
8								254240	143204	71065	23688	838987
9									324269	156773	52258	1190938
10										301052	100351	1094754
11											200117	531585

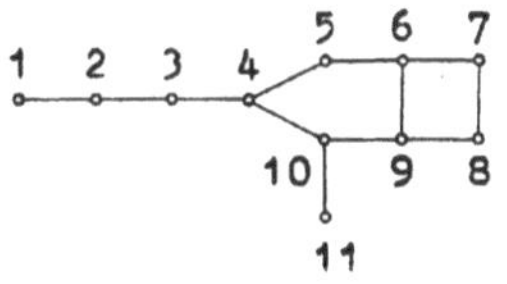

Tabelle 468 D = 26517 = 3.8839

-K \ W	1	2	3	4	5	6	7	8	9	10	11	S
1	191123	73368	28981	13576	5864	4016	2112	2319	773	4073	5883	332088
2		220104	86944	40729	17592	12049	6336	6958	2319	12219	17649	496267
3			231851	108610	46913	32130	16895	18554	6185	32583	47064	656710
4				285100	123147	84342	44349	48705	16235	85530	123543	973866
5					252498	134348	63601	56454	18818	86944	70031	876210
6						318701	146453	120658	40219	175303	86548	1154767
7							262454	140910	46970	113305	52551	895936
8								302070	100690	164611	71105	1033034
9									200230	54870	23702	511011
10										325659	137063	1192160
11											253535	888674

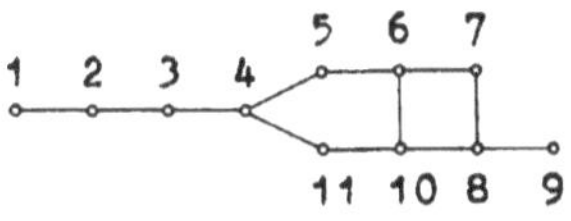

Tabelle 469

D = 26502 = 2.3.7.631

-K \ W	1	2	3	4	5	6	7	8	9	10	11	S
1	191174	73523	29394	14659	6962	2321	3905	4754	2736	3453	7622	340503
2		220568	88182	43978	20885	6962	11716	14263	8207	10358	22866	521508
3			235152	117274	55694	18565	31243	38035	21885	27621	60977	724022
4				307845	146197	48732	82013	99842	57448	72504	160063	1150555
5					289506	96502	125821	87956	44657	46015	93389	1013584
6						198834	41940	29319	14886	15338	31130	504529
7							253509	134707	61637	50204	88974	885669
8								318165	140254	104596	173534	1143425
9									253321	119708	105803	830542
10										254528	143876	848201
11											325824	1214058

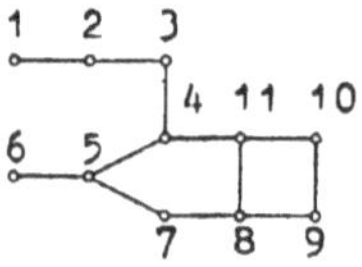

Tabelle 470

D = 26478 = $2.3^2.1471$

-K \ W	1	2	3	4	5	6	7	8	9	10	11	S
1	199335	98006	45547	15182	23453	7818	16995	27532	16467	21367	49135	521337
2		294018	136642	45547	70360	23453	50986	82597	49400	65602	147405	1064016
3			288069	96023	131543	43848	62712	56594	30761	35690	76309	1003738
4				198674	43848	14616	20904	18865	10254	11897	25436	501246
5					280421	93474	116247	68321	32631	29572	56084	945954
6						197825	38749	22774	10877	9857	18695	481986
7							247281	125595	56254	43168	73249	852140
8								308464	136132	99932	163664	1110470
9									251171	117380	100971	812298
10										252209	139248	862422
11											316772	1166968

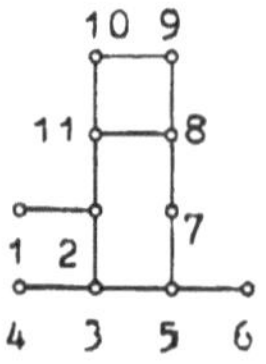

Tabelle 471

D = 26460 = $2^2.3^3.5.7^2$

-K \ W	1	2	3	4	5	6	7	8	9	10	11	S
1	196599	29932	89796	42857	19388	19388	15306	7143	3061	3061	2041	428572
2		196599	89796	42857	19388	19388	15306	7143	3061	3061	2041	428572
3			269388	128571	58163	58163	45918	21429	9184	9184	6122	785714
4				300000	135714	135714	107143	50000	21429	21429	14286	1000000
5					257823	91156	137755	64286	27551	27551	18367	857142
6						257823	137755	64386	27551	27551	18367	857142
7							306122	142857	61224	61224	40816	1071426
8								300000	128571	128571	85714	1000000
9									245578	78912	108163	714285
10										245578	108163	714285
11											238776	642855

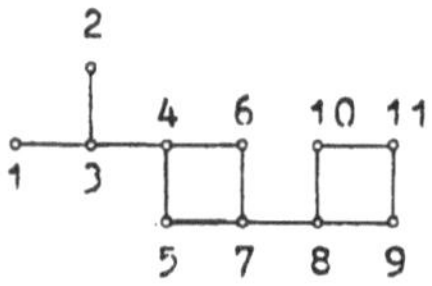

Tabelle 472

D = 26460 = $2^2.3^3.5.7^2$

-K \ W	1	2	3	4	5	6	7	8	9	10	11	S
1	191156	73469	29252	14286	6122	4082	1361	4762	2721	3401	7483	338095
2		220408	87755	42857	18367	12245	4082	14286	8162	10204	22449	514284
3			234014	114286	48980	32653	10884	38095	21769	27211	59864	704763
4				300000	128571	85714	28571	100000	57143	71429	157143	1100000
5					251531	126020	42007	84524	42347	42517	85204	876190
6						292347	97449	153571	69898	56122	98469	1028570
7							199150	51190	23299	18707	32823	509523
8								325000	144048	107143	177381	1200000
9									254932	120748	107313	852380
10										255102	144558	857142
11											326360	1219047

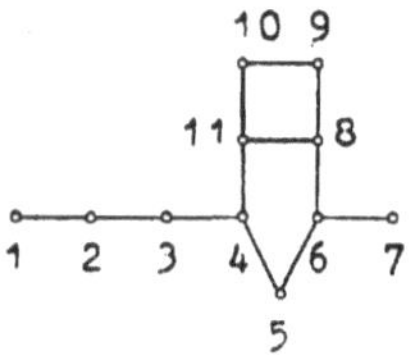

Tabelle 473 D = 26454 = 2.3.4409

-K \ W	1	2	3	4	5	6	7	8	9	10	11	S
1	191181	73543	29447	14799	6899	5897	2741	2325	775	3459	8052	339118
2		220628	88342	44398	20696	17691	8222	6974	2325	10377	24155	517351
3			235579	118394	55190	47176	21925	18598	6199	27671	64414	712935
4				310785	144874	123838	57553	48821	16274	72636	169086	1121458
5					264213	147766	63866	43830	14610	53017	115219	930180
6						319460	134044	82672	27557	86414	176571	1169086
7							251399	120152	40051	69007	86868	855828
8								277784	92595	120606	84033	898390
9									197532	40202	28011	466131
10										252608	137219	873214
11											327625	1221252

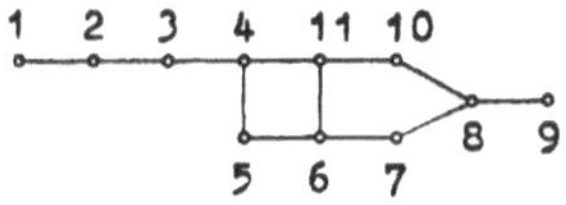

Tabelle 474 D = 26448 = 2^4.3.19.29

-K \ W	1	2	3	4	5	6	7	8	9	10	11	S
1	198900	96699	42366	30399	48832	19397	9358	4083	2892	4594	1531	459051
2		290098	127098	91198	146495	58190	28074	12250	8677	13782	4594	877155
3			246692	112976	92238	36638	17676	7713	5464	8677	2892	700430
4				247731	130218	51724	24955	10889	7713	12250	4083	724136
5					298416	118534	57188	24955	17676	28074	9358	971984
6						245690	118534	51724	36638	58190	19397	814656
7							298416	130218	92238	146495	48832	971984
8								247731	112976	91198	30399	724136
9									246692	127098	42366	700430
10										290098	96699	877155
11											198900	459051

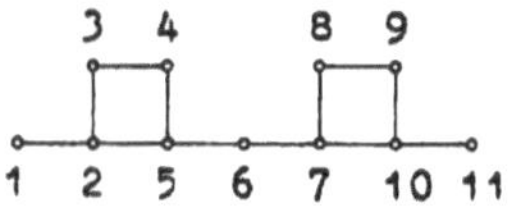

Tabelle 475 D = 26433 = 3^3.11.89

-K \ W	1	2	3	4	5	6	7	8	9	10	11	S
1	191862	75587	34900	11633	17478	8115	6866	3064	2327	3916	9420	365168
2		226761	104699	34900	52434	24345	20599	9193	6980	11747	28260	595505
3			279196	93065	139825	64919	54931	24515	18613	31324	75360	921347
4				197688	46608	21640	18310	8172	6204	10441	25120	473781
5					320433	148772	125884	56180	42655	71785	172701	1194755
6						265501	147732	61798	37661	51186	115897	947566
7							317312	129213	70329	81773	174990	1147939
8								243616	101635	61287	82227	780900
9									234574	102088	71691	694757
10										244978	132845	803370
11											326845	1215356

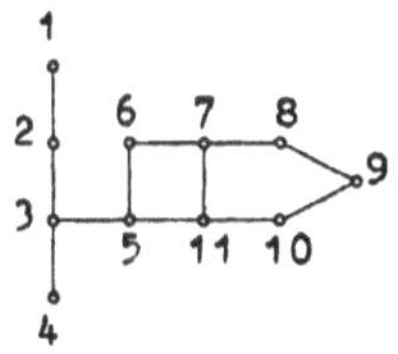

Tabelle 476 D = 26433 = 3^3.11.89

-K \ W	1	2	3	4	5	6	7	8	9	10	11	S
1	199183	97549	42901	31154	50562	22983	7661	10725	4597	3064	4597	474976
2		292646	128703	93463	151685	68948	22983	32176	13790	9193	13790	924926
3			247702	114402	95506	43412	14471	20259	8682	5788	8682	730508
4				249745	134831	61287	20429	28601	12257	8172	12257	766598
5					308989	140449	46816	65543	28090	18727	28090	1069288
6						291113	97038	135853	58223	38815	58823	1016344
7							199013	45284	19408	12938	19408	505449
8								296731	127171	84780	127171	974294
9									244978	107763	78311	703270
10										238509	107763	635512
11											244978	703270

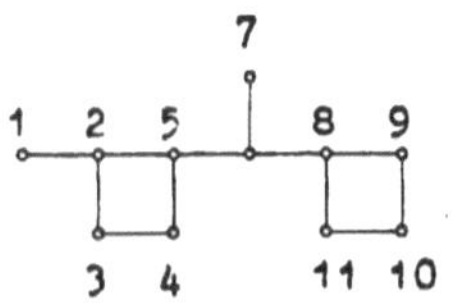

Tabelle 477

$D = 26424 = 2^3.3^2.367$

-K \ W	1	2	3	4	5	6	7	8	9	10	11	S
1	192533	77600	40266	21855	8647	4087	3614	6755	16652	21344	7115	400468
2		232800	120799	65565	25942	12261	10842	20266	49955	64033	21344	701407
3			322131	174841	69180	32698	28913	54042	133212	170754	56918	1203754
4				326805	128009	57221	43653	73740	177566	132153	44051	1245459
5					241125	95368	44978	39566	73721	53588	17863	797987
6						228883	91281	44959	43597	28610	9537	648502
7							228864	95311	57069	32243	10748	647516
8								240974	127611	68120	22707	794051
9									325764	172116	57372	1234635
10										316076	105359	1164396
11											201786	554800

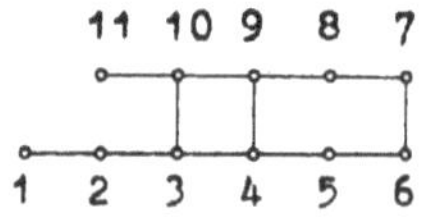

Tabelle 478

$D = 26406 = 2.3^4.163$

-K \ W	1	2	3	4	5	6	7	8	9	10	11	S
1	198364	95092	48057	21472	16360	27607	18405	6135	21472	7157	38855	498976
2		285276	144172	64417	49080	82822	55215	18405	64417	21472	116564	996932
3			317485	140082	102761	168200	84356	28119	56748	18916	66973	1175869
4				252897	118609	102931	50102	16701	30675	10225	31697	839808
5					253067	140593	65951	21984	35276	11759	28119	843559
6						318848	147751	49250	75153	25051	52658	1190864
7							292945	97648	133436	44479	62883	1053171
8								199216	44479	14826	20961	517724
9									280675	93558	115031	950920
10										197853	38344	483640
11											243865	815950

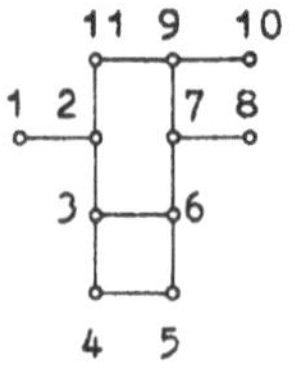

Tabelle 479

$D = 26394 = 2.3.53.83$

-K \ W	1	2	3	4	5	6	7	8	9	10	11	S
1	197583	92748	38380	22391	11063	10798	3599	17731	20005	42282	14094	470674
2		278245	115140	67174	33189	32394	10798	53194	60014	126847	42282	912025
3			247196	126449	58669	49557	16519	73483	44442	59843	19948	849626
4				312173	142817	116276	38759	167254	73312	52682	17561	1136848
5					260495	138668	46223	109286	46374	29836	9945	886565
6						299727	99909	160605	65810	36827	12276	1022847
7							199970	53535	21937	12276	4092	507617
8								318993	129120	68368	22789	1174358
9									248238	115594	38531	863377
10										278416	92805	915776
11											197602	471925

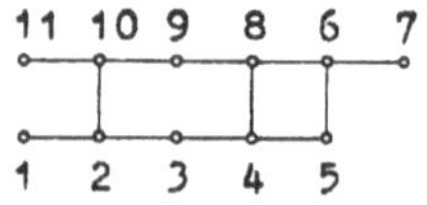

Tabelle 480

$D = 26373 = 3.59.149$

-K \ W	1	2	3	4	5	6	7	8	9	10	11	S
1	199465	98396	45046	36742	50677	16892	14503	6768	62901	1934	2901	476225
2		295188	135138	110226	152030	50677	43510	20305	8702	5801	8702	928675
3			257821	138323	102548	34183	54601	25481	10920	7280	10920	822261
4				304743	155614	51871	120293	56137	24059	16039	24059	1038106
5					302867	100956	61426	28666	12285	8190	12285	987544
6						200319	20475	9555	4095	2730	4095	495848
7							244853	114265	48971	32647	48971	804515
8								286657	122853	81902	122853	875442
9									243127	106529	76461	660903
10										237686	106529	607267
11											243127	660903

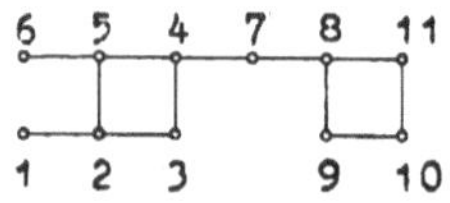

Tabelle 481 D = 26370 = $2.3^2.5.293$

W / -K	1	2	3	4	5	6	7	8	9	10	11	S
1	192131	76394	37050	16098	11244	5707	5878	11926	18658	6997	2332	384415
2		229181	111149	48294	33732	17122	17634	35779	55973	20990	6997	653245
3			296397	128783	89951	45658	47023	95411	149261	55973	18658	1075314
4				254778	135552	62059	50626	89818	83276	31229	10410	910923
5					316705	140520	104854	174042	100569	37713	12571	1157453
6						253451	119833	106049	57793	21672	7224	837088
7							254645	144103	72810	27304	9101	853811
8								326261	160637	60239	20080	1224345
9									308532	115700	38567	1161776
10										230887	76962	685666
11											192321	395223

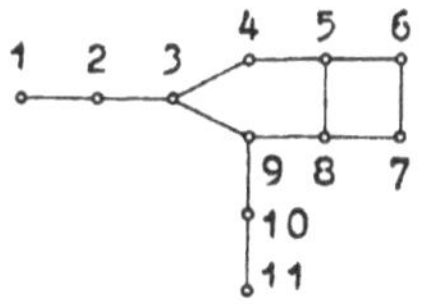

Tabelle 482 D = 26352 = $2^4.3^3.61$

W / -K	1	2	3	4	5	6	7	8	9	10	11	S
1	237705	106557	81967	32787	16393	8197	2732	5464	2732	8197	106557	609288
2		243169	122951	49180	24590	12295	4098	8197	4098	12295	76503	663933
3			286885	114754	57377	28689	9563	19126	9563	28689	122951	882515
4				245902	122951	61475	20492	40984	20492	61475	49180	819672
5					311475	155738	51913	103825	51913	155738	24590	1076503
6						296619	98873	135246	36373	109119	12295	954919
7							199624	45082	12124	36373	4098	484972
8								256831	45082	135246	8197	803280
9									199624	98873	4098	484972
10										296619	12295	954919
11											243169	663933

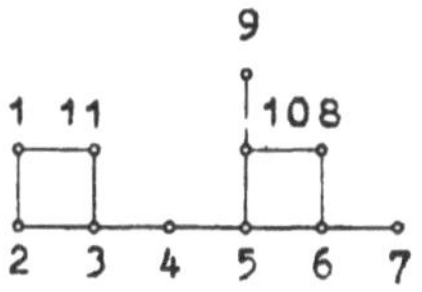

Tabelle 483 D = 26349 = 3.8783

W / -K	1	2	3	4	5	6	7	8	9	10	11	S
1	191943	75828	35542	15371	10570	5598	6224	2334	778	10740	15428	370356
2		227485	106626	46112	31709	16794	18672	7002	2334	32221	46283	611066
3			284337	122965	84557	44783	49793	18672	6224	85924	123420	962843
4				252590	134806	64215	57839	21690	7230	87612	70192	880622
5					319860	147861	123724	46396	15465	176914	87157	1179019
6						264128	144522	54196	18065	115242	53342	928746
7							309841	116190	38730	168811	72868	1107214
8								231071	77024	63304	27326	665205
9									192341	21101	9109	388401
10										327887	137937	1227693
11											253786	896848

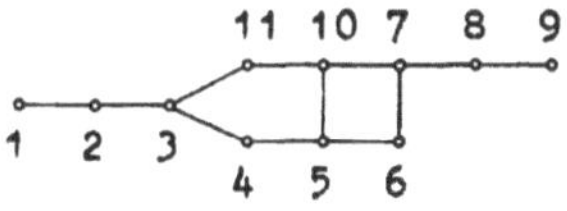

Tabelle 484 D = 26319 = 3.31.283

W / -K	1	2	3	4	5	6	7	8	9	10	11	S
1	252688	129032	48387	16129	86022	43011	43011	86022	16129	48387	129032	896850
2		299555	112333	37444	157301	71583	57449	100764	10943	32828	87541	1096773
3			229625	76542	58988	26844	21543	37786	4103	12310	32828	661289
4				192181	19663	8948	7181	12595	1368	4103	10943	387097
5					326893	144895	107793	178483	12595	37786	100764	1231183
6						255310	121034	107793	7181	21543	57449	865591
7							255310	144895	8948	26844	71583	865591
8								326893	19663	58988	157301	1231183
9									192181	76542	37444	387097
10										229625	112333	661289
11											299555	1096773

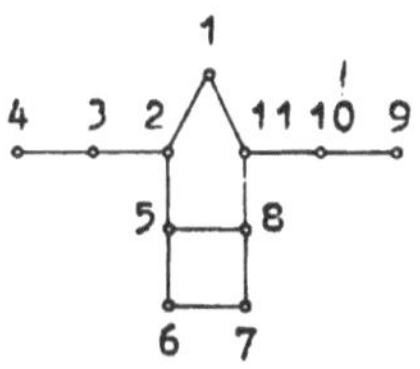

Tabelle 485

D = 26301 = 3.11.797

-K \ W	1	2	3	4	5	6	7	8	9	10	11	S
1	191152	73457	29219	14201	5912	3536	4696	3080	1027	3517	7471	337268
2		220372	87658	42603	17737	10608	14087	9239	3080	10551	22414	511806
3			233755	113608	47299	28288	37565	24638	8213	28136	59770	698149
4				298221	124159	74256	98608	64674	21558	73857	156895	1082640
5					243793	107220	77868	44998	14999	42128	81385	807498
6						247405	134995	70321	23440	52527	87259	839855
7							327117	165963	55321	115452	180392	1212064
8								303182	101061	142523	124387	1054066
9									200354	47508	41462	518023
10										264610	151306	932115
11											329531	1242272

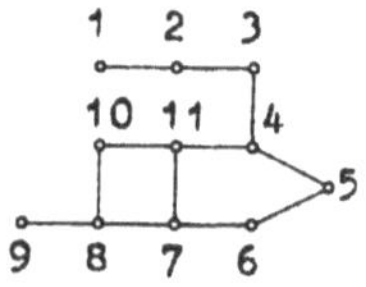

Tabelle 486

D = 26289 = 3^2.23.127

-K \ W	1	2	3	4	5	6	7	8	9	10	11	S
1	198372	95116	38533	20484	6828	16090	27787	18829	6276	22424	48442	499181
2		285347	115600	61452	20484	48271	83362	56488	18829	67271	145327	997547
3			242193	110978	36993	53749	50268	30983	10328	32352	66073	788050
4				271482	90494	112975	67443	36460	12153	29784	52893	866598
5					196831	37658	22481	12153	4051	9928	17631	455532
6						247518	129579	66244	22081	47073	74974	856212
7							321294	162273	54091	111434	172030	1202042
8								300924	100308	140192	119651	1044505
9									200103	46731	39884	514835
10										262410	147039	916638
11											321465	1205409

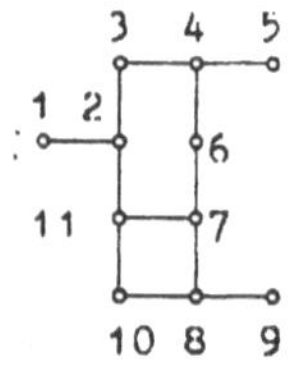

Tabelle 487

D = 26277 = 3.19.461

-K \ W	1	2	3	4	5	6	7	8	9	10	11	S
1	191156	73467	29246	14271	5937	3539	4681	2873	3939	1313	7630	338052
2		220402	87738	42813	17810	10618	14043	8620	11816	3939	22891	514157
3			233969	114168	47494	28314	37447	22986	31510	10503	61042	704417
4				299692	124672	74324	98299	60338	82715	27572	160235	1099099
5					243863	106919	76892	41101	46409	15470	82658	809225
6						246432	132378	62964	56513	18838	87738	828577
7							320242	147791	123130	41043	180557	1176503
8								263481	142653	47551	116927	917285
9									304829	101610	170225	1075349
10										200537	56742	525118
11											337006	1283651

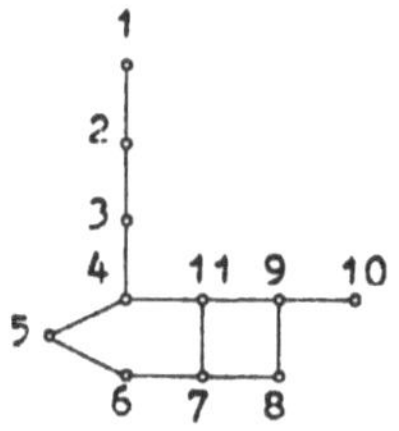

Tabelle 488

D = 26271 = 3^3.7.139

-K \ W	1	2	3	4	5	6	7	8	9	10	11	S
1	198527	95581	38712	20555	6852	16101	27749	17643	25180	8393	49503	504796
2		286742	116136	61665	20555	48304	83248	52929	75540	25180	148510	1014390
3			242378	110997	36999	53614	49846	28606	35971	11990	67318	792567
4				271326	90442	112539	66290	32888	32374	10791	53443	863310
5					196814	37513	22097	10963	10791	3597	17814	454437
6						246489	126927	59096	50360	16787	75197	842927
7							314491	144399	118705	39568	172148	1165468
8								261562	140288	46763	112539	907676
9									302158	100719	165468	1057554
10										200240	55156	519184
11											328708	1245804

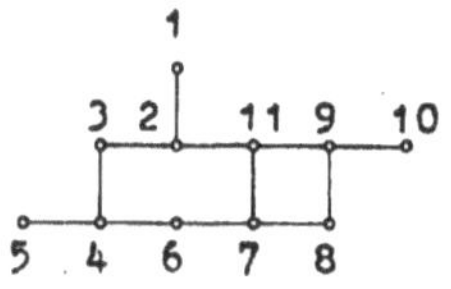

Tabelle 489 D = 26271 = $3^3.7.139$

-K \ W	1	2	3	4	5	6	7	8	9	10	11	S
1	196814	30147	90442	44365	19527	14217	23124	10791	4625	3083	4625	441760
2		196814	90442	44365	19527	14217	23124	10791	4625	3083	4625	441760
3			271326	133094	58582	42652	69373	32374	13875	9250	13875	825285
4				310552	136691	99520	161871	75540	32374	21583	32374	1092329
5					251285	117163	100206	46763	20041	13361	20041	803187
6						251970	138746	64748	27749	18499	27749	817230
7							316033	147482	63207	42138	63207	1148511
8								302158	129496	86331	129496	1035970
9									245975	108428	79308	729703
10										238952	108428	655136
11											245975	729703

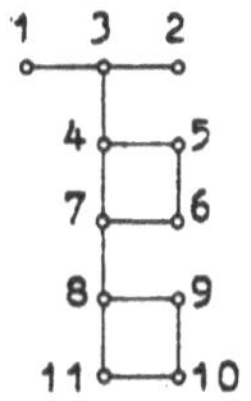

Tabelle 490 D = 26268 = $2^2.3.11.199$

-K \ W	1	2	3	4	5	6	7	8	9	10	11	S
1	191183	73550	29466	14847	8109	3426	2170	3084	1028	6053	6967	339883
2		220649	88397	44541	24326	10279	6510	9251	3084	18159	20900	519646
3			235724	118776	64870	27410	17360	24669	8223	48424	55733	719052
4				311786	170283	71951	45569	64756	21585	127113	146300	1137507
5					328898	135450	77452	96905	32302	180962	117082	1236639
6						247373	106670	72636	24212	87026	52992	839425
7							242557	121003	40334	80116	41895	781636
8								290372	96791	153323	72693	1005483
9									198930	51108	24231	501828
10										328746	151953	1232983
11											266084	956830

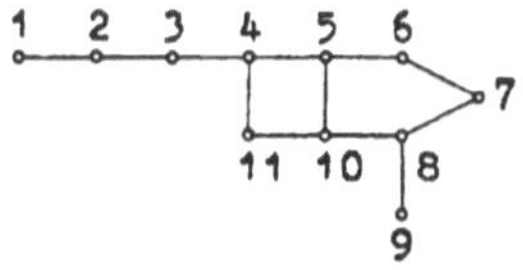

Tabelle 491 D = 26244 = $2^2.3^8$

-K \ W	1	2	3	4	5	6	7	8	9	10	11	S
1	191187	73560	29492	14918	6973	6001	2743	2229	3944	1315	8288	340650
2		220679	88477	44753	20919	18004	8230	6687	11831	3944	24863	521947
3			235940	119342	55784	48011	21948	17833	31550	10517	66301	725195
4				313272	146433	126029	57613	46811	82819	27606	174040	1153636
5					265127	148948	63329	41038	59785	19928	118389	946653
6						320816	132374	76303	96536	32179	181127	1186328
7							246227	106310	72702	24234	87563	823273
8								242627	121571	40524	81561	783494
9									292010	97337	157122	1027207
10										199112	52374	509070
11											337429	1289057

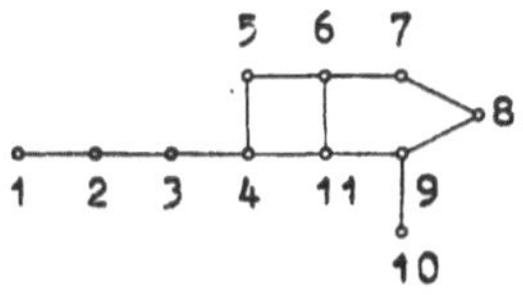

Tabelle 492 D = 26244 = $2^2.3^8$

-K \ W	1	2	3	4	5	6	7	8	9	10	11	S
1	192044	76132	36351	16461	16461	13032	6173	2743	2743	2058	686	364884
2		228395	109053	49383	49383	39095	18519	8230	8230	6173	2058	594651
3			290809	131687	131687	104252	49383	21948	21948	16460	5487	919065
4				256173	89506	136831	64815	28807	28807	21605	7202	831277
5					256173	136831	64815	28807	28807	21605	7202	831277
6						306241	145062	64472	64472	48354	16118	1074760
7							305556	135802	135802	101852	33951	1061730
8								254801	88134	128601	42867	805212
9									254801	128601	42867	805212
10										283951	94650	853910
11											198217	451505

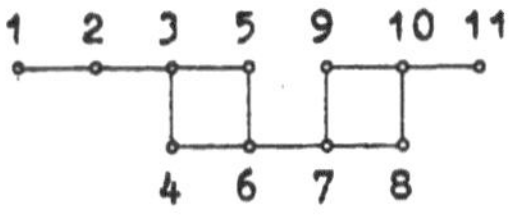

Tabelle 493

D = 26136 = $2^3 . 3^3 . 11^2$

-K \ W	1	2	3	4	5	6	7	8	9	10	11	S
1	192149	76446	37190	15496	9298	12397	8264	3099	1033	9298	19628	384298
2		229339	111570	46488	27893	37190	24793	9298	3099	27893	58884	652893
3			297521	123967	74380	99174	66116	24793	8264	74380	157025	1074380
4				243783	107381	78359	46067	17275	5758	42566	81631	808771
5					247761	135904	72084	27032	9011	53317	87867	851828
6						329354	170187	63820	21273	117386	181971	1247015
7							310989	116621	33874	146159	127487	1127641
8								231233	77077	54809	47808	672865
9									192359	18270	15936	390954
10										266280	152682	963040
11											330559	1261473

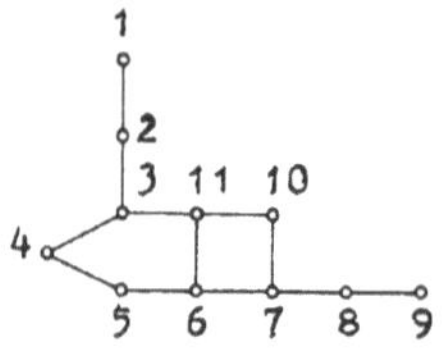

Tabelle 494

D = 26109 = $3^3 . 967$

-K \ W	1	2	3	4	5	6	7	8	9	10	11	S
1	192175	76525	37425	15569	9307	12352	7641	10571	3964	1321	20108	386934
2		229576	112203	46708	27921	37056	22923	31713	11892	3964	60324	660805
3			299207	124555	74457	98819	61128	84567	31713	10571	160864	1095485
4				243862	107032	77234	41576	47493	17810	5937	83094	810870
5					246639	132885	63599	57911	21717	7239	88418	837125
6						321422	149221	126240	47340	15780	182159	1200508
7							265177	146310	54866	18289	118886	949616
8								312689	117258	39086	174499	1148339
9									231472	77157	65437	680626
10										192386	21812	393542
11											339174	1314775

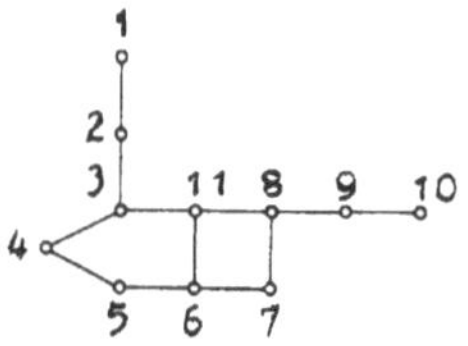

Tabelle 495

D = 26103 = 3.7.11.113

-K \ W	1	2	3	4	5	6	7	8	9	10	11	S
1	192047	76141	36375	16492	13102	16492	6321	2758	1954	3103	1034	365819
2		228422	109125	49477	39306	49477	18963	8275	5861	9309	3103	597459
3			291001	131939	104815	131939	50569	22066	15630	24825	8275	926559
4				256503	137570	89836	66372	28962	20515	32582	10861	841109
5					307896	137570	148546	64820	45914	72923	24308	1096770
6						256503	66372	28962	20515	32582	10861	841109
7							312895	136536	96713	153603	51201	1108091
8								250488	114929	94300	31433	783529
9									248075	129295	43098	742499
10										293587	97862	943971
11											199287	481323

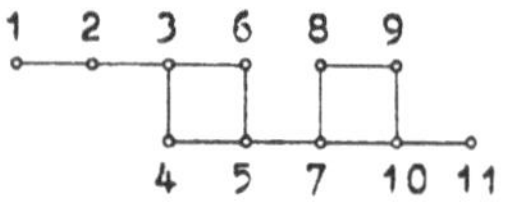

Tabelle 496

D = 26082 = $2.3^4.7.23$

-K \ W	1	2	3	4	5	6	7	8	9	10	11	S
1	192202	76605	37612	16563	12077	19669	9317	4141	4141	3106	1035	376468
2		229814	112836	49689	36232	59006	27950	12422	12422	9317	3106	629399
3			300897	132505	96618	157350	74534	33126	33126	24845	8282	1011731
4				249482	115942	98344	46584	20704	20704	15528	5176	771221
5					251208	137681	65217	28986	28986	21739	7246	801932
6						314700	149068	66253	66253	49689	16563	1134576
7							307453	136646	136646	102484	34161	1090060
8								255176	88510	128882	42961	817807
9									255176	128882	42961	817807
10										284161	94720	863353
11											198240	454451

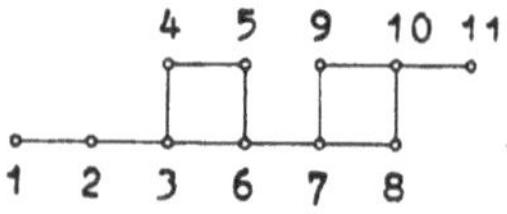

Tabelle 497 D = 26073 = 3^2.2897

-K \ W	1	2	3	4	5	6	7	8	9	10	11	S
1	198309	94926	37798	18467	17604	5868	28478	19158	6386	22610	48671	498275
2		284777	113393	55402	52813	17604	85433	57473	19158	67829	146013	994821
3			236969	97515	55575	18525	50685	31067	10356	32160	65412	749455
4				237142	113911	37970	66621	35727	11909	28650	50224	753538
5					286158	95386	149177	76113	25371	53791	85261	1011160
6						198462	49726	25371	8457	17930	28420	503719
7							331186	167242	55747	114793	177137	1276225
8								303417	101139	141871	122195	1080773
9									200380	47290	40732	526925
10										263529	148717	939170
11											323956	1236738

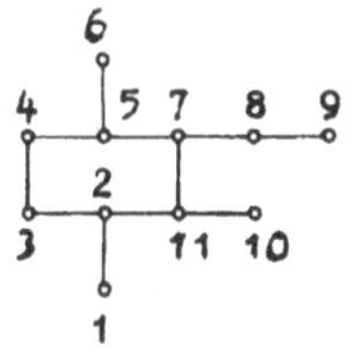

Tabelle 498 D = 25938 = 2.3^2.11.131

-K \ W	1	2	3	4	5	6	7	8	9	10	11	S
1	192208	76625	37667	16597	12125	19778	9542	4164	2949	4684	1561	377900
2		229875	113000	49792	36375	59334	28626	12491	8848	14053	4684	633703
3			301334	132778	97001	158223	76336	33310	23595	37474	12491	1023209
4				249653	116181	98890	47710	20819	14747	23421	7807	778395
5					251542	138446	66794	29146	20645	32790	10930	811975
6						316447	152672	66620	47189	74948	24983	1157530
7							314885	137405	97328	154580	51527	1137405
8								250867	115198	94726	31575	796321
9									248265	129598	43199	751561
10										294067	98022	958363
11											199341	486120

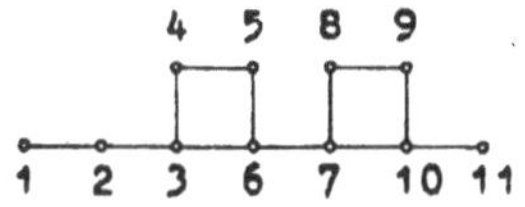

Tabelle 499 D = 25887 = 3.8629

-K \ W	1	2	3	4	5	6	7	8	9	10	11	S
1	192259	76776	38069	17615	14776	19817	6606	6895	2955	1970	2955	380693
2		230328	114208	52845	44327	59451	19817	20686	8865	5910	8865	642078
3			304554	140920	118206	158535	52845	55163	23641	15761	23641	1045544
4				262313	146019	107602	35867	68142	29204	19469	29204	909200
5					319852	164272	54757	149264	63970	42647	63970	1182060
6						308553	102851	76660	32854	21903	32854	1085352
7							200950	25553	10951	7301	10951	528449
8								302990	129853	86569	129853	1051628
9									246127	108529	79461	736410
10										239020	108529	657608
11											246127	736410

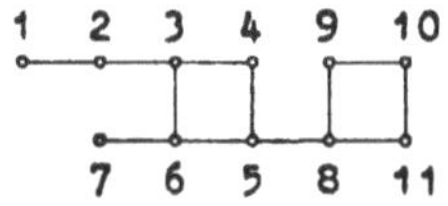

Tabelle 500 D = 25869 = 3.8623

-K \ W	1	2	3	4	5	6	7	8	9	10	11	S
1	196664	89992	35873	17627	17009	11075	3692	4175	12525	22324	37439	448495
2		269976	107619	52882	51026	33225	11075	12525	37574	66972	112316	845182
3			235340	98400	59859	33863	11288	10147	30442	47315	51645	721791
4				242317	128552	68364	22788	17917	53752	74974	42619	820192
5					325775	171228	57076	43604	130813	177606	76211	1238779
6						314334	104778	55665	166995	130987	54737	1145251
7							201593	18555	55665	43662	18246	548418
8								201612	104836	57231	23252	549519
9									314508	171692	69755	1148557
10										326858	131277	1250898
11											247864	865361

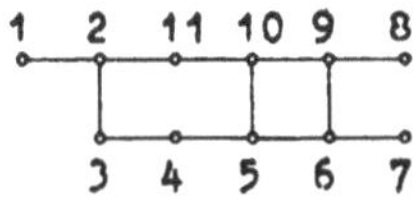

Tabelle 501 D = 25866 = $2.3^3.479$

-K \ W	1	2	3	4	5	6	7	8	9	10	11	S
1	192415	77244	39318	19833	6611	13570	20877	9743	4175	2784	4175	390745
2		231733	117954	59499	19833	40710	62630	29228	12526	8351	12526	672234
3			314544	158664	52888	108560	167015	77940	33403	22269	33403	1125958
4				299061	99687	138831	117432	54802	23486	15658	23486	1010439
5					199896	46277	39144	18267	7829	5219	7829	503480
6						261656	146138	68198	29228	19485	29228	901881
7							320981	149791	64196	42797	64196	1195198
8								303235	129958	86639	129958	1057759
9									246173	108560	79506	739040
10										239040	108560	659362
11											246173	739040

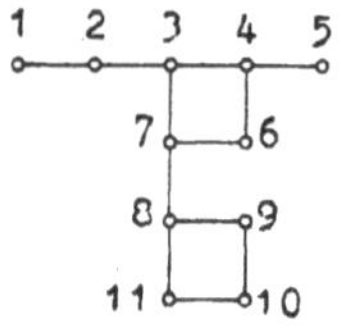

Tabelle 502 D = 25853 =103.251

-K \ W	1	2	3	4	5	6	7	8	9	10	11	S
1	191216	73647	29726	15530	8568	3578	2166	2920	6595	8297	2766	345009
2		220941	89177	46590	25703	10734	6498	8761	19785	24891	8297	535024
3			237806	124241	68541	28623	17329	23363	52760	66375	22125	760066
4				326132	179921	75136	45488	61328	138495	174235	58078	1245174
5					334004	136096	74285	86760	185994	137218	45739	1282829
6						246451	103257	63320	86702	60689	20230	834816
7							235485	103199	74111	44850	14950	721618
8								246277	135632	73860	24620	830040
9									332785	176730	58910	1268499
10										319112	106371	1192628
11											202124	564210

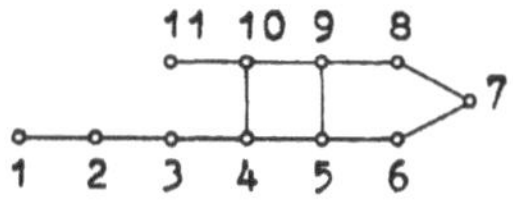

Tabelle 503 D = 25797 = 3 8599

-K \ W	1	2	3	4	5	6	7	8	9	10	11	S
1.	196457	29790	89371	41865	18083	12385	6512	7152	2384	12560	18142	434701
2		196457	89371	41865	18083	12385	6512	7152	2384	12560	18142	434701
3			268113	125596	54250	37155	19537	21456	7152	37679	54425	804105
4				293057	126584	86696	45587	50064	16688	87917	126992	1042911
5					253983	135365	64135	57042	19014	87975	71520	906034
6						319398	146819	121061	40354	176009	87568	1175195
7							262647	141121	47040	113676	53088	906674
8								302303	100768	165019	71694	1044832
9									200256	55006	23898	514944
10										326375	138097	1212873
11											255030	918596

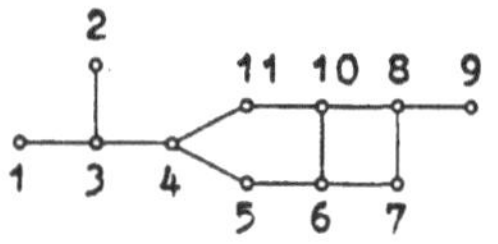

Tabelle 504 D = 25785 = $3^3.5.191$

-K \ W	1	2	3	4	5	6	7	8	9	10	11	S
1	196684	30017	90052	43455	18848	13089	6632	6806	13787	21466	7155	447991
2		196684	90052	43455	18848	13089	6632	6806	13787	21466	7155	447991
3			270157	130366	56545	39267	19895	20419	41361	64398	21466	843978
4				304188	131937	91623	46422	47644	96510	150262	50087	1135949
5					256021	136126	62304	50785	90052	83246	27749	932461
6						316754	140489	104712	173647	99476	33159	1161431
7							253403	119721	105759	57068	19023	837348
8								254450	143630	71728	23909	850610
9									325131	158115	52705	1214484
10										303141	101047	1131413
11											200349	543804

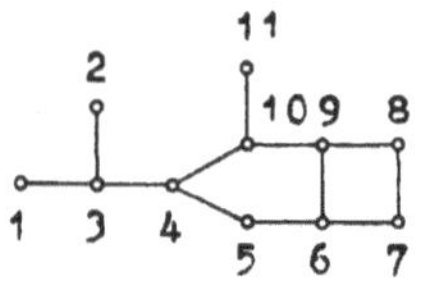

Tabelle 505 $D = 25725 = 3.5^2.7^3$

-K \ W	1	2	3	4	5	6	7	8	9	10	11	S
1	196948	30282	90845	45306	23557	10671	8455	14694	12070	21516	7172	461516
2		196948	90845	45306	23557	10671	8455	14694	12070	21516	7172	461516
3			272536	135918	70671	32012	25364	44082	36210	64548	21516	884547
4				317143	164898	74694	59184	102857	84490	150612	50204	1230612
5					328338	145015	106706	175102	90262	95685	31895	1255686
6						255044	120117	105306	50787	47055	15685	867057
7							253644	140816	62099	45481	15160	845481
8								317143	135510	89388	29796	1169388
9									254169	126997	42332	906996
10										291603	97201	1051602
11											199067	517200

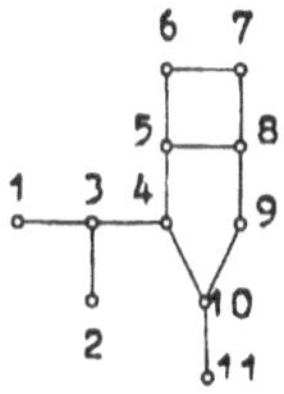

Tabelle 506 $D = 25704 = 2^3.3^3.7.17$

-K \ W	1	2	3	4	5	6	7	8	9	10	11	S
1	196779	30112	90336	44118	18908	12605	4202	14706	8403	10504	23109	453782
2		196779	90336	44118	18908	12605	4202	14706	8403	10504	23109	453782
3			271008	132353	56723	37815	12605	44118	25210	31513	69328	861345
4				308824	132353	88235	29412	102941	58824	73529	161765	1176472
5					253151	127101	42367	85784	43067	43417	87185	908964
6						293067	97689	154412	70378	56723	99790	1050420
7							199230	51471	23459	18908	33263	516808
8								325980	144608	107843	178922	1225491
9									255252	121148	108193	866945
10										255602	145648	875339
11											328782	1259094

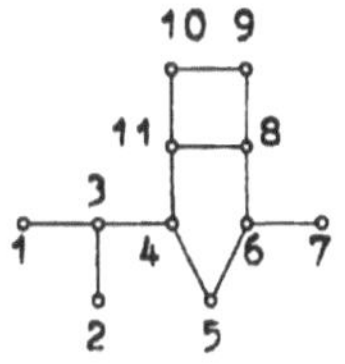

Tabelle 507 $D = 25671 = 3.43.199$

-K \ W	1	2	3	4	5	6	7	8	9	10	11	S
1	197012	30346	91037	45752	21328	18231	8473	7187	2396	10693	24892	457347
2		197012	91037	45752	21328	18231	8473	7187	2396	10693	24892	457347
3			273110	137256	63983	54692	25418	21561	7187	32079	74676	872036
4				320264	149293	127615	59308	50310	16770	74851	174243	1201414
5					266273	149527	64684	44525	14842	54049	117623	967455
6						320965	134743	83265	27755	87297	178626	1200947
7							251724	120428	40143	69417	87823	870634
8								278018	92673	120954	84843	910951
9									197558	40318	28281	470319
10										253126	138425	891902
11											330431	264755

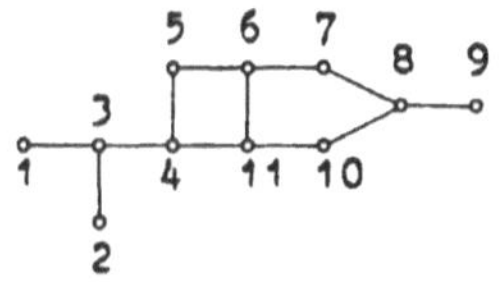

Tabelle 508 $D = 25665 = 3.5.29.59$

-K \ W	1	2	3	4	5	6	7	8	9	10	11	S
1	192616	77849	40931	22657	9468	5747	7773	17573	22287	8358	2786	408045
2		233548	122794	67972	28404	17241	23320	52718	66861	25073	8358	742138
3			327450	181259	75745	45977	62186	140581	178297	66861	22287	1264368
4				335223	136645	74713	87493	187765	140581	52718	17573	1304599
5					246698	103448	63647	87493	62186	23320	7773	844827
6						235632	103448	74713	45977	17241	5747	729884
7							246698	136645	75745	28404	9468	844827
8								335223	181259	67972	22657	1304599
9									327450	122794	40931	1264368
10										233548	77849	724138
11											192616	408045

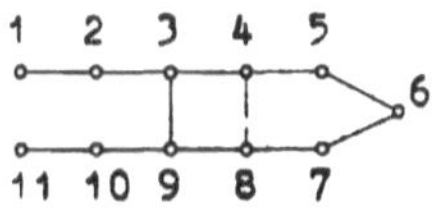

Tabelle 509

D = 25626 = 2.3.4271

-K \ W	1	2	3	4	5	6	7	8	9	10	11	S
1	198529	95587	37794	17794	15590	28974	20897	6966	26750	8917	50437	508235
2		286760	113381	53383	46769	86923	62690	20897	80251	26750	151311	1024702
3			235991	94591	47784	48759	32135	10712	36935	12312	66358	736752
4				230391	96582	59354	33716	11239	30555	10185	47764	685554
5					241961	129302	69012	23004	54730	18243	76934	819911
6						328553	173320	57773	133634	44545	183037	1274174
7							315910	105303	169106	56369	135039	1173497
8								201768	56369	18790	45013	557834
9									317314	105771	177066	1188481
10										201924	59022	562828
11											337138	1329119

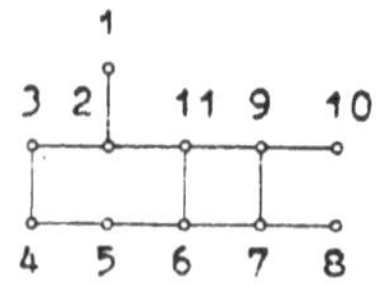

Tabelle 510

D = 25554 = 2.3.4259

-K \ W	1	2	3	4	5	6	7	8	9	10	11	S
1	196740	30074	90221	43848	18255	10918	14499	9509	3170	10859	23069	451162
2		196740	90221	43848	18255	10918	14499	9509	3170	10859	23069	451162
3			270662	131545	54766	32754	43496	28528	9509	32578	69206	853486
4				306938	127788	76426	101491	66565	22188	76015	161482	1158134
5					245304	108124	79068	45785	15262	43027	83294	838928
6						247946	135713	70792	23597	53064	88402	858654
7							328070	166588	55529	116166	181909	1237028
8								303592	101197	142991	125382	1070438
9									200399	47664	41794	523479
10										265144	152442	950809
11											331944	1281993

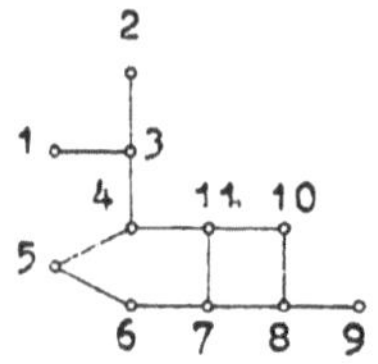

Tabelle 511

D = 25527 = 3.67.127

-K \ W	1	2	3	4	5	6	7	8	9	10	11	S
1	196772	30105	90316	44071	18334	10930	14455	8873	12164	4055	23563	453638
2		196772	90316	44071	18334	10930	14455	8873	12164	4055	23563	453638
3			270948	132213	55001	32789	43366	26619	36491	12164	70690	860913
4				308497	128335	76507	101187	62111	85145	28382	164943	1175462
5					245387	107827	78094	41838	47420	15807	84616	840993
6						246974	133094	63403	57116	19039	88906	847515
7							321189	148372	123928	41309	182101	1201550
8								263838	143143	47714	117875	932659
9									305500	101833	171524	1096428
10										200611	57175	532144
11											339523	1324477

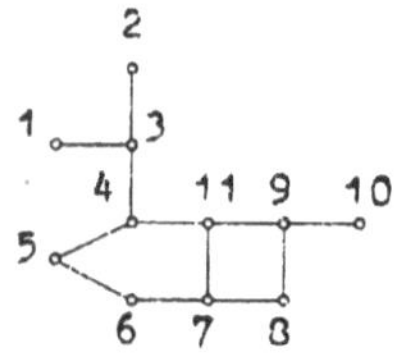

Tabelle 512

D = 25488 = $2^4.3^3.59$

-K \ W	1	2	3	4	5	6	7	8	9	10	11	S
1	197034	30367	91102	45904	25071	10593	6709	9534	3178	18715	21540	459747
2		197034	91102	45904	25071	10593	6709	9534	3178	18715	21540	459747
3			273305	137712	75212	31780	20127	28602	9534	56144	64619	879239
4				321328	175494	74153	46963	66737	22246	131003	150777	1218221
5					331744	136653	78213	97987	32662	183086	119527	1280720
6						247881	106992	73093	24364	87924	54025	858051
7							242761	121292	40431	80685	42549	793431
8								290784	96928	154131	73623	1022245
9									198976	51377	24541	507415
10										330332	153778	1265890
11											268185	994704

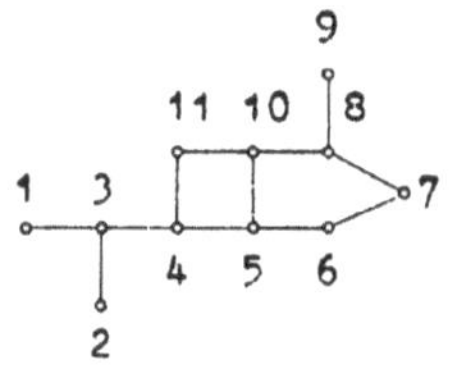

Tabelle 513 D = 25461 = $3^3.23.41$

-K \ W	1	2	3	4	5	6	7	8	9	10	11	S
1	197066	30399	91198	46129	21562	18558	8484	6893	12195	4065	25627	462176
2		197066	91198	46129	21562	18558	8484	6893	12195	4065	25627	462176
3			273595	138388	64687	55673	25451	20679	36585	12195	76882	886531
4				322906	150937	129905	59385	48250	85366	28455	179392	1235242
5					267232	150760	64157	41711	60976	20325	120891	984800
6						322375	133086	76882	97561	32520	183280	1219158
7							246554	106575	73171	24390	88547	838284
8								242842	121951	40650	82361	795687
9									292683	97561	158537	1048781
10										199187	52846	516259
11											340403	1334393

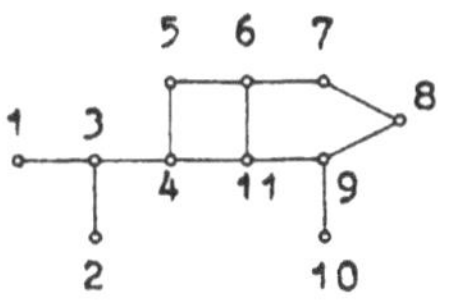

Tabelle 514 D = 25293 = 3.8431

-K \ W	1	2	3	4	5	6	7	8	9	10	11	S
1	192128	76385	37026	16250	11723	6761	2254	6306	12158	18444	6148	385583
2		229154	111078	48749	35168	20282	6761	18918	36473	55332	18444	656674
3			296208	129996	93781	54086	18029	50449	97260	147551	49184	1084648
4				257265	141798	74190	24730	56043	93939	83976	27992	954928
5					331613	168485	56162	117681	184557	104377	34792	1280137
6						304590	101530	143755	126675	67786	22595	1090735
7							200510	47918	42225	22595	7532	530246
8								265666	153244	76385	25462	961827
9									333057	161369	53790	1294747
10										303345	101115	1142275
11											200372	547426

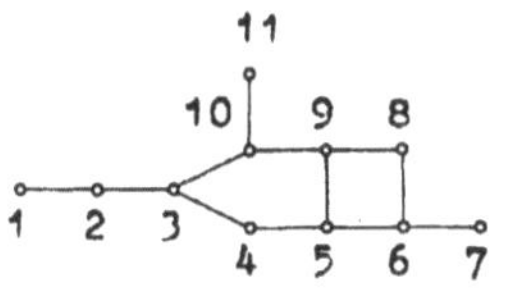

Tabelle 515 D = 25272 = $2^3.3^5.13$

-K \ W	1	2	3	4	5	6	7	8	9	10	11	S
1	192130	76389	37037	16204	11574	6173	6944	2315	12346	18519	6173	385804
2		229167	111111	48611	34722	18519	20833	6944	37037	55556	18519	657408
3			296296	129630	92593	49383	55556	18519	98765	148148	49383	1086421
4				256232	139067	66477	60363	20121	94492	84046	28015	943258
5					324608	150047	125534	41845	184710	103989	34663	1243352
6						264641	143875	47958	119025	63153	21051	950302
7							306090	102030	172365	85470	28490	1107550
8								200677	57455	28490	9497	535851
9									340614	164767	54922	1336498
10										304843	101614	1158595
11											200538	552865

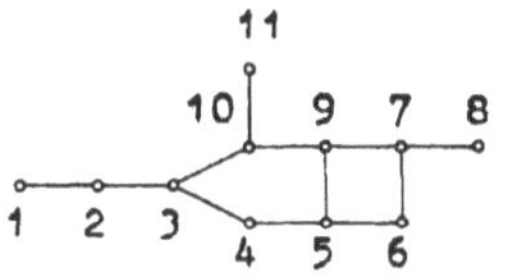

Tabelle 516 D = 25272 = $2^3.3^5.13$

-K \ W	1	2	3	4	5	6	7	8	9	10	11	S
1	192308	76923	38462	19231	6410	12821	6410	6410	12821	6410	19231	397437
2		230769	115385	57692	19231	38462	19231	19231	38462	19231	57692	692309
3			307692	153846	51282	102564	51282	51282	102564	51282	153846	1179487
4				306090	102030	162393	74252	60363	106838	32585	97756	1173076
5					200677	54131	24751	20121	35613	10862	32585	557693
6						330484	146724	109687	182536	35613	106838	1282053
7							256232	121973	109687	20121	60363	891026
8								256232	146724	24751	74252	891026
9									330484	54131	162393	1282053
10										200677	102030	557693
11											306090	1173076

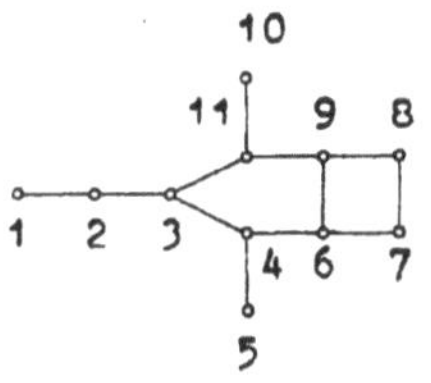

Tabelle 517 D = 25266 = 2.3.4211

-K \ W	1	2	3	4	5	6	7	8	9	10	11	S
1	192334	77001	38669	20541	9717	8608	2869	13239	10568	18464	6155	398165
2		231002	116006	61624	29150	25825	8608	39717	31703	55391	18464	696491
3			309349	164332	77733	68867	22956	105913	84540	147708	49236	1185309
4				334481	153883	127167	42389	185229	94039	96889	32296	1312870
5					265950	143968	47989	117965	56044	50166	16722	969287
6						304738	101579	168665	74092	53610	17870	1094989
7							200526	56222	24697	17870	5957	531662
8								331810	141534	92793	30931	1284018
9									256471	127879	42626	944193
10										290845	96948	1048563
11											198983	516188

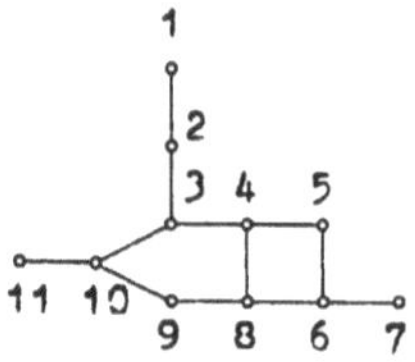

Tabelle 518 D = 25263 = 3^2.7.401

-K \ W	1	2	3	4	5	6	7	8	9	10	11	S
1	192376	77129	39010	20663	9441	7659	13538	12291	4097	19238	6413	401855
2		231386	117029	61988	28322	22978	40613	36872	12291	57713	19238	705559
3			312077	165301	75525	61275	108301	98326	32775	153901	51300	1214820
4				331849	147310	110082	182936	106876	35625	102066	34022	1298718
5					256482	122135	109924	60325	20108	50944	16981	897497
6						256323	146835	74100	24700	50766	16922	893775
7							330582	161976	53992	101354	33785	1283836
8								304952	101651	151229	50410	1159008
9									200550	50410	16803	553002
10										301924	100641	1140186
11											200214	546729

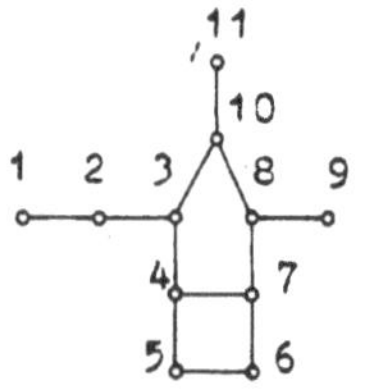

Tabelle 519 D = 25260 = 2^2.3.5.421

-K \ W	1	2	3	4	5	6	7	8	9	10	11	S
1	192379	77138	39034	18409	16192	8610	2870	6770	2257	9442	21556	394657
2		231413	117102	55226	48575	25831	8610	20309	6770	28325	64667	683966
3			312272	147268	129533	68884	22961	54157	18052	75534	172447	1157244
4				267221	154394	76603	25534	49881	16627	56413	119359	986935
5					333650	160926	53642	95487	31829	93705	185629	1303562
6						301960	100653	144299	48100	82838	104216	1122920
7							200218	48100	16033	27613	34739	540973
8								289311	96437	127197	92280	1024228
9									198812	42399	30760	508076
10										256354	141865	941685
11											333314	1300832

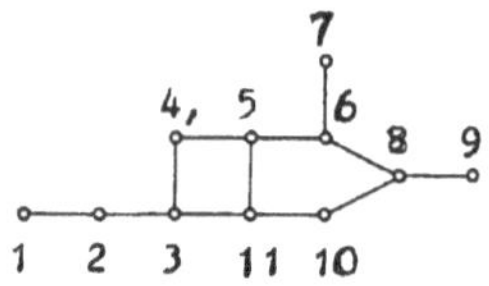

Tabelle 520 D = 25242 = 2.3.7.601

-K \ W	1	2	3	4	5	6	7	8	9	10	11	S
1	192358	77074	38864	20977	10875	3625	8022	13192	10578	18541	6180	400286
2		231222	116591	62931	32624	10875	24067	39577	31733	55622	18541	700857
3			310910	167816	86998	28999	64179	105538	84621	148324	49441	1202281
4				342108	173104	57701	119503	185405	94604	98407	32802	1355358
5					306454	102151	144105	125862	60376	55265	18422	1116236
6						200717	48035	41954	20125	18422	6141	538745
7							264777	150226	66397	48966	16322	954599
8								324816	138816	91633	30544	1247563
9									255447	127526	42509	932732
10										290944	96981	1050631
11											198994	516877

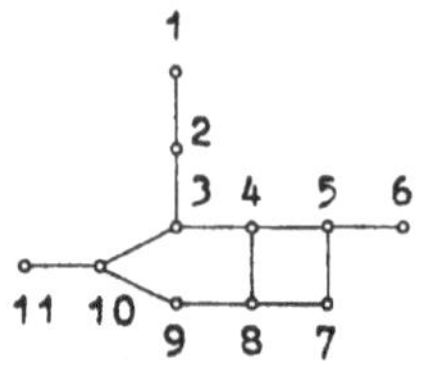

Tabelle 521 $D = 25236 = 2^2.3^2.701$

-K \ W	1	2	3	4	5	6	7	8	9	10	11	S
1	192404	77211	39230	18426	16049	7668	6954	2318	10877	3626	22052	396815
2		231633	117689	55278	48146	23003	20863	6954	32632	10877	66155	690441
3			313837	147408	128388	61341	55635	18545	87020	29006	176415	1174514
4				266207	151213	66690	48859	16286	63600	21200	120740	975907
5					325250	138731	90942	30314	103780	34593	185806	1253212
6						255171	126783	42261	82917	27639	94330	926534
7							289408	96469	144971	48324	97183	1026391
8								198823	48324	16108	32394	508796
9									303673	101224	164824	1143842
10										200408	54941	547946
11											342348	1357188

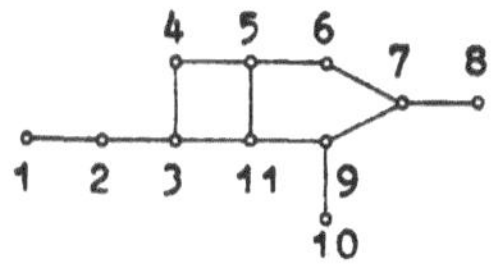

Tabelle 522 $D = 25191 = 3^4.311$

-K \ W	1	2	3	4	5	6	7	8	9	10	11	S
1	192212	76635	37692	20186	9587	8574	2858	13279	11075	3692	16256	392046
2		229904	113076	60557	28760	25723	8574	39836	33226	11075	48767	676133
3			301536	161486	76694	68596	22865	106228	88603	29534	130046	1136356
4				335298	154817	129153	43051	189592	104323	34774	88603	1321840
5					266742	145409	48470	121015	62820	20940	46505	981759
6						307074	102358	173455	84137	28046	50911	1123436
7							200786	57818	28046	9349	16970	541145
8								341531	161546	53849	89258	1347407
9									296177	98726	128260	1096939
10										199575	42753	532313
11											252769	911098

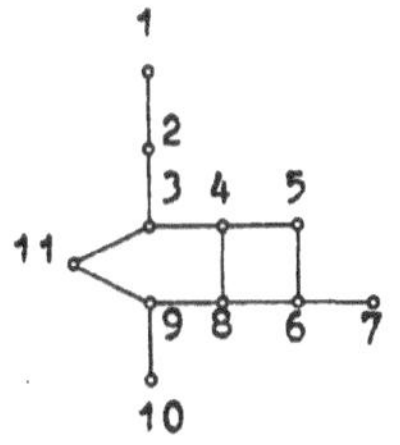

Tabelle 523 $D = 25188 = 2^2.3.2099$

-K \ W	1	2	3	4	5	6	7	8	9	10	11	S
1	192234	76703	37875	16317	11077	3692	13221	7980	10719	3573	20605	393996
2		230110	113626	48952	33230	11077	39662	23940	32158	10719	61815	681992
3			303001	130538	88614	29538	105765	63840	85755	28585	164840	1151977
4				252779	127799	42600	88018	46371	51096	17032	89884	911386
5					294783	98261	158290	75274	67532	22511	104812	1082183
6						199420	52763	25091	22511	7504	34937	527394
7							334088	154359	128990	42997	189614	1307767
8								266595	145426	48475	121209	978560
9									307289	102430	174011	1127917
10										200810	58004	542640
11											342822	1362553

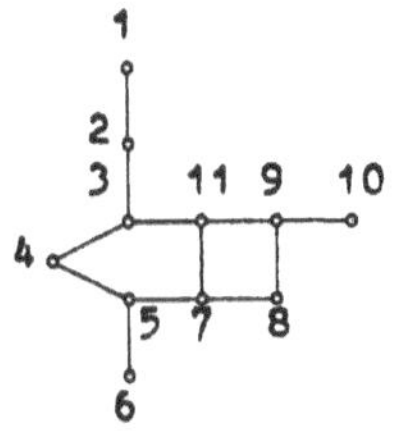

Tabelle 524 $D = 25164 = 2^2.3^3.233$

-K \ W	1	2	3	4	5	6	7	8	9	10	11	S
1	192418	77253	39342	18598	16452	8584	2861	6438	10730	3577	22175	398428
2		231760	118026	55794	49356	25751	8584	19313	32189	10730	66524	695280
3			314735	148784	131617	68670	22890	51502	85837	28612	177396	1187411
4				268062	155401	75644	25215	46316	63305	21102	122496	1000717
5					334585	158262	52754	87446	104077	34692	190093	1314735
6						294528	98176	127146	86910	28970	104614	1077255
7							199392	42382	28970	9657	34871	525752
8								251609	127682	42561	88877	891272
9									296137	98712	162017	1096566
10										199571	54006	532190
11											343169	1366238

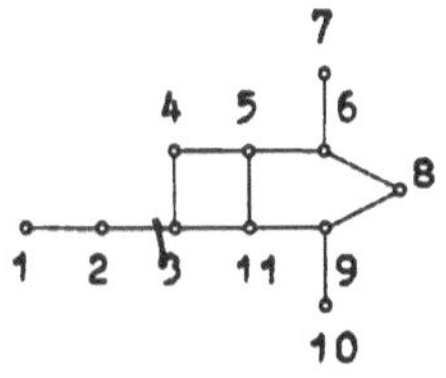

Tabelle 525

D = 25104 = $2^4.3.523$

-K \ W	1	2	3	4	5	6	7	8	9	10	11	S
1	198255	94766	43021	43021	34297	16850	7648	6095	2032	8604	2868	457457
2		284297	129063	129063	102892	50550	22945	18284	6095	25813	8604	872372
3			255417	88751	137189	67400	30593	24379	8126	34417	11472	829828
4				255417	137189	67400	30593	24379	8126	34417	11472	829828
5					308676	151649	68834	54852	18284	77438	25813	1117113
6						320148	145315	115798	38599	163480	54493	1191682
7							260994	137667	45889	106119	35373	891970
8								297204	99068	154876	51625	984227
9									199689	51625	17208	494741
10										306883	102294	1065966
11											200765	521987

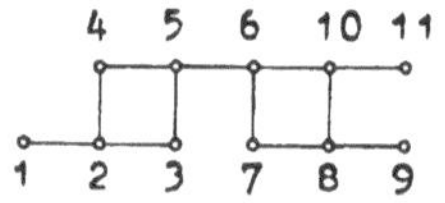

Tabelle 526

D = 25088 = $2^9.7^2$

-K \ W	1	2	3	4	5	6	7	8	9	10	11	S
1	191964	75893	35714	15625	11161	6696	2232	2232	6696	11161	15625	374999
2		227679	107143	46875	33482	20089	6696	6696	20089	33482	46875	624999
3			285714	125000	89286	53571	17857	17857	53571	89286	125000	999999
4				255580	141741	77009	25670	21205	63616	92634	72545	937500
5					335937	177455	59152	45759	137277	188616	92634	1312500
6						318080	106027	56920	170759	137277	63616	1187499
7							202009	18973	56920	45759	21205	562500
8								202009	106027	59152	25670	562500
9									318080	177455	77009	1187499
10										335937	141741	1312500
11											255580	937500

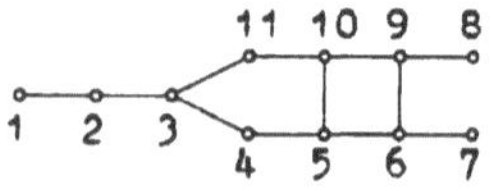

Tabelle 527

D = 25056 = $2^5.3^3.29$

-K \ W	1	2	3	4	5	6	7	8	9	10	11	S
1	198276	94828	43103	34483	17241	8621	2874	5747	2874	8621	43103	459771
2		284483	129310	103448	51724	25862	8621	17241	8621	25862	129310	879310
3			255747	137931	68966	34483	11494	22989	11494	34483	89080	839080
4				310345	155172	77586	25862	51724	25862	77586	137931	1137930
5					327586	163793	54598	109195	54598	163793	68966	1235632
6						300647	100216	137931	37716	113147	34483	1034485
7							200072	45977	12572	37716	11494	511496
8								258621	45977	137931	29989	856322
9									200072	100216	11494	511496
10										300647	34483	1034485
11											255747	839080

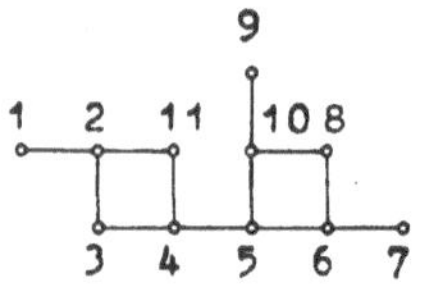

Tabelle 528

D = 25050 = $2.3.5^2.167$

-K \ W	1	2	3	4	5	6	7	8	9	10	11	S
1	197345	30679	92036	48084	26527	11078	6707	9042	20419	25689	8563	476169
2		197345	92036	48084	26527	11078	6707	9042	20419	25689	8563	476169
3			276108	144251	79581	33234	20120	27126	61257	77066	25689	928504
4				336587	185689	77545	46946	63293	142934	179820	59940	1333173
5					337186	137425	75090	87844	188443	140299	46766	1331377
6						247006	103593	63773	87725	61976	20659	855092
7							235689	103473	74731	45629	15210	733895
8								246647	136467	74910	24970	846587
9									334671	179102	59701	1305869
10										322096	107365	1239641
11											202455	579881

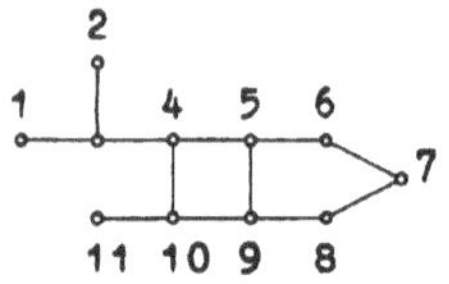

Tabelle 529

D = 25005 = 3.5.1667

W / -K	1	2	3	4	5	6	7	8	9	10	11	S
1	192601	77804	40812	22735	9818	6719	2240	8098	17576	21896	7299	407598
2		233413	122436	68206	29454	20156	6719	24295	52729	65687	21896	722795
3			326495	181884	78544	53749	17916	64787	140612	175165	58388	1260788
4				337972	141992	88002	29334	92681	190042	139472	46491	1338811
5					254809	122436	40812	71686	92621	64187	21396	927755
6						279304	93101	122376	87822	53089	17696	944450
7							197700	40792	29274	17696	5899	481483
8								254649	141572	77385	25795	924116
9									336893	179064	59688	1327893
10										320336	106779	1220756
11											202260	573587

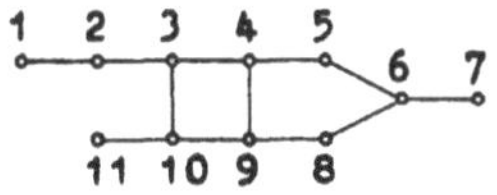

Tabelle 530

D = 24963 = 3.53.157

W / -K	1	2	3	4	5	6	7	8	9	10	11	S
1	199716	99147	45988	38817	51737	17246	18728	8172	5789	9194	3065	497599
2		297440	137964	116452	155210	51737	56183	24516	17366	27581	9194	992790
3			261367	146136	106538	35513	70504	30766	21792	34611	11537	902716
4				321956	164403	54801	155330	67780	48011	76253	25418	1215357
5					307355	102452	79317	34611	24516	38938	12979	1078056
6						200817	26439	11537	8172	12979	4326	526019
7							316168	137964	97725	155210	51737	1165305
8								251112	115371	95001	31667	808497
9									248388	129792	43264	760186
10										294376	98125	972060
11											199375	490687

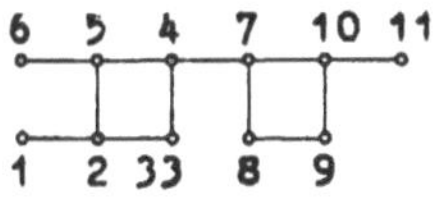

Tabelle 531

D = 24912 = $2^4.3^2.173$

W / -K	1	2	3	4	5	6	7	8	9	10	11	S
1	199422	98266	43353	31792	52023	26012	13006	4335	8671	4335	13006	494221
2		294798	130058	95376	156069	78035	39017	13006	26012	13006	39017	982660
3			248555	115607	98266	49133	24566	8189	16378	8189	24566	766860
4				251445	138728	69364	34682	11561	23121	11561	34682	817919
5					317919	158960	79480	26493	52987	26493	79480	1186898
6						329480	164740	54913	109827	54913	164740	1260117
7							301120	100373	138247	37873	113620	1046724
8								200124	46082	12624	37873	515573
9									258831	46082	138247	864485
10										200124	100373	515573
11											301120	1046724

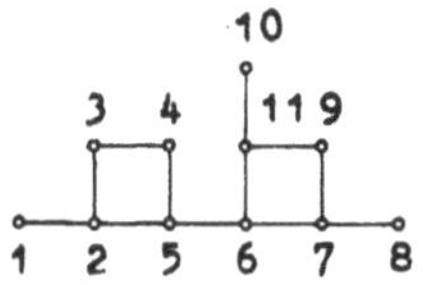

Tabelle 532

D = 24845 = 5.4969

W / -K	1	2	3	4	5	6	7	8	9	10	11	S
1	192212	76635	37694	15778	9640	13141	9117	3039	11169	3723	20668	392816
2		229905	113081	47333	28919	39424	27350	9117	33508	11169	62004	678445
3			301550	126223	77118	105132	72932	24311	89354	29785	165345	1142525
4				245039	108895	81646	49748	16583	51016	17005	86295	845561
5					249567	139807	76313	25438	63695	21232	93540	894164
6						337774	179191	59730	140068	46689	194325	1336927
7							319561	106520	172972	57657	141699	1213060
8								202173	57657	19219	47233	571020
9									321191	107064	183538	1231232
10										202355	61179	577077
11											347736	1403562

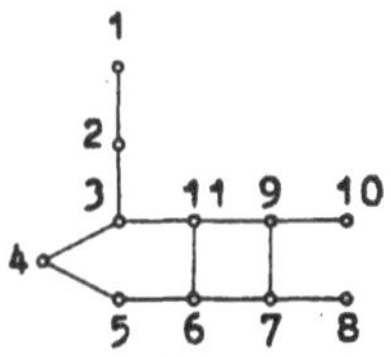

Tabelle 533

D = 24792 = $2^3.3.1033$

-K \ W	1	2	3	4	5	6	7	7	9	10	11	S
1	192623	77868	40981	22931	9741	6292	9136	3045	18070	22144	7381	410212
2		233604	122943	68792	29223	18877	27408	9136	54211	66433	22144	730699
3			327848	183446	77928	50339	73088	24363	144563	177154	59051	1281704
4				339606	140307	81317	103642	34547	195063	141941	47314	1358906
5					249576	108422	75690	25230	93417	64255	21418	895207
6						243950	123427	41142	85189	50823	16940	826718
7							294591	98197	162149	88214	29405	1084947
8								199399	54050	29405	9802	528316
9									347209	184414	61471	1399806
10										323088	107696	1255567
11											202565	580599

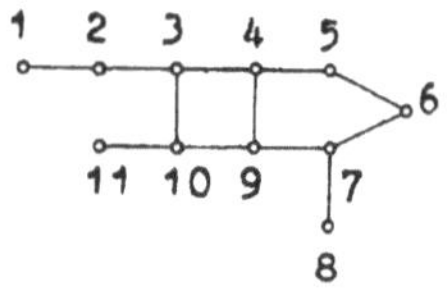

Tabelle 534

D = 24789 = 3.8263

-K \ W	1	2	3	4	5	6	7	8	9	10	11	S
1	192646	77938	41167	23418	11194	3731	6434	8108	17891	22147	7382	412056
2		233813	123502	70253	33583	11194	19303	24325	53673	66441	22147	736172
3			329340	187341	89556	29852	51474	64867	143128	177175	59058	1296460
4				348360	162653	54218	85381	93489	195086	143410	47803	1411412
5					294808	98269	123502	75699	103594	72431	24144	1089435
6						199423	41167	25233	34531	24144	8048	529810
7							243959	108375	81165	49740	16580	827080
8								249425	139901	76788	25596	891806
9									338537	180624	60208	1348338
10										321675	107225	1241800
11											202408	580599

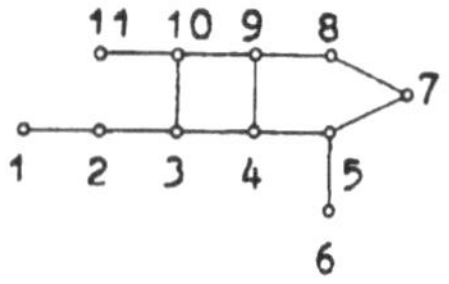

Tabelle 535

D = 24672 = $2^5.3.257$

-K \ W	1	2	3	4	5	6	7	8	9	10	11	S
1	201362	104086	55447	18482	43774	20428	8755	5837	8755	18482	55447	540855
2		312257	166342	55447	131323	61284	26265	17510	26265	55447	166342	1122568
3			315540	105180	175097	81712	35019	23346	35019	42680	128040	1163422
4				201727	58366	27237	11673	7782	11673	14227	42680	554474
5					335603	156615	67121	44747	67121	58366	175097	1313230
6						306420	131323	87549	131323	27237	81712	1112840
7							246757	108949	80091	11673	35019	762645
8								239300	108949	7782	23346	675097
9									246757	11673	35019	762645
10										201727	105180	554474
11											315540	1163422

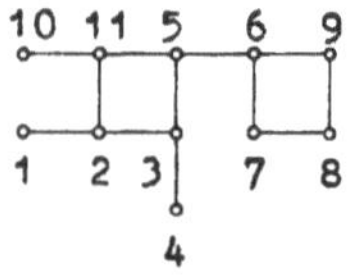

Tabelle 536

D = 24183 = $3^2.2687$

-K \ W	1	2	3	4	5	6	7	8	9	10	11	S
1	200947	102841	50986	16995	33122	11041	37340	22309	29587	9862	56589	571619
2		308523	152959	50986	99367	33122	112021	66927	88761	29587	169768	1214862
3			302010	100670	152400	50800	104392	54894	60290	20097	105880	1155378
4				200223	50800	16933	34797	18298	20097	6699	35293	551791
5					307034	102345	166357	79457	72013	24004	112579	1199478
6						200782	55452	26486	24004	8001	37526	566492
7							339226	156990	131745	43915	194331	1376566
8								267936	146818	48939	123579	1012633
9									308709	102903	176405	1161332
10										200968	58802	553777
11											346835	1417587

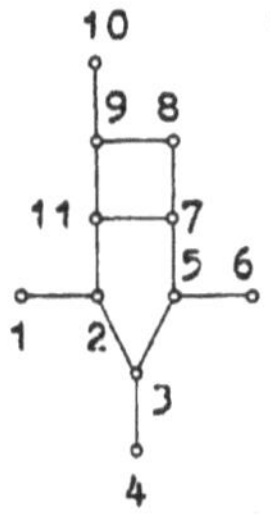

Tabelle 537 D = 23997 = 3.19.421

-K \ W	1	2	3	4	5	6	7	8	9	10	11	S
1	199004	97012	43026	32067	19502	6501	19940	6647	33671	49006	16335	522711
2		291036	129079	96200	58507	19502	59820	19940	101014	147018	49006	1068134
3			258386	146081	80073	26691	67446	22482	99783	85823	28608	987478
4				342043	181710	60570	142518	47506	198337	110451	36817	1394300
5					321040	107013	174397	58132	144018	75947	25316	1245655
6						202338	58132	19377	48006	25316	8439	581885
7							322540	107513	185711	92074	30691	1260782
8								202504	61904	30691	10230	586926
9									351211	169584	56528	1449767
10										306226	102075	1194211
11											200692	564737

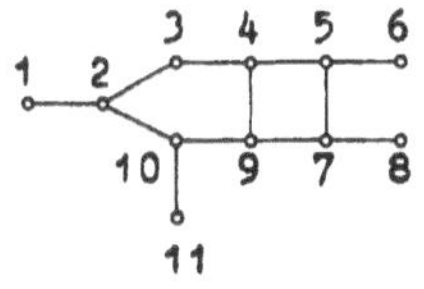

Tabelle 538 D = 23895 = 3^4.5.59

-K \ W	1	2	3	4	5	6	7	8	9	10	11	S
1	202637	107910	62335	30320	10107	18519	8412	25235	48776	58757	19586	592594
2		323729	187006	90960	30320	55556	25235	75706	146328	176271	58757	1277778
3			352354	166855	55618	92593	36974	110923	203202	146328	48776	1462964
4				298682	99561	129630	30069	90207	110923	75706	25235	1148148
5					199854	43210	10023	30069	36974	25235	8412	549383
6						253086	43210	129630	92593	55556	18519	932102
7							199854	99561	55618	30320	10107	549383
8								298682	166855	90960	30320	1148148
9									352354	187006	62335	1462964
10										323729	107910	1277778
11											202637	592594

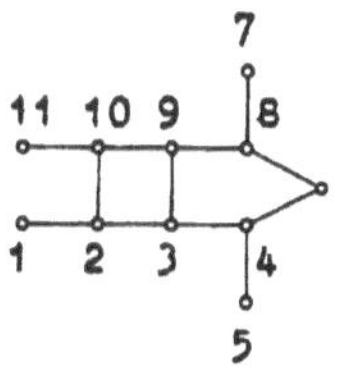

Tabelle 539 D = 23210 = 2.5.11.211

-K \ W	1	2	3	4	5	6	7	8	9	10	11	S
1	304502	125592	72275	91232	39100	26066	39100	91232	72275	125592	162322	1149288
2		243559	105084	71693	29427	16588	20336	44421	32357	52650	80569	822276
3			242977	123847	49181	23697	21909	42029	24795	32357	79384	817535
4				299849	118117	54502	45390	81667	42029	44421	157583	1130330
5					237635	94787	46726	45390	21909	20336	67536	770144
6						229858	94787	54502	23697	16588	45024	680096
7							237635	118117	49181	29427	67536	770144
8								299849	123847	71693	157583	1130330
9									242977	105084	79384	817535
10										243559	80569	822276
11											325829	1303319

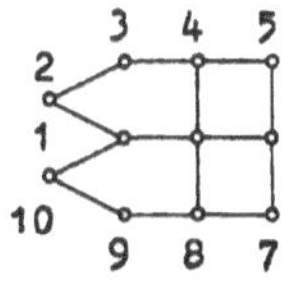

Tabelle 540 D = 22880 = 2^5.5.11.13

-K \ W	1	2	3	4	5	6	7	8	9	10	11	S
1	253846	130769	53846	30769	38462	84615	84615	38462	30769	53846	130769	930768
2		304108	123383	66040	74738	158173	95673	40647	26267	38156	88199	1146153
3			241062	99803	58348	75240	43990	18575	11735	16630	38156	780768
4				233370	100306	67548	36298	15079	8938	11735	26267	696153
5					242570	127404	64904	26661	15079	18575	40647	807694
6						314663	158413	64904	36298	43990	95673	1226921
7							314663	127404	67548	75240	158173	1226921
8								242570	100306	58348	74738	807694
9									233370	99803	66040	696153
10										241062	123383	780768
11											304108	1146153

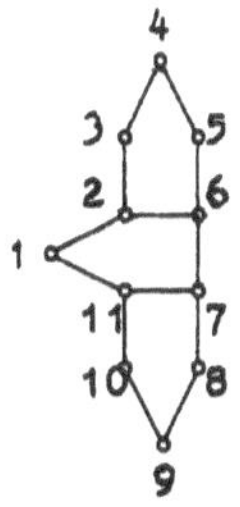

Tabelle 541

D = 22736 = $2^4.7^2.29$

-K \ W	1	2	3	4	5	6	7	8	9	10	11	S
1	306034	134544	97599	158251	71121	55111	24323	17857	29249	69889	125308	1089286
2		250154	115917	97599	42334	29403	12777	8929	14009	33097	55881	794644
3			250154	134544	55881	33097	14009	8929	12777	29403	42334	794644
4				306034	125308	69889	29249	17857	24323	55111	71121	1089286
5					248922	121459	49415	26786	30942	66041	45720	883929
6						294489	118996	62500	68504	143011	66041	1062500
7							239070	98214	55573	68504	30942	741072
8								232143	98214	62500	26786	660715
9									239070	118996	49415	741072
10										294489	121459	1062500
11											248922	883929

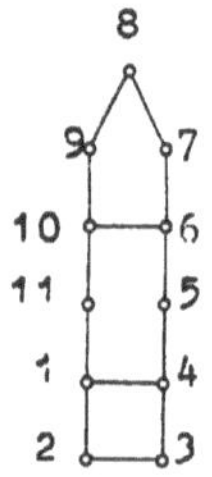

Tabelle 542

D = 22506 = $2.3.11^2.31$

-K \ W	1	2	3	4	5	6	7	8	9	10	11	S
1	319892	140518	101662	164467	71848	51075	81378	38368	33724	62305	154692	1220429
2		252710	117613	100129	42255	26637	37657	17618	15196	27970	68715	847018
3			251177	135919	54919	28837	31592	14485	11864	21105	51453	820626
4				307629	122501	59873	57118	25838	20395	35346	85644	1114859
5					240736	99707	58384	24660	15596	22127	50786	803519
6						239247	118035	48143	26393	31036	66716	795699
7							295721	119768	63583	70981	149360	1083577
8								239514	98774	56807	71648	755623
9									232738	99440	65583	683286
10										241513	125100	794230
11											309717	1199414

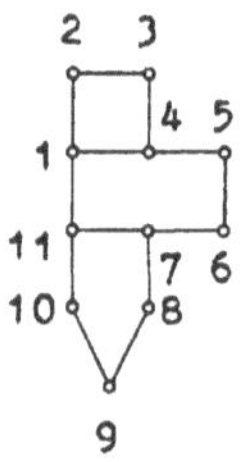

Tabelle 543

D = 22440 = $2^3.3.5.11.17$

-K \ W	1	2	3	4	5	6	7	8	9	10	11	S
1	264706	147059	58824	29412	29412	58824	29412	29412	58824	147059	117647	970591
2		316043	124599	57754	48663	83235	39572	30481	51872	125134	176471	1205883
3			240218	96056	47950	47794	20677	14238	22037	51872	74755	799020
4				230414	95187	55147	22460	12233	14238	30481	47794	691176
5					237611	117647	46702	22460	20677	39572	68627	774508
6						297794	117647	55147	47794	88235	158088	1132352
7							237611	95187	47950	48663	68627	774508
8								230414	96056	57754	47794	691176
9									240218	124599	74755	799020
10										316043	176471	1205883
11											337010	1348039

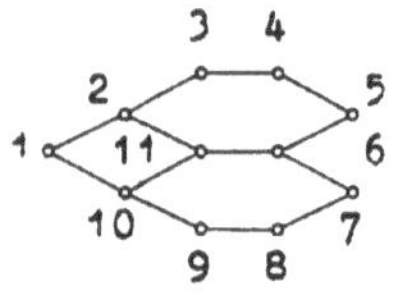

Tabelle 544

D = 22227 = 3.31.239

-K \ W	1	2	3	4	5	6	7	8	9	10	11	S
1	255005	120147	105435	51289	48432	19841	11090	13430	29199	74167	144869	872904
2		253723	141022	62627	46857	18963	10033	11135	23372	58932	106717	853528
3			317631	136591	92140	37050	19008	19976	40919	102780	175282	1137834
4				255905	131124	51626	23755	19638	35160	85842	91240	944797
5					301233	117830	52256	38939	64561	154744	98439	1146555
6						237077	93400	43123	35970	64786	40559	760225
7							227943	90431	43348	39614	23238	634116
8								228168	94075	54056	29154	642125
9									238376	122554	64224	792258
10										313605	163517	1234647
11											327890	1265129

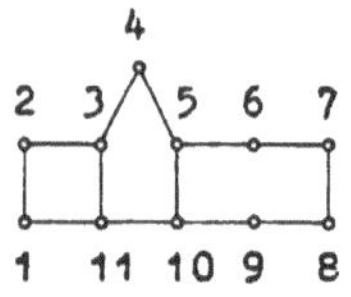

Tabelle 545 D = 22110 = 2.3.5.11.67

-K \ W	1	2	3	4	5	6	7	8	9	10	11	S
1	316124	148191	128449	59294	49435	89009	39733	30190	50837	122320	177861	1211443
2		266192	150384	64315	42560	63365	26888	17300	25011	57734	120647	982587
3			322705	133650	78245	101085	40932	21710	24197	50882	184080	1236319
4				247083	107598	75712	29986	14247	12754	24016	89552	858207
5					244550	126052	49028	21031	14066	21167	84577	838309
6						302442	117096	48847	29444	39484	164179	1156715
7							236341	91927	39439	26391	65920	763681
8								226934	88874	39688	33582	634330
9									227182	92673	34826	639035
10										238331	70896	783582
11											342040	1368159

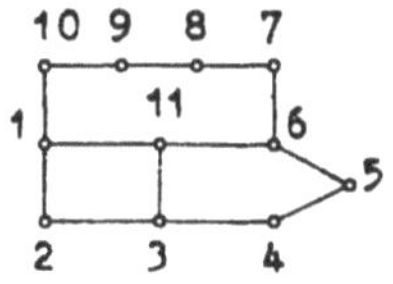

Tabelle 546 D = 22101 = 3.53.139

-K \ W	1	2	3	4	5	6	7	8	9	10	11	S
1	248201	122302	53957	39568	64748	32374	32374	64748	39568	53957	122302	874099
2		302950	132822	95516	153726	62712	34410	40519	23189	29048	63956	1061150
3			249219	114836	95290	38211	19343	19818	11063	13370	29048	776977
4				248993	132143	51921	23619	18936	10000	11063	23189	769784
4					301140	117551	51514	36989	18936	19818	40519	1032374
6						238021	96511	51514	23619	19343	34410	766187
7							238021	117551	51921	38211	62712	766187
8								301140	132143	95290	153726	1032374
9									248993	114836	95516	769784
10										249219	132822	776977
11											302950	1061150

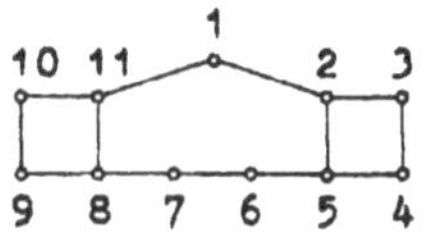

Tabelle 547 D = 21801 = $3.13^2.43$

-K \ W	1	2	3	4	5	6	7	8	9	10	11	S
1	252420	117105	98895	39425	19380	18715	36764	22430	30526	69148	140154	844962
2		250585	134650	52635	23256	17132	28141	16857	22430	50433	100729	813953
3			305055	118481	50388	32682	47658	28141	36764	82152	162034	1096900
4				237168	93023	41902	32682	17132	18715	39012	65639	755814
5					228682	93023	50388	23256	19386	34884	34884	670544
6						237168	118481	52635	39425	65639	39012	755814
7							305055	134650	98895	162034	82152	1096900
8								250585	117105	100729	50433	813953
9									252420	140154	69148	844962
10										319733	157011	1220929
11											319733	1220929

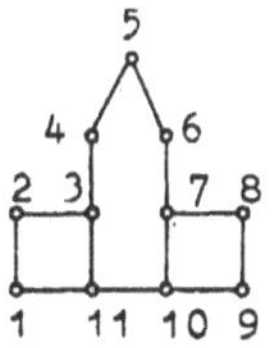

Tabelle 548 D = 21755 = 5.19.229

-K \ W	1	2	3	4	5	6	7	8	9	10	11	S
1	199127	97380	42358	29694	13537	10917	19214	13537	21397	50655	33188	531004
2		292140	127074	89083	40611	32751	57642	40611	64192	151965	99563	1093012
3			253528	133510	56608	36313	52333	30292	38543	85337	90393	946289
4				311446	129212	76189	99356	50264	51436	104045	171616	1243851
5					245438	107102	75868	34912	28867	51689	85590	869434
6						245116	128246	54470	35164	51023	85153	862444
7							308872	128499	76626	101379	169869	1217904
8								245438	107814	78005	85590	869432
9									246817	132636	86900	890392
10										319903	175109	1301746
11											338864	1421835

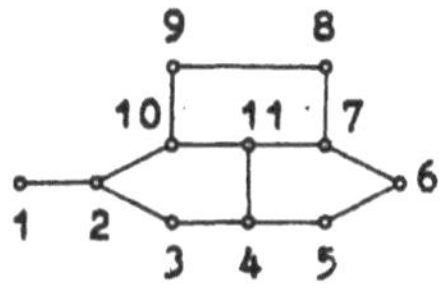

Tabelle 549

D = 21648 = $2^4.3.11.41$

W / K	1	2	3	4	5	6	7	8	9	10	11	S
1	251732	137611	60075	42614	19886	8523	5682	8523	47880	101025	117586	801137
2		311807	132345	85227	39773	17045	11364	17045	83564	165466	101025	1102272
3			253395	127841	59659	25568	17045	25568	70468	83564	47880	903408
4				298295	139205	59659	39773	59659	127841	85227	42614	1107945
5					298295	127841	85227	127841	59659	39773	19886	1017045
6						245265	107955	78598	25568	17045	8523	721590
7							238636	107955	17045	11364	5682	647728
8								245265	25568	17045	8523	721590
9									253395	132345	60075	903408
10										311807	137611	1102272
11											251732	801137

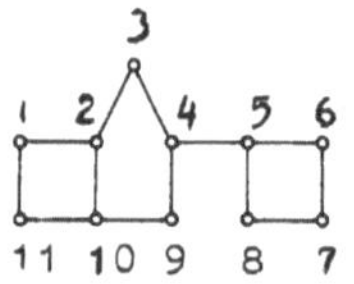

Tabelle 550

D = 21571 = 11.37.53

W / -K	1	2	3	4	5	6	7	8	9	10	11	S
1	235849	103774	75472	47170	18868	9434	9434	18868	47170	75472	103774	745285
2		247184	137778	77511	30759	14765	13537	25845	63998	88638	64137	867926
3			337861	185365	73409	34862	31176	58667	144824	190441	88638	1358493
4				333758	130801	58644	45130	76747	185110	144824	63998	1349058
5					242247	95939	45570	40772	76747	58667	25845	839624
6						229173	91581	45570	45130	31176	13537	669811
7							229173	95939	58644	34862	14765	669811
8								242247	130801	73409	30759	839624
9									333758	185365	77511	1349058
10										337861	137778	1358493
11											247184	867926

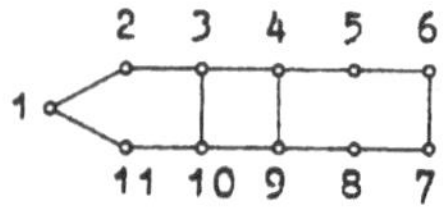

Tabelle 551

D = 21438 = $2.3^3.397$

W / -K	1	2	3	4	5	6	7	8	9	10	11	S
1	254198	119228	103484	47859	40092	72418	33795	14484	9656	14484	143367	853065
2		252729	138959	59194	38623	56675	26448	11335	7557	11335	104954	827037
3			313392	129723	75777	97607	45550	19521	13014	19521	171495	1128043
4				245592	107053	75567	35264	15113	10078	15113	84383	824939
5					245382	129093	60243	25819	17212	25819	81654	846767
6						311713	145466	62343	41562	62343	160579	1215366
7							301217	129093	86062	129093	74937	1067168
8								245802	108312	79135	32116	743073
9									238875	108312	21411	662051
10										245802	32116	743073
11											325147	1232159

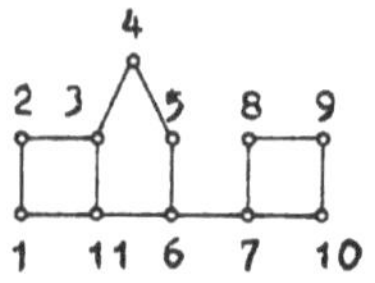

Tabelle 552

D = 21219 = 3.11.643

W / -K	1	2	3	4	5	6	7	8	9	10	11	S
1	196993	90980	37843	22551	10109	7776	13219	12182	23328	38103	19699	472783
2		272939	113530	67652	30327	23328	39658	36547	69984	114308	59098	918351
3			246265	125265	53019	33790	48353	34757	55917	56482	76512	881733
4				308144	128729	78043	105401	67722	97766	55139	170437	1226851
5					245794	108653	80164	44465	53231	27852	87375	869716
6						247915	135091	65672	61926	28418	91687	882299
7							325110	152552	132546	57401	187686	1277181
8								268038	151562	62703	123946	1020146
9									322141	130708	184151	1283260
10										248339	81083	900536
11											347424	1429098

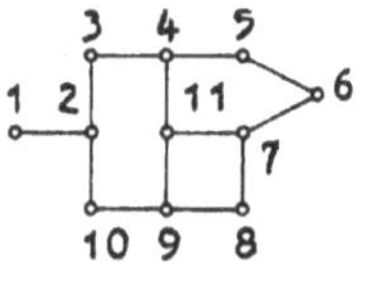

Tabelle 553 D = 21207 = 3.7069

-K \ W	1	2	3	4	5	6	7	8	9	10	11	S
1	246404	108714	79738	130499	65356	30344	25675	11458	8700	14641	35224	756753
2		239143	108714	87000	43571	20229	17117	7639	5800	9761	23483	671171
3			246404	130499	65356	30344	25675	11458	8700	14641	35224	756753
4				304499	152497	70802	59909	26736	20300	34163	82190	1099094
5					326779	151719	128377	57292	43500	73207	176121	283775
6						266869	148890	62314	38053	51847	117485	988896
7							318291	129651	70661	82331	176333	1182910
8								243811	101782	61536	82826	796503
9									234687	102278	72146	706607
10										245296	133612	823313
11											328689	1263333

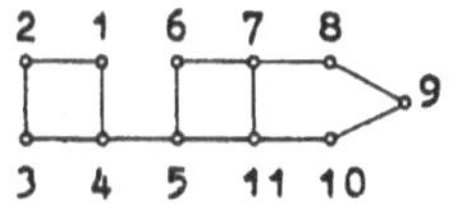

Tabelle 554 D = 21120 = 2^7.3.5.11

-K \ W	1	2	3	4	5	6	7	8	9	10	11	S
1	197420	92259	39560	26420	12571	11293	6132	7102	15175	27131	39796	474859
2		276776	118679	79261	37713	33878	18395	21307	45526	81392	119389	924575
3			249503	129830	57741	43395	22514	24148	49929	82244	66974	884517
4				310227	135511	96307	49148	51136	104261	165341	81534	1228976
5					258026	138565	63707	52557	93963	90767	42827	983948
6						319389	141974	106534	177628	106960	46946	1222869
7							254238	120739	107978	61222	26539	872586
8								255682	146307	76705	32670	894887
9									330942	168892	71473	1312074
10										323011	134801	1318466
11											251397	914346

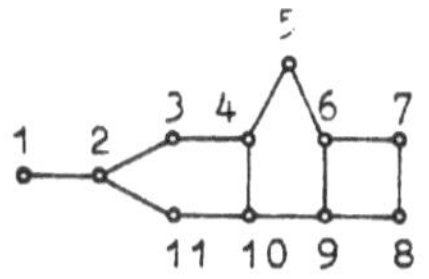

Tabelle 555 D = 21084 = 2^2.3.7.251

-K \ W	1	2	3	4	5	6	7	8	9	10	11	S
1	198255	94764	38086	19493	20395	12853	18165	12806	20252	47951	28837	511857
2		284291	114257	58480	61184	38560	54496	38418	60757	143853	86511	1035571
3			238238	100455	63128	33390	37042	22197	29548	66448	55540	798329
4				242886	128201	61611	56631	28173	27888	55492	80108	859418
5					321476	151442	132850	62322	54117	100028	184785	1279928
6						268118	152912	66022	45153	69437	124597	1024095
7							325887	135743	81341	108281	189006	1292354
8								248435	109562	80250	92772	896700
9									247344	132470	89309	897741
10										317160	175157	1296527
11											349649	1456271

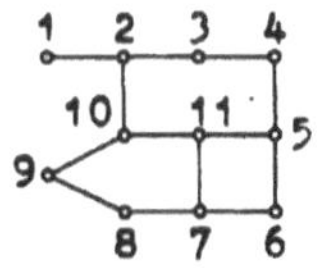

Tabelle 556 D = 21051 = 3^2.2339

-K \ W	1	2	3	4	5	6	7	8	9	10	11	S
1	198565	95696	38407	19524	20165	10285	10688	21780	23966	50116	30687	519879
2		287089	115220	58572	60496	30854	32065	65341	71897	150349	92062	1059641
3			238350	99829	61137	27647	21804	37765	35557	68904	55936	800556
4				240915	122916	52088	33348	47955	34773	56363	75745	842028
5					307610	128616	78239	106099	68762	100185	171298	1225523
6						245808	108807	80614	45081	54629	87953	872382
7							248183	135742	66481	63702	92561	691620
8								326612	154363	136478	189730	1302479
9									270177	156168	126431	1053656
10										332027	189563	1358484
11											350197	1462163

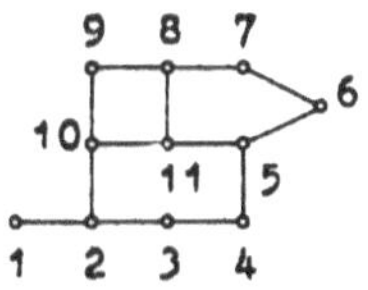

Tabelle 557 D = 20988 = $2^2.3^2.11.53$

-K \ W	1	2	3	4	5	6	7	8	9	10	11	S
1	198661	95983	39808	23442	30517	18630	9029	8457	16343	21941	49481	512292
2		287950	119425	70326	91552	55889	27087	25372	49028	65823	148442	1036877
3			241638	105489	74828	42167	19797	17224	31875	36235	76830	805316
4				246141	132933	70612	32304	26301	46598	42882	82047	879075
5					323971	169668	77115	61678	107919	92410	169311	1331902
6						331523	146608	108300	178292	95054	106871	1323614
7							255837	120902	106871	53102	52435	901087
8								254407	142319	64251	50434	879645
9									320088	139651	98866	1237850
10										259648	139294	1010291
11											319016	1293027

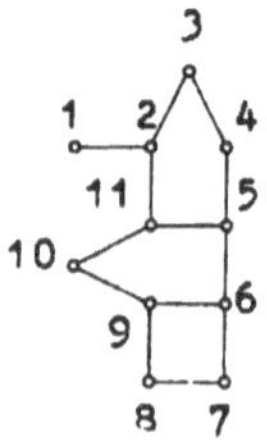

Tabelle 558 D = 20979 = $3^4.7.37$

-K \ W	1	2	3	4	5	6	7	8	9	10	11	S
1	199247	97741	43138	31675	17470	20735	10320	10225	20354	50837	34415	536157
2		293222	129415	95024	52410	62205	30960	30674	61061	152510	103246	1108468
3			256947	141427	68974	65494	29148	21951	36703	88160	98360	979717
4				329258	154512	134277	56485	35178	49049	111969	191835	1330689
5					268816	151938	61252	31818	34201	70785	125745	1037921
6						321536	127270	60275	53554	100386	185400	1283070
7							241503	97240	50217	53411	79055	836861
8								231446	97097	59846	51766	727516
9									241074	126126	76243	845679
10										318533	176963	1309526
11											351399	1474427

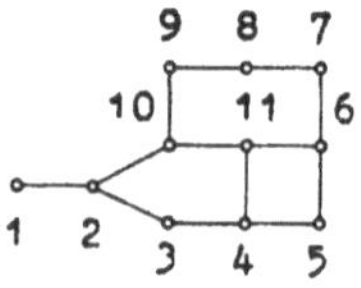

Tabelle 559 D = 20958 = 2.3.7.499

-K \ W	1	2	3	4	5	6	7	8	9	10	11	S
1	198946	96837	40104	23476	30323	16032	17774	10068	12430	27221	51460	524671
2		290509	120312	70427	90968	48096	53321	30203	37289	81663	154380	1074005
3			241745	104924	73027	35070	32183	17559	20493	43921	79087	808425
4				244346	128113	57114	43229	22474	24191	50100	82880	851274
5					311313	136273	97505	49862	52080	106379	169553	1245396
6						258517	139279	64128	53106	95190	93186	995991
7							320331	142523	107238	179192	110006	1242581
8								254557	121147	108884	62983	884388
9									256203	147462	78944	910583
10										333500	173847	1347361
11											332594	1388920

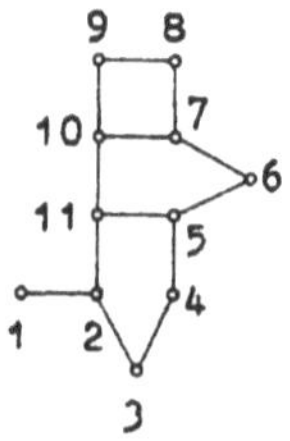

Tabelle 560 D = 20940 = $2^2.3.5.349$

-K \ W	1	2	3	4	5	6	7	8	9	10	11	S
1	199618	98854	43219	30802	12894	7880	10745	24355	26027	53725	36294	544413
2		296562	129656	92407	38682	23639	32235	73066	78080	161174	108883	1133238
3			254632	134241	53868	27364	28223	57307	49475	91117	94222	963324
4				310315	122923	58453	52436	98854	70344	112178	173782	1256735
5					239828	96562	49857	53009	34097	49284	75072	826076
6						231232	97135	60172	31948	35673	51433	721491
7							241547	127507	61748	57736	79226	838395
8								322350	153295	137536	186246	1293697
9									270678	158739	127459	1061890
10										338682	196132	391976
11											352053	1480802

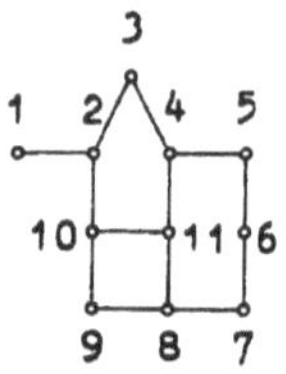

Tabelle 561 D = 20805 = 3.5.19.73

W / -K	1	2	3	4	5	6	7	8	9	10	11	S
1	200072	100216	46503	39293	17304	12617	6489	6849	14059	22711	54074	520187
2		300649	139510	117880	51911	37851	19466	20548	42177	68133	162221	1060562
3			261259	144268	60779	38068	18625	17808	34799	48522	110767	920903
4				314924	130425	76352	36410	32877	62221	77433	170079	1202162
5					252848	128118	57318	43836	74189	50613	77650	944991
6						308003	135544	98630	160346	74405	62870	1132804
7							250661	116438	98654	43980	33285	816870
8								250685	135616	57534	36986	817807
9									308195	128623	77674	1136553
10										253929	133165	959048
11											321822	1240593

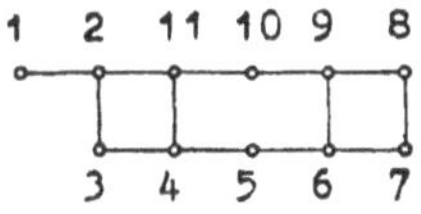

Tabelle 562 D = 20790 = $2.3^3.5.7.11$

W / -K	1	2	3	4	5	6	7	8	9	10	11	S
1	200216	100649	50866	22727	17316	29221	19481	29221	17316	22727	50866	560606
2		301948	152597	68182	51948	87662	58442	87662	51948	68182	152597	1181817
3			320130	140909	102597	166883	77922	66883	35931	40909	86797	1242424
4				253030	118182	101515	45455	34848	18182	19697	40909	863636
5					251948	137662	58442	37662	18615	18182	35931	848485
6						311472	129870	78139	37662	34848	66883	1181817
7							253247	129870	58442	45455	77922	954548
8								311472	137662	101515	166883	1181817
9									251948	118182	102597	848485
10										253030	140909	863636
11											320130	1242424

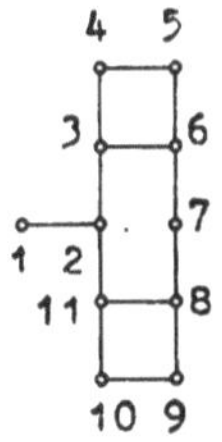

Tabelle 563 D = 20790 = $2.3^3.5.7.11$

W / -K	1	2	3	4	5	6	7	8	9	10	11	S
1	363757	210317	133598	190476	74074	31746	21164	31746	74074	190476	133598	1455026
2		345238	162698	142857	55556	23810	15873	23810	55556	142857	162698	1341270
3			272703	155411	59933	24387	13228	15296	32660	82684	81794	1034392
4				323377	124242	49351	23810	22078	42424	105195	82684	1261905
5					238721	91919	37037	19192	20538	42424	32660	796296
6						226407	87302	35498	19192	22078	15296	626986
7							224868	87302	37037	23810	13228	584659
8								226407	91919	49351	24387	626986
9									238721	124242	59933	796296
10										323377	155411	1261905
11											272703	1034392

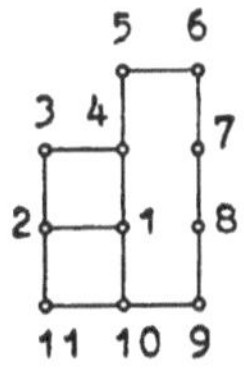

Tabelle 564 D = 20780 = $2^2.5.1039$

W / -K	1	2	3	4	5	6	7	8	9	10	11	S
1	200650	101949	48364	43142	24230	10154	6232	8542	19394	25409	56833	544899
2		305847	145091	129427	72690	30462	18696	25626	58181	76227	170500	1134696
3			267084	156160	81569	33686	19490	24783	54860	58229	119827	1005143
4				339052	172016	70597	39774	48725	106400	98460	188980	1392733
5					322209	130558	69466	77339	164052	92108	112271	1319008
6						243888	101107	59432	77190	41578	47546	864198
7							233855	100457	67517	32628	30366	719598
8								241939	125361	56304	43551	812559
9									308566	136285	100289	1218095
10										260443	145043	1022714
11											334841	1350047

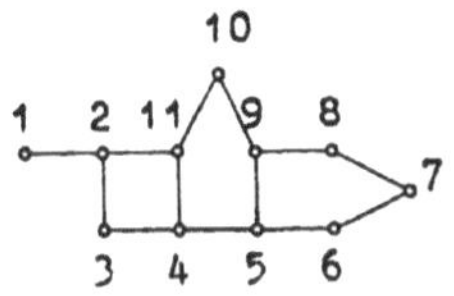

Tabelle 565 D = 20757 = 3.11.17.37

W / -K	1	2	3	4	5	6	7	8	9	10	11	S
1	200872	102616	48417	42636	20933	20162	9129	7226	12550	30423	58559	553523
2		307848	145252	127909	62798	60486	27388	21679	37650	91270	175676	1160572
3			265718	151901	68362	53187	23486	17271	28328	67712	121622	991256
4				327792	142289	99075	43070	30134	47333	111866	189189	1313194
5					259406	135930	56174	32591	41600	92210	99099	1011392
6						308715	125452	67640	77468	164763	108108	1220986
7							241991	100520	59570	78190	49550	814520
8								233921	101243	69808	40541	722574
9									244159	131233	72072	853206
10										323891	175676	1337042
11											346847	1436939

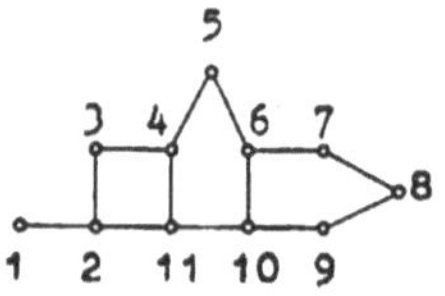

Tabelle 566 D = 20727 = $3^2.7^2.47$

W / -K	1	2	3	4	5	6	7	8	9	10	11	S
1	201163	103488	53843	22217	12809	16211	35823	37415	20963	25474	55459	584865
2		310465	161528	66652	38428	48632	107469	112245	62889	76422	166377	1254593
3			321103	130482	70343	80547	171298	112245	55797	55145	109640	1321971
4				244030	101607	60790	80764	51020	25040	24099	47257	853958
5					234477	101824	70994	40816	19323	17152	32132	739905
6						244681	132219	71429	32928	27356	49139	865756
7							325662	173469	79462	64915	115284	1357359
8								336735	149660	112245	187075	1384354
9									257611	123173	111907	938753
10										257273	148647	931901
11											334033	1356950

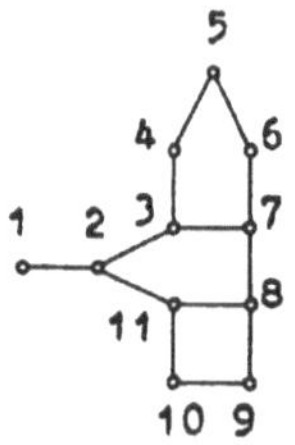

Tabelle 567 D = 20700 = $2^2.3^2.5^2.23$

W / -K	1	2	3	4	5	6	7	8	9	10	11	S
1	198671	96014	40217	24638	11957	11232	21739	29348	17150	22101	49155	522222
2		288043	120652	73913	35870	33696	65217	88043	51449	66304	147464	1066665
3			249783	128696	58043	45435	78261	60652	31739	34565	71957	920000
4				312174	138261	102609	169565	93913	43768	37391	68406	1193334
5					252391	118913	104348	55870	25652	21087	37609	860001
6						254130	143478	73696	33188	25870	44420	886667
7							326087	165217	73913	56522	95652	1399999
8								328042	144783	106304	174130	1319998
9									254976	120145	105459	902222
10										254130	142246	886665
11											321280	1257778

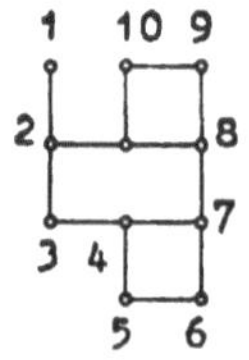

Tabelle 568 D = 20611 = P

W / -K	1	2	3	4	5	6	7	8	9	10	11	S
1	202804	108413	60890	24477	12542	13148	26903	17782	26442	61545	49779	604725
2		325239	182669	73432	37626	39445	80709	53345	79327	184634	149338	1314177
3			337660	133545	62976	55383	103173	57372	68944	149460	196764	1408836
4				243923	98224	50750	54025	28043	30105	62273	83281	882078
5					231697	96866	58901	26758	21372	37359	53078	737399
6						239848	122677	52229	34011	49804	75955	830116
7							309131	129931	80661	112052	174785	1252948
8								246834	110572	84882	90728	898476
9									251055	142594	97399	942482
10										342899	201470	1428972
11											357673	1530250

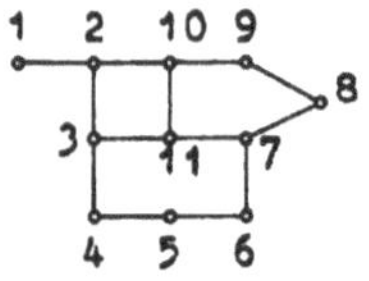

Tabelle 569 D = 20535 = $3.5.37^2$

-K \ W	1	2	3	4	5	6	7	8	9	10	11	S
1	200268	100804	47358	41271	21670	9861	7913	13879	12053	22279	54785	532141
2		302411	142075	123813	65011	29584	23740	41636	36158	66837	164354	1096423
3			264694	152009	77161	34551	26491	44923	31118	48430	114171	982981
4				332213	166472	74069	55734	93134	57195	78451	178159	1352520
5					326053	143316	103896	168371	75164	57122	96202	1300438
6						253981	118627	101899	43755	29364	44339	883346
7							251984	137327	56099	30972	36815	849598
8								310080	124543	63550	66107	1165449
9									242367	102557	65303	846312
10										244120	129803	873485
11											324105	1274143

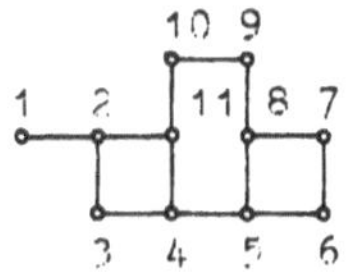

Tabelle 570 D = 20505 = 3.5.1367

-K \ W	1	2	3	4	5	6	7	8	9	10	11	S
1	200561	101683	47427	40600	17313	11339	16703	9876	12924	28895	57059	544380
2		305048	142282	121800	51939	34016	50110	29627	38771	86686	171178	1133120
3			262887	146379	59717	32772	38601	22092	27676	60936	116533	957302
4				317337	127213	64301	65691	36650	44257	96123	178420	1238771
5					243136	102195	63448	30944	29383	57206	78786	861280
6						242282	124653	56181	43892	75494	57937	845062
7							310510	137601	102292	169276	95026	1173911
8								252158	118873	104462	56913	855377
9									254328	144111	75713	892220
10										327871	170227	1321287
11											339941	1397733

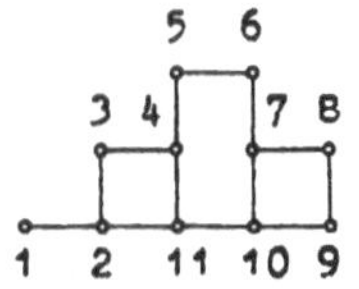

Tabelle 571 D = 20384 = $2^5.7^2.13$

-K \ W	1	2	3	4	5	6	7	8	9	10	11	S
1	197802	93407	41209	30220	19231	8242	5495	8242	19231	30220	41209	494508
2		280220	123626	90659	57692	24725	16484	24725	57692	90659	123626	983515
3			256353	145433	83620	35199	21978	30735	70227	96326	73317	978023
4				345639	193166	80872	49451	67479	152988	198317	96326	1450550
5					342891	139938	76923	90831	195570	152988	70227	1423077
6						248111	104396	65076	90831	67479	30735	895604
7							236264	104396	76923	49451	21978	763739
8								248111	139938	80872	35199	895604
9									342891	193166	83620	1423077
10										345639	145433	1450550
11											256353	978023

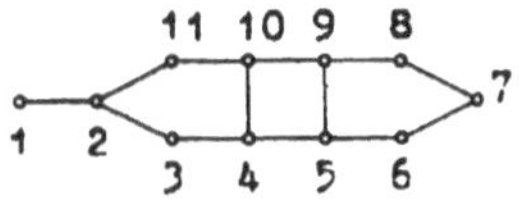

Tabelle 572 D = 20253 = 3.43.157

-K \ W	1	2	3	4	5	6	7	8	9	10	11	S
1	192243	76729	37945	16386	12714	7258	9060	5925	8715	20219	13998	401692
2		230188	113835	50659	38142	21775	27181	17775	26144	60658	41994	705080
3			303560	135091	101713	53065	72483	47400	69718	161754	111983	1213547
4				260134	145460	72360	71619	38661	44364	94431	103836	1033551
5					334666	159013	142374	68582	63373	121538	199526	1387101
6						272330	157977	69249	49770	80062	132351	1080210
7							331556	139165	85938	118649	197526	1353528
8								250407	112057	85765	97837	942823
9									250235	138646	95986	944946
10										330173	190120	1402015
11											362391	1547548

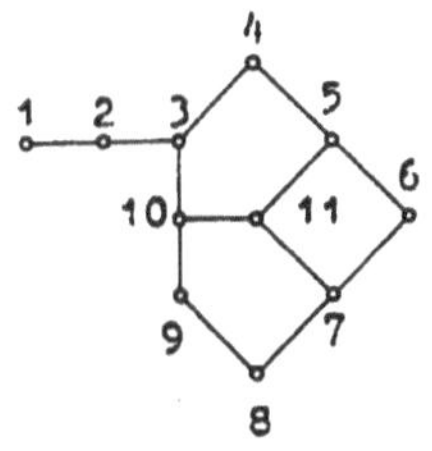

Tabelle 573 D = 20220 = $2^2.3.5.337$

-K \ W	1	2	3	4	5	6	7	8	9	10	11	S
1	192285	76855	38279	16914	12463	5935	5341	10089	10386	21068	14540	404155
2		230564	114837	50742	37389	17804	16024	30267	31157	63205	43620	712464
3			306231	135312	99703	47478	42730	80712	83086	168546	116320	1233234
4				258432	139985	60707	42136	65702	54154	96761	100816	1021661
5					320252	134644	83680	116395	79377	121736	186128	1331752
6						248640	111276	85188	49703	63922	94585	919882
7							250148	139169	69733	70030	97626	987893
8								332319	159496	146167	198294	1363798
9									274481	163947	134273	1109793
10										345673	204525	1465580
11											362982	1553709

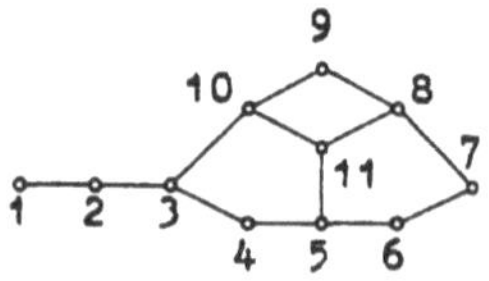

Tabelle 574 D = 20196 = $2^2.3^3.11.17$

-K \ W	1	2	3	4	5	6	7	8	9	10	11	S
1	199643	98930	41592	25847	35948	26441	11586	8318	13369	31788	55556	549018
2		296791	124777	77540	107843	79323	34759	24955	40107	95365	166667	1147057
3			244776	109551	83878	54120	23247	15622	23619	55234	87963	864379
4				251114	143791	83036	34982	21910	30749	70336	97222	946078
5					347495	194989	81699	50109	68627	155773	203704	1473856
6						344524	140671	77491	91800	197910	157407	1447712
7							248440	104649	65508	91875	69444	906860
8								236458	104724	77713	50926	772875
9									248663	141266	83333	911765
10										346083	199074	1462417
11											356481	1527777

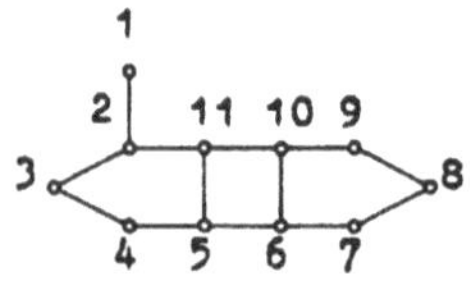

Tabelle 575 D =19824 = $2^4.3.7.59$

-K \ W	1	2	3	4	5	6	7	8	9	10	11	S
1	192797	78390	42373	24364	10593	7415	11653	7415	10593	24364	20127	430084
2		235169	127119	73093	31780	22246	34958	22246	31780	73093	60381	790255
3			338983	194915	84746	59322	93220	59322	84746	194915	161017	1440678
4				351064	146943	89765	122352	65955	75515	160588	211335	1515889
5					253329	113045	85805	41616	39044	75515	102754	985170
6						249369	135064	58893	41616	65955	96928	939618
7							319386	135064	85805	122352	188030	1333689
8								249369	113045	89765	96928	939618
9									253329	146943	102754	985170
10										351064	211335	1515889
11											370233	1621822

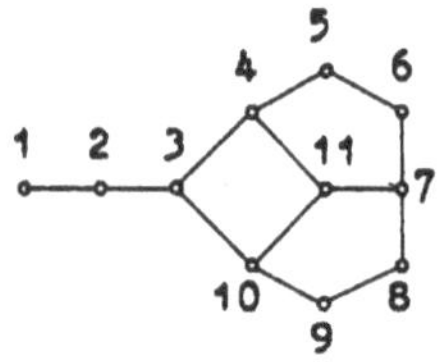

Tabelle 576 D = 19644 = $2^2.3.1637$

-K \ W	1	2	3	4	5	6	7	8	9	10	11	S
1	192425	77276	39401	18784	16952	9927	4734	4276	8094	10079	22144	404092
2		231827	118204	56353	50855	29780	14203	12828	24282	30238	66432	712278
3			315211	150275	135614	79414	37874	34209	64753	80635	177153	1232743
4				270286	160583	87279	40343	33751	60909	61698	124186	1064447
5					346136	182422	83155	67043	117975	104459	195403	1460597
6						338806	150046	111332	183949	101710	121182	1395847
7							257458	122327	109525	56200	59077	934942
8								255651	144624	66891	56048	908980
9									324348	144472	109066	1291997
10										264814	149969	1071165
11											340842	1421502

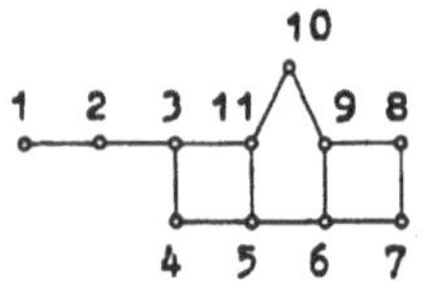

Tabelle 577 D = 19614 = 2.3.7.467

-K \ W	1	2	3	4	5	6	7	8	9	10	11	S
1	192465	77394	39717	18813	16723	8412	8514	4742	5710	12389	22943	407822
2		232181	119150	56439	50168	25237	25543	14225	17131	37167	68828	723463
3			317732	150505	133782	67299	68115	37932	45682	99113	183542	1262569
4				268660	155476	71352	58581	31126	34797	73264	126415	1045428
5					332645	146757	107627	55445	58708	120679	195702	1373712
6						263613	144081	66764	56210	101866	105307	1056898
7							324615	144846	109921	184919	120220	1296982
8								255812	122591	111961	68446	913890
9									257852	150964	85118	944684
10										340930	186907	1420159
11											355384	1518812

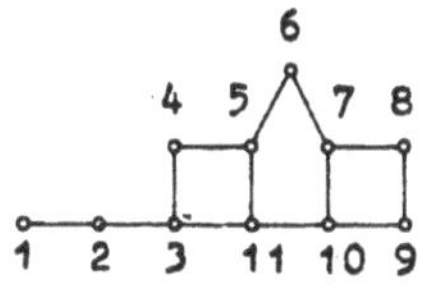

Tabelle 578 D = 19536 = 2^4.3.11.37

-K \ W	1	2	3	4	5	6	7	8	9	10	11	S
1	192568	77703	40541	21959	10135	8446	15203	15203	8446	10135	21959	422298
2		233108	121622	65878	30405	25338	45608	45608	25338	30405	65878	766891
3			324324	175676	81081	67568	121622	121622	67568	81081	175676	1378381
4				340423	151873	115198	193719	125537	62167	60964	120726	1434120
5					258907	124846	115633	70178	33937	31634	60964	969593
6						259342	153179	84997	39645	33937	62167	974663
7							343904	184813	84997	70178	125537	1454393
8								343904	153179	115633	193719	1454393
9									259342	124846	115198	974663
10										258907	151873	969593
11											340423	1434120

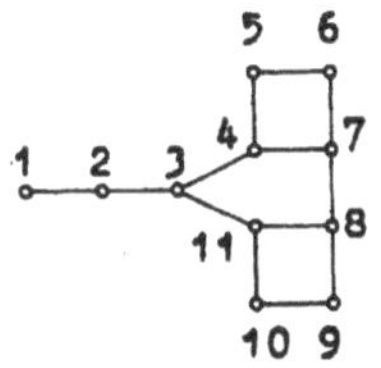

Tabelle 579 D = 19470 = 2.3.5.11.59

-K \ W	1	2	3	4	5	6	7	8	9	10	11	S
1	199974	99923	44710	34206	19774	25116	17437	27196	9065	55085	38136	570622
2		299769	134129	102619	59322	75347	52311	81587	27196	165254	114407	1211864
3			260221	146533	73446	73806	42039	52311	17437	97458	105932	1048022
4				336980	161017	146071	73806	75347	25116	127119	203390	1432204
5					274011	161017	73446	59322	19774	84746	135593	1121468
6						336980	146533	102619	34206	127119	203390	1432204
7							260221	134129	44710	97458	105932	1048022
8								299769	99923	165254	114407	1211864
9									199974	55085	38136	570622
10										343220	199153	1516951
11											368644	1627120

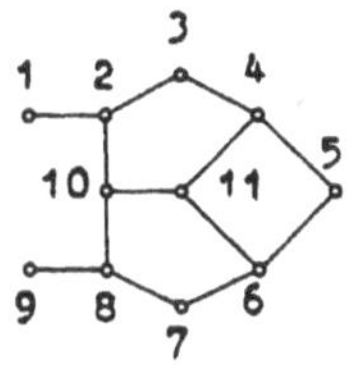

Tabelle 580 D = 19464 = 2^3.3.811

-K \ W	1	2	3	4	5	6	7	8	9	10	11	S
1	200036	100108	44724	34063	18496	6165	15259	27281	27615	55564	38969	568280
2		300324	134171	102189	55487	18496	45777	81843	82845	166692	116908	1204840
3			259839	145345	72133	24044	47010	68896	55615	97950	104064	1053791
4				333847	160912	53637	95253	124846	84001	127158	195284	1456535
5					297781	99260	133169	101726	59186	75832	112824	1186806
6						199753	44390	33909	19729	25277	37608	562268
7							259864	146424	73829	75062	105580	1041617
8								337546	162300	149353	203915	1438039
9									275868	165305	137202	1143495
10										346563	207691	1492447
11											368963	1629008

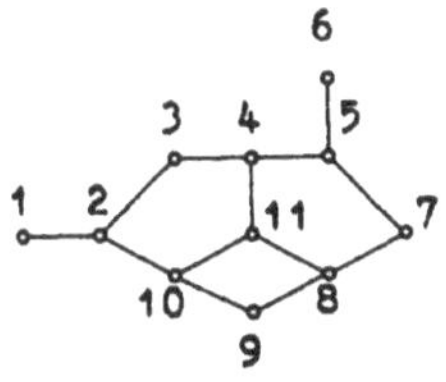

Tabelle 581

$D = 19440 = 2^4 \cdot 3^5 \cdot 5$

-K \ W	1	2	3	4	5	6	7	8	9	10	11	S
1	277778	166667	83333	27778	55556	83333	55556	27778	83333	166667	138889	1166668
2		347222	166667	55556	97222	125000	69444	27778	83333	152778	208333	1500000
3			300000	100000	133333	100000	50000	16667	50000	83333	116667	1200000
4				200000	44444	33333	16667	5556	16667	27778	38889	566668
5					258333	141667	63889	16667	50000	69444	102778	1033333
6						325000	141667	33333	100000	125000	191667	1400000
7							258333	44444	133333	97222	102778	1033333
8								200000	100000	55556	38889	566668
9									300000	166667	116667	1200000
10										347222	208333	1500000
11											369444	1633334

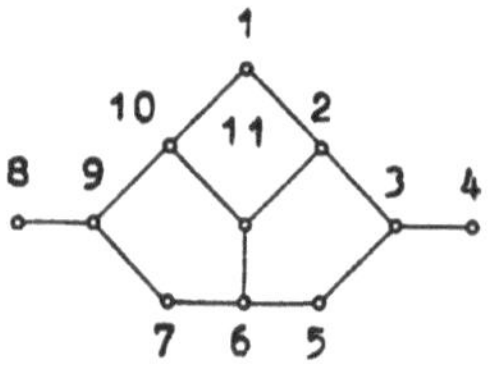

Tabelle 582

$D = 19332 = 2^2 \cdot 3^3 \cdot 179$

-K \ W	1	2	3	4	5	6	7	8	9	10	11	S
1	201117	103352	55866	24209	16760	26071	21415	38175	53073	17691	40037	597766
2		310056	167598	72626	50279	78212	64246	114525	159218	53073	120112	1293297
3			334963	140984	87989	122983	84652	130975	111965	37322	196307	1471604
4				251371	113128	88015	51960	67867	52685	17562	98955	979362
5					251397	141061	71229	72626	46089	15363	100559	966480
6						335170	101727	150010	85583	28528	202721	1420081
7							276200	166874	86670	28890	137751	1151614
8								350610	174426	58142	210532	1534762
9									312616	104205	123991	1310521
10										201402	41330	603508
11											369853	1642148

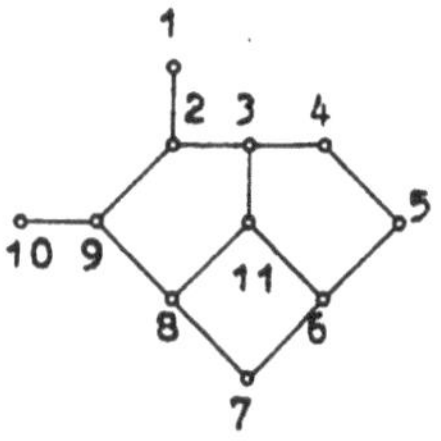

Tabelle 583

$D = 19124 = 2^2 \cdot 7 \cdot 683$

-K \ W	1	2	3	4	5	6	7	8	9	10	11	S
1	199854	99561	45022	35505	23060	7687	25988	16471	23426	53807	38433	568814
2		298682	135066	106515	69180	23060	77965	49414	70278	161420	115300	1206441
3			262890	153603	87612	29204	80030	42172	46486	97286	110306	1089677
4				354293	193657	64552	162126	77102	69180	130438	215619	1562590
5					332331	110777	192559	84318	60395	96868	161028	411785
6						203592	64186	28106	20132	32289	53676	637261
7							351365	147746	91874	127876	213789	1535504
8								254105	114568	89599	104816	1008417
9									251830	140922	100659	989750
10										333168	197161	1460834
11											375522	1686309

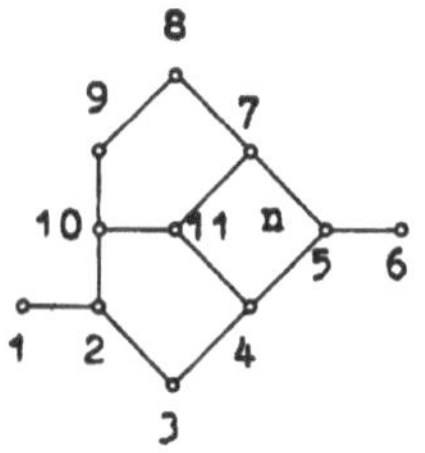

Tabelle 584

$D = 19068 = 2^2 \cdot 3 \cdot 7 \cdot 227$

-K \ W	1	2	3	4	5	6	7	8	9	10	11	S
1	200441	101322	45154	34141	16520	15419	29736	33040	11013	58370	40749	585905
2		303965	135463	102422	49559	46256	89207	99119	33040	175110	122247	1257710
3			259256	142306	62330	44682	71717	65135	21712	101977	105334	1055066
4				324497	137429	87791	125944	96287	32096	130821	193754	1407488
5					250446	113908	91279	60415	20138	69829	99512	971365
6						253933	147892	84959	28320	78666	104783	1006609
7							352397	194462	64821	166168	214836	1548459
8								335116	111705	199182	163310	1442730
9									203902	66394	54437	647578
10										364983	220658	1632158
11											376416	1696036

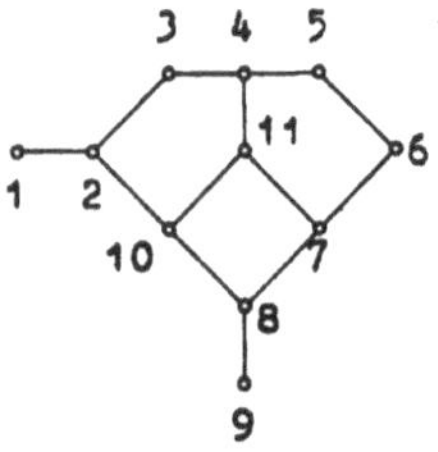

Tabelle 585 D = 18816 = $2^7.3.7^2$

W / -K	1	2	3	4	5	6	7	8	9	10	11	S
1	267857	151786	80357	26786	62500	107143	107143	62500	26786	80357	151786	112500
2		340774	174107	58036	123512	196429	125000	63988	22321	66964	114583	1437500
3			308036	102679	147321	133929	80357	40179	13393	40179	66964	1187501
4				200893	49107	44643	26786	13393	4464	13393	22321	562501
5					269345	160714	89286	43155	13393	40179	63988	1062500
6						348214	187500	89286	26786	80357	125000	1500001
7							348214	160714	44643	133929	196429	1500001
8								269345	49107	147321	123512	1062500
9									200893	102679	58036	562501
10										308036	174107	1187501
11											340774	1437500

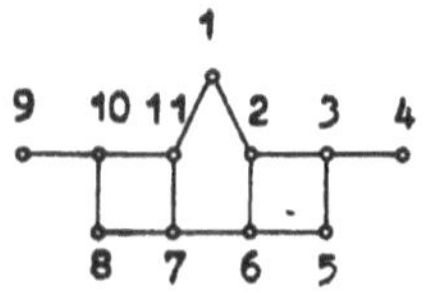

Tabelle 586 D = 18789 = 3.6263

W / -K	1	2	3	4	5	6	7	8	9	10	11	S
1	201182	103545	49178	43989	22513	23551	14849	4950	16047	33291	60275	573370
2		310634	147533	131966	67540	70653	44547	14849	48140	99872	180824	1220013
3			267577	155197	72170	61312	36963	12321	37256	74804	125845	1040156
4				333626	148970	113284	66342	22114	63628	124541	196711	1400368
5					266805	151445	80233	26744	62510	107297	107935	1114162
6						341051	174357	58119	123902	197350	127096	1442120
7							308239	102746	147613	134600	81830	1192319
8								200915	49204	44867	27277	564106
9									269732	161584	91117	1070733
10										350152	191522	1519880
11											356352	1546784

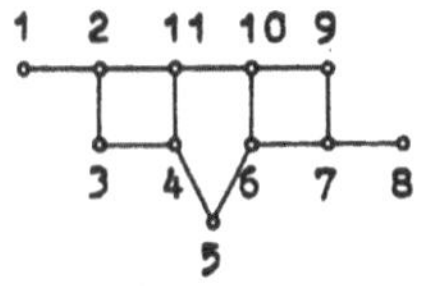

Tabelle 587 D = 18759 = $3.13^2.37$

W / -K	1	2	3	4	5	6	7	8	9	10	11	S
1	265766	148649	72072	67568	22523	108108	108108	22523	67568	72072	148649	1103606
2		333920	155445	132416	44139	197665	126659	23429	70286	60771	112026	1405405
3			267765	147849	49283	126499	76203	13780	41340	34037	60771	1045044
4				311131	103710	181833	101951	17911	53734	41340	70286	1229729
5					201237	60611	33984	5970	17911	13780	23429	576577
6						358388	195666	33984	101951	76203	126659	1567567
7							358388	60611	181833	126499	197665	1567567
8								201237	103710	49283	44139	576577
9									311131	147849	132416	1229729
10										267765	155445	1045044
11											333920	1405405

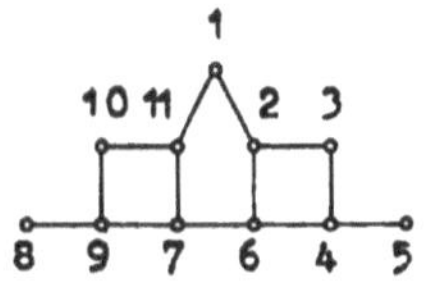

Tabelle 588 D = 18684 = $2^2.3^3.173$

W / K	1	2	3	4	5	6	7	8	9	10	11	S
1	202312	106936	58285	26975	22640	40944	41908	24566	31792	10597	60212	627167
2		320809	174855	80925	67919	122832	125723	73699	95376	31792	180636	1381502
3			340800	152216	115848	195328	129335	67197	72254	24085	125482	1455685
4				259152	125241	116570	72254	36609	37572	12524	63584	983622
5					259875	154383	87428	42630	40462	13487	65270	995183
6						346580	190029	91281	83815	27938	132225	1501925
7							353324	164017	138728	46243	205925	1554914
8								271435	150289	50096	129335	1101154
9									312139	104046	182080	1248553
10										201349	60694	582851
11											356214	1561657

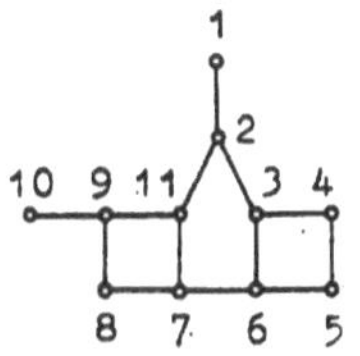

Tabelle 589 D = 18675 = $3^2.5^2.83$

-K \ W	1	2	3	4	5	6	7	8	9	10	11	S
1	202142	106426	58099	26908	22624	40964	42169	26506	8835	28514	59036	622223
2		319277	174297	80723	67871	122892	126506	79518	26506	85542	177108	1366666
3			340937	152369	116171	196145	131325	73976	24659	65944	123855	1457777
4				259277	125462	117108	73494	40482	13494	34458	62892	986667
5					260214	155181	89157	47470	15823	37430	64819	1002222
6						348434	193976	101928	33976	77831	131566	1520001
7							361446	184337	61446	130120	206024	1600000
8								313012	104337	150361	138072	1259999
9									201446	50120	46024	586666
10										270843	162169	1093333
11											348434	1519999

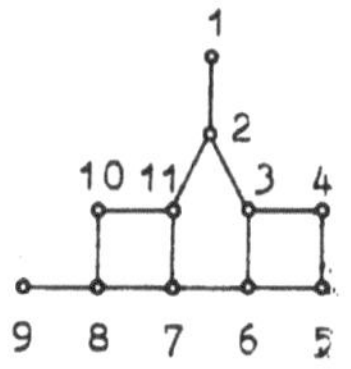

Tabelle 590 D = 18621 = $3^2.2069$

-K \ W	1	2	3	4	5	6	7	8	9	10	11	S
1	202728	108184	62376	28597	23414	12432	13882	29214	50346	59449	19816	610438
2		324553	187127	85790	70243	37297	41647	87643	151039	178347	59449	1331319
3			350384	154825	114092	58858	62483	128591	209199	148623	49541	1526099
4				267289	147011	68310	57918	105445	111406	73949	24650	1125190
5					326943	146072	111272	187745	125020	73224	24408	1349444
6						256458	123302	113447	70968	40599	13533	941276
7							258633	152597	87885	48574	16191	974384
8								344342	192686	105123	35041	1481874
9									365152	193572	64524	1621797
10										326970	108990	1357420
11											202997	619140

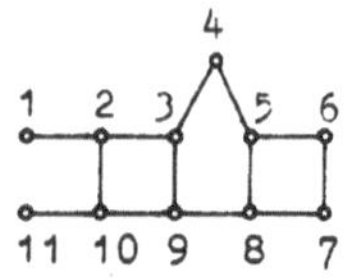

Tabelle 591 D = 15656 = $2^3.19.103$

-K \ W	1	2	3	4	5	6	7	8	9	10	11	S
1	276699	165049	77670	67961	33981	33981	67961	77670	165049	140777	92233	1199031
2		342968	152689	115100	54260	47681	88784	80321	152178	211165	138350	1548545
3			266320	146270	63266	43530	67322	49214	80321	114078	109223	1169903
4				323710	135539	82908	113183	67322	88784	131068	189320	1461165
5					248691	110533	82908	43530	47681	65534	94660	980583
6						248691	135539	63266	54260	65534	94660	980583
7							323710	146270	115100	131068	189320	1461165
8								266320	152689	114078	109223	1169903
9									342968	211165	138350	1548545
10										378641	213592	1776700
11											364078	1733009

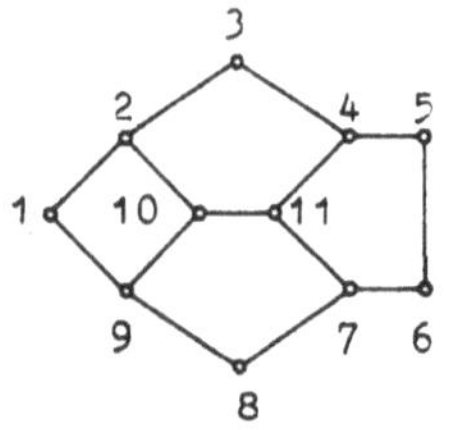

Tabelle 592 D = 15275 = $5^2.13.47$

-K \ W	1	2	3	4	5	6	7	8	9	10	11	S
1	273650	162193	76923	68576	41735	56628	41080	66612	158756	136007	87070	1169230
2		341408	153846	120131	68576	85597	50245	65139	145172	208183	137971	1538461
3			269231	153846	76923	76923	38462	38462	76923	115385	115385	1192309
4				341408	162193	145172	65139	50245	85597	137971	208183	1538461
5					273650	158756	66612	41080	56628	87070	136007	1169230
6						331097	134697	72995	84288	123241	199836	1469230
7							247136	106710	72995	71195	90344	984615
8								247136	134697	90344	71195	984615
9									331097	199836	123241	1469230
10										373159	211457	1753848
11											373159	1753848

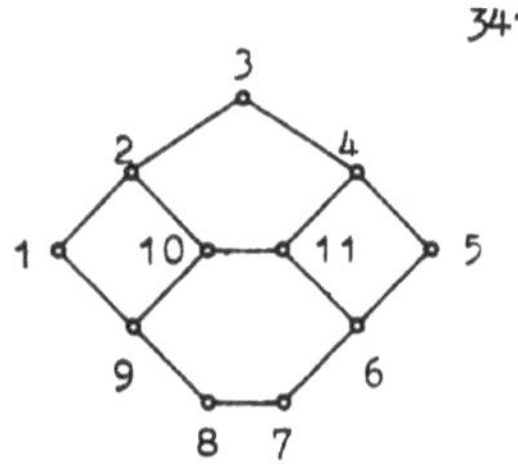

Tabelle 593 D = 15120 = $2^4 \cdot 3^3 \cdot 5 \cdot 7$

-K \ W	1	2	3	4	5	6	7	8	9	10	11	S
1	266667	150000	116667	116667	150000	66667	50000	83333	83333	50000	66667	1200001
2		332143	204762	145238	117857	58333	57143	113095	136905	92857	141667	1550000
3			392063	241270	145238	77778	88095	186508	230159	111905	105556	1900001
4				392063	204762	105556	111905	230159	186508	88095	77778	1900001
5					332143	141667	92857	136905	113095	57143	58333	1550000
6						252778	116667	97222	69444	33333	30556	1050001
7							257143	154762	95238	42857	33333	1100000
8								367063	216270	95238	69444	1749999
9									367063	154762	97222	1749999
10										257143	116667	1100000
11											252778	1050001

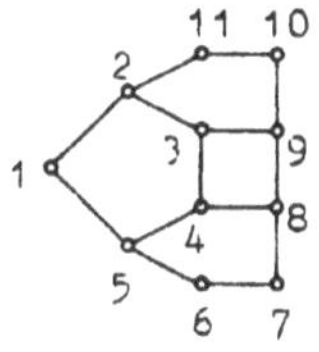

Tabelle 594 D = 14856 = $2^3 \cdot 3 \cdot 619$

-K \ W	1	2	3	4	5	6	7	8	9	10	11	S
1	262083	127625	120793	76131	34733	28069	49475	47489	92993	158623	72866	1070880
2		261712	157512	89661	39580	29079	47658	42003	78352	121163	71890	1066235
3			351743	192851	84006	59168	93498	78520	142064	204867	142804	1627826
4				350162	147819	93296	132068	93094	147213	138732	209814	1670841
5					254443	115509	92084	55735	75121	64620	105008	1068658
6						253231	144184	74111	78150	55129	105210	1035136
7							340468	166599	159330	100767	210622	1536753
8								280661	175384	100464	145026	1259086
9									366821	200626	224455	1740509
10										354705	146708	1646404
11											381630	1816033

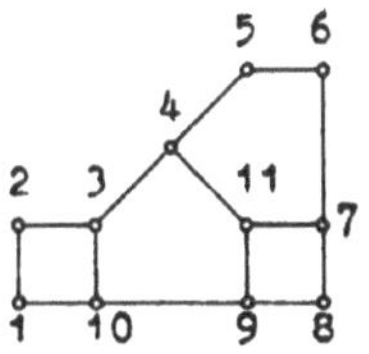

FSC
www.fsc.org
MIX
Papier | Fördert gute Waldnutzung
FSC® C083411

Kolibri 360 GmbH
Ferdinand-Jühlke-Straße 7
99095 Erfurt, Deutschland
produktsicherheit@kolibri360.de